D1730526

Brückenkurs Mathematik

Von

Dr. Karl Bosch

Professor für angewandte Mathematik
und Statistik an der
Universität Stuttgart-Hohenheim

6., durchgesehene Auflage

R. Oldenbourg Verlag München Wien

Die Deutsche Bibliothek - CIP-Einheitsaufnahme

Bosch, Karl:
Brückenkurs Mathematik / von Karl Bosch. - 6., durchges.
Aufl. - München ; Wien : Oldenbourg, 1996
  ISBN 3-486-23615-6

© 1996 R. Oldenbourg Verlag GmbH, München

Gesamtherstellung: R. Oldenbourg Graphische Betriebe GmbH, München

ISBN 3-486-23615-6

Vorwort zur ersten Auflage

Studienanfänger haben oft in den Vorlesungen und Übungen im Fach Mathematik große Schwierigkeiten, weil sie die dazu erforderlichen Grundkenntnisse der elementaren Grundlagen der Mathematik nicht beherrschen.

Diese Lücke soll der vorliegende Brückenkurs schließen. Er soll die Studierenden in die Lage versetzen, vor oder zu Beginn des Studiums die unentbehrlichen mathematischen Grundkenntnisse aufzufrischen oder nachzulernen.

In dem vorliegenden Buch sollen nur die elementaren Gebiete der Mathematik behandelt werden, z.B. Bruchrechnen, Potenzen, Wurzeln, lineare und quadratische Gleichungen und Ungleichungen, Geradengleichungen, Parabeln und Polynome, Binomische Formeln, Beträge, trigonometrische Funktionen sowie einige Probleme der ebenen und räumlichen Geometrie. Auf die Infiniterimalrechnung (Folgen, Ableitung und Integration) wird verzichtet, da diese Gebiete ausführlich in den Vorlesungen behandelt werden. Die vielen Beispiele sind so ausgewählt, daß das zugehörige mathematische Problem sofort erkennbar wird. Aus diesem Grund wird auf eingekleidete Aufgaben verzichtet.

Die einzelnen Abschnitte sind nach Möglichkeit nicht aufeinander aufgebaut, so daß manche davon übersprungen werden können. Damit kann sich der Studienanfänger auf diejenigen Gebiete konzentrieren, in denen er Schwierigkeiten oder Lücken hat.

Am Ende eines jeden Kapitels sind Aufgaben gestellt. Diese sind im Anhang meistens fast vollständig durchgerechnet, was zur Kontrolle benutzt werden kann. Für den Lernerfolg ist es sicher vorteilhaft, wenigstens einige der Aufgaben vollständig durchzurechnen und erst danach den eigenen Lösungsweg mit dem des Buches zu vergleichen.

Die Stoffauswahl ist allgemein und nicht fachspezifisch vorgenommen worden mit dem Ziel, dadurch einen breiten Kreis von Studierenden anzusprechen.

Ich wünsche den Lesern einen großen Lernerfolg. Für Verbesserungsvorschläge, z.B. Wünsche einer Aufnahme zusätzlicher Gebiete in späteren Auflagen bin ich jedem Leser dankbar.

Vorwort zur fünften und sechsten Auflage

Bei vielen Studienanfängern ist der Brückenkurs zu einer sehr beliebten Lektüre geworden. Sicherlich hat dazu auch die Aufnahme der Infinitesimalrechnung in der dritten Auflage beigetragen. Daher wurde die Grundkonzeption des Buches nicht mehr geändert. Beseitigt wurden Fehler im Text und in den Formeln. Ich möchte mich bei allen Leserinnen und Lesern bedanken, die mich auf solche Fehler aufmerksam gemacht haben. Mein besonderer Dank gilt den Herren Andreas und Christian Sprang aus Lüneburg, die das Buch offensichtlich sehr sorgfältig durchgearbeitet und dadurch einige Fehler entdeckt haben.

Karl Bosch

Inhaltsverzeichnis

Kapitel 1:
Grundlagen der Mengenlehre

Mit Hilfe der Mengenlehre können oft umfangreiche und komplizierte Problemstellungen und deren Lösungen kompakt und übersichtlich dargestellt werden. Die nachfolgende Definition geht auf den deutschen Mathematiker Georg **Cantor** (1845-1918) zurück.

1.1 Der Begriff einer Menge

Definition:

Unter einer **Menge** versteht man eine Zusammenfassung von bestimmten unterscheidbaren Objekten (Dingen). Von jedem dieser Objekte muß eindeutig feststellbar sein, ob es zur entsprechenden Menge gehört oder nicht. Die einzelnen Objekte, aus denen eine Menge zusammengesetzt ist, heißen **Elemente** dieser Menge.

Bezeichnungen: Mengen werden mit **großen lateinischen Buchstaben** bezeichnet, z.B. $A, B, C, ..., X, A_1, A_2, A_3, ...$ Die Elemente bezeichnet man mit kleinen lateinischen Buchstaben, z.B. $a, b, c, ..., x, y, z, a_1, a_2, a_3, ...$.

Falls das Element x in der Menge A enthalten ist, schreibt man

$x \in A$ (x ist **Element** von A; x ist in A enthalten).

Falls das Element x nicht in A enthalten ist, schreibt man

$x \notin A$ (x ist **nicht Element** von A; x ist nicht in A enthalten).

1.2 Darstellungen von Mengen

Beispiel 1 (beschreibende Darstellung):

a) A = Menge der am heutigen Tag arbeitslosen Personen des Landes Baden-Württemberg;
b) B = Menge der am 16.10.1987 an der Universität Hohenheim immatrikulierten Studierenden;
c) C = Menge der durch 7 teilbaren natürlichen Zahlen;
d) D = Menge der PKW's mit dem Stuttgarter Kennzeichen.

Beispiel 2 (aufzählende Schreibweise):

a) $G = \{2; 4; 6\}$ (= gerade Augenzahlen eines Würfels);
b) $A = \{1, 8, 27, 64, 125, 216, 343, 512, 729, 1000\}$
   (= Dreierpotenzen der natürlichen Zahlen, die nicht größer als 1000 sind);
c) $M = \{3, 6, 9, 12, 15, ...\} = \{3n | n \text{ ist eine natürliche Zahl}\}$
   (= alle durch 3 teilbaren natürlichen Zahlen).

Beispiel 3 (Venn-Diagramme):

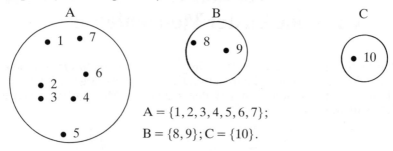

$A = \{1, 2, 3, 4, 5, 6, 7\};$

$B = \{8, 9\}; C = \{10\}.$

In einer **beschreibenden Form** werden die Elemente einer Menge verbal beschrieben. Jedes Element, für welches diese Beschreibung (Aussage) zutrifft, gehört zur Menge (s. Beispiel 1).

In der **aufzählenden** Form werden die Elemente – durch Kommata getrennt – zwischen zwei geschweiften Klammern zusammengestellt (s. Beispiel 2).

Bei **Venn-Diagrammen** werden die Elemente einer Menge als Punkte in der Zeichenebene dargestellt, die von einer geschlossenen Kurve berandet werden (s. Beispiel 3).

Beispiel 4:

a) Menge der Buchstaben des Wortes Mengenlehre
$M = \{M, e, n, g, l, h, r\};$

b) Menge der Buchstaben des Wortes OTTO
$A = \{O, T\};$

c) Menge der Primzahlen, die kleiner als 30 sind
$B = \{2, 3, 5, 7, 11, 13, 17, 19, 23, 29\}.$

Achtung: Da die Elemente einer Menge wohlunterscheidbar sein müssen, darf jedes Element in der aufzählenden Schreibweise nur einmal aufgeführt werden. So kommt in Beispiel 4a) der Buchstabe e nur einmal vor, obwohl dieser Buchstabe im Wort Mengenlehre viermal enthalten ist.

Die in der Umgangssprache benutzten Begriffe „eine Menge Autos", „eine Menge Geld" oder „eine Menge Kleider" sind im mathematischen Sinne keine Mengen, da nicht feststellbar ist, welche Elemente dazu gehören. Dieser „Mengenbegriff" ersetzt in der Umgangssprache den Begriff „viel".

Die „Menge der guten Autofahrer" ist keine Menge nach Cantor. Zur Entscheidung, ob ein bestimmter Autofahrer dazugehört, reicht diese Beschreibung nicht aus. Ebensowenig ist die „Menge der reichen Personen" eine Menge im mathematischen Sinne.

1.3 Grundmenge und leere Menge

Beispiel 5:

A sei die Menge der Zahlen, die kleiner als 10 sind.

Zur genauen Bestimmung von A muß noch angegeben werden, welche Zahlen zugelassen werden. Diese zugelassenen Zahlen bilden die sog. Grundmenge G.

a) In der Grundmenge der natürlichen Zahlen $G = \{1, 2, 3, \dots\}$ gilt
$A = \{1, 2, 3, 4, 5, 6, 7, 8, 9\}$ mit $-1 \notin A$.

b) In der Grundmenge der ganzen Zahlen $G = \{\dots, -2, -1, 0, 1, 2, 3, \dots\}$ ist
$A = \{\dots, -2, -1, 0, 1, 2, 3, 4, 5, 6, 7, 8, 9\}$; $\quad \frac{1}{2} \notin A$.

c) Falls die Grundmenge G aus allen Brüchen besteht, gilt
$A = \{ \frac{a}{b} \mid a, b \text{ ganzzahlig mit } \frac{a}{b} < 10\}$;
$\sqrt{2} \notin A$.

Definition:

a) Die **Grundmenge** G enthält alle betrachteten Elemente.

b) Eine Menge, die kein Element enthält, heißt **leere Menge**; diese leere Menge wird mit $\emptyset$ oder $\{\}$ bezeichnet.

Beispiel 6:

Die Menge der Quadratzahlen zwischen 105 und 120 ist die leere Menge $\emptyset$. Wegen $10^2 = 100$ und $11^2 = 121$ gibt es nämlich in dem angegebenen Bereich keine Quadratzahl.

1.4 Gleichheit von Mengen

Definition:

Die Mengen A und B sind **gleich**, im Zeichen A = B, falls beide Mengen aus genau denselben Elementen bestehen, wenn also jedes Element $a \in A$ auch in B und jedes Element $b \in B$ auch in A enthalten ist.

$A \neq B$ (A ungleich B) bedeutet, daß A und B nicht gleich sind. Mit der **logischen Implikation** $\Rightarrow$ (Folgepfeil) und dem **Äquivalenzzeichen** $\Longleftrightarrow$ (aus der linksseitigen Aussage folgt die rechtsseitige und umgekehrt) kann die Gleichheit zweier Mengen folgendermaßen definiert werden

$$A = B \Longleftrightarrow a \in A \Rightarrow a \in B \text{ und } b \in B \Rightarrow b \in A.$$

Beispiel 7:

Gegeben sind die Mengen

$$A = \{4; 16; \frac{4}{7}; 1\frac{3}{4}\}; B = \{2^2; 4^2; \frac{8}{14}; \frac{14}{8}\};$$

$$C = \{(-2)^2; (-4)^2; \frac{4}{7}; \frac{7}{4}\}; D = \{-2^2; -4^2; \frac{4}{7}; 1\frac{3}{4}\}.$$

a) Wegen $(-2)^2 = 2^2 = 4$; $(-4)^2 = 16$; $\dfrac{4}{7} = \dfrac{8}{14}$; $1\,{}^3/_4 = \dfrac{7}{4} = \dfrac{14}{8}$ gilt $A = B = C$.

b) Wegen $-2^2 = -4 \in D$; $-4 \notin A$ ist $A \neq D$.

Beispiel 8:

a) $x = \{x\}$ kann nicht erfüllt sein, da x ein Element ist und $\{x\}$ die Menge, welche nur das Element x enthält. Es ist also
$$x \neq \{x\}.$$

b) Die Menge $\{0\}$ besitzt das Element 0. Diese Menge ist daher von der leeren Menge verschieden, d.h.
$$\varnothing \neq \{0\}.$$

1.5 Teilmengen

Beispiel 9:

Gegeben sind die Mengen $A = \{1, 2, 4\}$; $B = \{1, 2, 4, 6\}$; $C = \{1, 2, 5, 6\}$;
$D = \{2, 5, 6\}$.
Alle Elemente von A sind auch in B enthalten, daher nennt man A eine Teilmenge von B und schreibt dafür $A \subset B$.

A ist keine Teilmenge von C, da das Element 4 in A, aber nicht in C enthalten ist. D ist Teilmenge von C.

Definition:

A heißt **Teilmenge** von B (A ist in B enthalten), falls jedes Element der Menge A auch in der Menge B enthalten ist; hierfür schreibt man $A \subset B$ oder $B \supset A$.

$A \not\subset B$ bedeutet, daß A keine Teilmenge von B ist. Es gilt
$$A \subset B \Longleftrightarrow a \in A \Rightarrow a \in B.$$

Beispiel 10:

A = $\{x\,|\,x$ ist eine Stadt in Baden-Württemberg$\}$;
B = $\{y\,|\,y$ ist eine Stadt in der Bundesrepublik Deutschland$\}$;
C = $\{z\,|\,z$ ist eine Stadt in Europa$\}$;
D = $\{u\,|\,u$ ist eine Stadt in China$\}$.
Hier gilt $A \subset B \subset C$; $D \not\subset C$; $C \not\subset D$.

Bemerkungen:

1) Für jede beliebige Menge A gilt $\varnothing \subset A$, d.h. jede Menge A enthält die leere Menge.
2) Nach der Teilmengendefinition ist $A \subset A$. Die Teilmengenbeziehung $\subset$ umfaßt also auch die Gleichheit.
3) Im Falle $A \subset B$ und $A \neq B$ gibt es mindestens ein Element, das in B, aber nicht in A enthalten ist. In diesem Falle heißt A eine **echte Teilmenge** von B.
4) Aus $A \subset B$ und $B \subset A$ folgt $A = B$ und umgekehrt. Es gilt also
$$A = B \Longleftrightarrow A \subset B \text{ und } B \subset A.$$

Beispiel 11:

In dem Venn-Diagramm sollen die entsprechenden Mengen aus allen Punkten der Zeichenebene bestehen, die entweder auf oder innerhalb der Berandung (Kreis) liegen. Es gilt $B \subset A$; $C \not\subset A$.

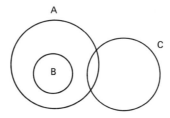

Eine Menge A mit n Elementen besitzt 2^n verschiedene Teilmengen. Dabei ist die leere Menge $\emptyset$ und die Menge A mitgezählt.

1.6 Durchschnitt und Vereinigung

Beispiel 12:

Gegeben sind die Mengen $A = \{1, 2, 3, 4\}$, $B = \{3, 4, 5, 6\}$ und $C = \{5, 6, 7, 8, 9, 10\}$.

a) Nur die Elemente 3 und 4 liegen sowohl in A als auch in B. Sie bilden den sog. Durchschnitt oder die Schnittmenge $A \cap B = \{3, 4\}$.

b) Für den Durchschnitt der Mengen B und C gilt $B \cap C = \{5, 6\}$.

c) Die Mengen A und C besitzen kein gemeinsames Element. Der Durchschnitt ist die leere Menge, d.h. $A \cap C = \emptyset$. A und C sind disjunkt (elementenfremd).

Definition:

a) Der **Durchschnitt (Schnittmenge)** $A \cap B$ (sprich: A geschnitten mit B) ist die Menge derjenigen Elemente, die sowohl in A als auch in B enthalten sind:
$A \cap B = \{x | (x \in A) \wedge (x \in B)\}$.
Dabei bedeutet $\wedge$ das logische „und". Ein zu $A \cap B$ gehörendes Element muß also die Bedingung $x \in A$ **und** $x \in B$, also beide Bedingungen gleichzeitig erfüllen.

b) Zwei Mengen A und B, die kein gemeinsames Element besitzen, heißen **disjunkt** oder **elementenfremd**.

Bei disjunkten Mengen ist also der Durchschnitt leer:

A, B disjunkt $\Longleftrightarrow A \cap B = \emptyset$.

Bemerkung:

Ähnlich wie den Malpunkt beim Buchstabenrechnen läßt man das Durchschnittszeichen manchmal weg und schreibt AB für $A \cap B$.

Beispiel 13:

a)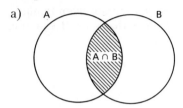

b)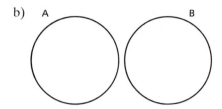

$A \cap B = \emptyset$; A und B sind disjunkt

c) 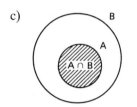 $A \subset B \Rightarrow A \cap B = A.$

Beispiel 14:

In der Grundmenge der natürlichen Zahlen sei
A = Menge der durch 3 teilbaren Zahlen;
B = Menge der durch 7 teilbaren Zahlen;
C = Menge der durch 12 teilbaren Zahlen;
D = Menge der durch 18 teilbaren Zahlen;

$A = \{3, 6, 9, 12, 15, 18, 21, 24, 27, 30 \ldots \}$;
$B = \{7, 14, 21, 28, 35, \ldots\}$;
$C = \{12, 24, 36, 48, 60, 72, \ldots\}$;
$D = \{18, 36, 54, 72, 90, \ldots\}$.

Daraus folgt
$A \cap B = \{21, 42, 63, 84, \ldots\}$ = Menge der durch 21 teilbaren Zahlen;
$A \cap C = C$ folgt aus $C \subset A$, da jede durch 12 teilbare Zahl auch durch 3 teilbar ist;
$B \cap C = \{84, 168, 252, \ldots\}$ = Menge der durch 84 teilbaren Zahlen;
$C \cap D = \{36, 72, 108, \ldots\}$ = Menge der durch 36 teilbaren Zahlen;

36 ist das kleinste gemeinsame Vielfache von 12 und 18.

Merke $\boxed{A \cap B = A \Longleftrightarrow A \subset B.}$

Beispiel 15 (vgl. Beispiel 12):

Die Menge der Elemente, die zu mindestens einer der Mengen A oder B gehören, stellen die sog. Vereinigungsmenge dar, es gilt:

$A \cup B = \{1, 2, 3, 4, 5, 6\}$ (Elemente aus A oder B);
$A \cup C = \{1, 2, 3, 4, 5, 6, 7, 8, 9, 10\}$ (Elemente aus A oder C).

Definition:

Die **Vereinigung (Vereinigungsmenge)** $A \cup B$ (sprich: A vereinigt mit B) der Mengen A und B besteht aus denjenigen Elementen, die zu mindestens einer der beiden Mengen gehören. Man sagt auch: die Vereinigung besteht aus denjenigen

Elementen, die zu A oder zu B (oder zu beiden Mengen) gehören. Das benutzte „oder" ist also kein ausschließendes oder. Dafür wird das Symbol ∨ benutzt.
Vereinigung: $A \cup B = \{x | (x \in A) \vee (x \in B)\}$.
Die Elemente $x \in A \cap B$ sind also auch in der Vereinigung enthalten.

Beispiel 16 (vgl. Beispiel 14):

Aus Beispiel 14 erhält man
$A \cup B = \{3, 6, 7, 9, 12, 14, 15, \ldots\} = \{x | x \text{ ist Vielfaches von } 3 \vee x \text{ ist Vielfaches von } 7\}$;
$A \cup C = A$ folgt aus $C \subset A$;
$B \cup C = \{7, 12, 14, 21, 24, \ldots\} = \{x | x \text{ ist Vielfaches von } 7 \text{ oder } 12\}$;
$C \cup D = \{12, 18, 24, 36, 48, 54, \ldots\} = \{x | x \text{ ist Vielfaches von } 12 \text{ oder } 18\}$.

Beispiel 17:

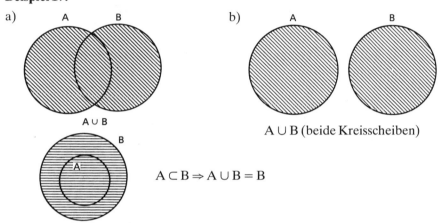

a)

A   B

A ∪ B

B

A

$A \subset B \Rightarrow A \cup B = B$

b)

A   B

A ∪ B (beide Kreisscheiben)

Merke: $\boxed{A \cup B = B \Longleftrightarrow A \subset B}$

Übertragung auf mehrere Mengen

Durchschnitt von n Mengen (n = beliebige natürliche Zahl)
$A_1 \cap A_2 \cap \ldots \cap A_n = \overset{n}{\underset{i=1}{\cap}} A_i = \{x | x \text{ liegt in allen Mengen } A_i\}$.
Vereinigung von n Mengen
$A_1 \cup A_2 \cup \ldots \cup A_n = \overset{n}{\underset{i=1}{\cup}} A_i = \{x | x \text{ liegt in mindestens einer der Mengen } A_i\}$.

Beispiel 18:

$A = \{1, 2, 3, 4, 5\}; B = \{3, 4, 5, 6, 7\}; C = \{4, 5, 6, 7, 8\}; D = \{6, 7, 8, 9, 10\}$.
a) $A \cap B \cap C = \{4, 5\}$;
b) Aus $A \cap D = \emptyset$ folgt $A \cap B \cap C \cap D = \emptyset$;
c) $A \cup B \cup C \cup D = \{1, 2, 3, 4, 5, 6, 7, 8, 9, 10\}$.

Beispiel 19: (A, B, C, D = Kreisscheiben)

a)
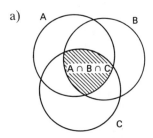

b)
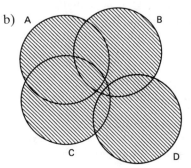

A ∪ B ∪ C ∪ D (schraffierte Fläche)
A ∩ B ∩ C ∩ D = ∅.

1.7 Differenz- und Komplementärmengen

Beispiel 20:

Gegeben sind die Mengen A = {1, 2, 3, 4, 5, 6}; B = {5, 6, 7, 8, 9, 10};
D = {1, 2, 3, 4, 5, 6, 7, 8, 9, 10}.

a) Alle Elemente, die in A, aber nicht in B liegen, bilden die sog. Differenzmenge

A \ B = {1, 2, 3, 4}.

Die Elemente, die in B, aber nicht in A liegen, bilden die Differenzmenge

B \ A = {7, 8, 9, 10}.

b) A ist Teilmenge von D. Um aus der Teilmenge A die Obermenge D zu erhalten, muß zu A die sog. Komplementärmenge $C_D A$ = D \ A = {7, 8, 9, 10} hinzugefügt werden.

Definition:

a) Die **Differenzmenge** B \ A (lies B ohne A) besteht aus denjenigen Elementen, die zu B, aber nicht zu A gehören

B \ A = {x | (x ∈ B) ∧ (x ∉ A)}.

b) Falls A eine Teilmenge von B ist, besteht das **Komplement (Komplementärmenge, Restmenge)** $C_B A$ von A bezüglich B aus denjenigen Elementen, die zu B, aber nicht zu A gehören. Es gilt also

$C_B A$ = {x | (x ∈ B) ∧ (x ∉ A)}, falls A ⊂ B.

Bemerkung:

1) Bei der Komplementbildung (Ergänzung) von A bezüglich B wird die Inklusion A ⊂ B benötigt. Dieses Komplement hängt somit von beiden Mengen A und B ab.

2) Die Komplementbildung bezüglich der Grundmenge G ist immer möglich. Hier wird meistens die Bezeichnung

$\overline{A}$ = $C_G A$ = G \ A = {x | (x ∈ G) ∧ x ∉ A}

benutzt.

Beispiel 21: Grundmenge = Menge der natürlichen Zahlen

$A = \{3, 6, 9, 12, 15, ...\}$ (Menge der durch drei teilbaren Zahlen)

$B = \{6, 12, 18, 24, 30, ...\}$ (Menge der durch sechs teilbaren Zahlen)

Hier gilt $B \subset A$ (echte Teilmenge) mit

    $B \setminus A = \emptyset$; $A \setminus B = C_B A = \{3, 9, 15, ...\}$.

    $\overline{A} = G \setminus A = \{1, 2, 4, 5, 7, 8, 10, 11, 13, 14, ...\}$.

Beispiel 22:

a)

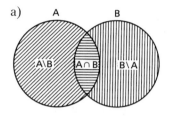

b)

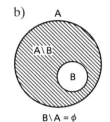

$B \setminus A = \phi$

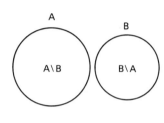

c)

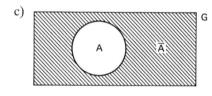

d)

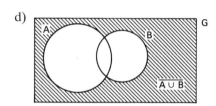

$\overline{A \cup B}$ = Fläche außerhalb der
beiden Kreisscheiben = $\overline{A} \cap \overline{B}$

Bemerkung:

1) Aus $A \cap B = \emptyset$ folgt
   $A \setminus B = A$ und $B \setminus A = B$.
2) $(A \setminus B) \cup (B \setminus A)$ stellt die Elemente dar, die in genau einer der beiden Mengen liegen.
3) Allgemein gilt die Darstellung

$$\boxed{A \cup B = (A \cap B) \cup (A \setminus B) \cup (B \setminus A)}$$

Dabei sind die drei Mengen auf der rechten Seite paarweise disjunkt. Der erste Anteil $A \cap B$ besteht aus denjenigen Elementen, welche gleichzeitig in beiden Mengen liegen, der Rest stellt diejenigen Elemente dar, die zu genau einer der beiden Mengen gehören (s. Beispiel 22a).

1.8 Eigenschaften der Mengenoperationen

Die nachfolgenden Eigenschaften der Mengenoperationen sind entweder unmittelbar plausibel oder können mit Hilfe von Venn-Diagrammen leicht nachvollzogen werden.

Bei fehlenden Klammern ist die Durchschnitts- und Komplementbildung vor der Vereinigungsbildung durchzuführen in Analogie zur Regel „Punkt vor Strich" beim Buchstabenrechnen. Wegen des Assoziativgesetzes

$$(A \cup B) \cup C = A \cup (B \cup C)$$

können die Klammern weggelassen werden, da in $A \cup B \cup C$ jede Klammerung (Reihenfolge) zum gleichen Ergebnis führt.

$A \cap B = B \cap A$; $A \cup B = B \cup A$ (Kommutativgesetze)

$(A \cap B) \cap C = A \cap (B \cap C)$; $(A \cup B) \cup C = (A \cup B) \cup C$
                                      (Assoziativgesetze)

$A \cap (B \cup C) = (A \cap B) \cup (A \cap C) = AB \cup AC$

$A \cup (B \cap C) = (A \cup B) \cap (A \cup C)$ (Distributivgesetze)

$A \cup \varnothing = A$; $A \cap \varnothing = \varnothing$

$A \setminus (B \cap C) = (A \setminus B) \cup (A \setminus C)$ (De Morgansche Regeln)

$A \setminus (B \cup C) = (A \setminus B) \cap (A \setminus C)$ $\overline{A}$ = Komplement bezüglich

$\overline{A \cup B} = \overline{A} \cap \overline{B}$; $\overline{A \cap B} = \overline{A} \cup \overline{B}$ der Grundmenge G

$\overline{G} = \varnothing$; $\overline{\varnothing} = G$; $\overline{\overline{A}} = A$

$A \subset B$ und $B \subset C \Rightarrow A \subset C$ (Transitivgesetz)

$A \subset B \Rightarrow A \cap B = A$ und $A \cup B = B$

$A \subset A \cup B$ und $B \subset A \cup B$

$(A \cap B) \subset A$ und $(A \cap B) \subset B$.

1.9 Aufgaben

A1.1 Durch welche charakterisierenden Eigenschaften können die folgenden Mengen beschrieben werden
      $A = \{2, 4, 6, 8, 10, 12, 14, 16, \ldots\}$;
      $B = \{1, 4, 9, 16, 25, 36, 49, 64, \ldots\}$?

A1.2 A sei die Menge der Zahlen x mit $-5 < x \leq 5$. Schreiben Sie diese Menge in aufzählender Schreibweise
a) in der Grundmenge der natürlichen Zahlen;
b) in der Grundmenge der negativen ganzen Zahlen,
c) in der Grundmenge der ganzen Zahlen.

A1.3 Gegeben sind die Mengen $A = \{\dfrac{4}{3}; 5^2; 8; \dfrac{9}{4}; \dfrac{11}{4}\}$,

$B = \{2^3; \sqrt{\dfrac{81}{16}}; 25; \dfrac{8}{6}; 2,75\}$; $C = \{\dfrac{9}{4}; \dfrac{225}{256}; \dfrac{50}{72}\}$ und

$D = \{\dfrac{x^2}{y^2} \mid x$ und y sind natürliche Zahlen$\}$.

Überprüfen Sie, ob folgende Eigenschaften richtig sind:
a) $A = B$;   b) $C \subset D$;   c) $A \subset D$.

A1.4 Gegeben sind die Mengen A = $\{1, 3, 5, 7, 9\}$; B = $\{2, 4, 6, 8, 10\}$;
C = $\{5, 6, 7, 8, 9, 10\}$.
a) Geben Sie folgende Mengen an
   A $\cup$ B; A $\cap$ B; A $\setminus$ B; A $\setminus$ C; B $\setminus$ C; C $\setminus$ A; C $\setminus$ B; C $\setminus$ (A $\cup$ B); C $\setminus$ (A $\cap$ B);
   $C_{A \cup B}(C)$ = Komplement von C bzgl. A $\cup$ B.
b) Wie muß die Grundmenge G sein, damit für das Komplement bezüglich G gilt
   $\overline{A \cup B \cup C} = \{11, 12\}$?
c) Bestimmen Sie die Menge derjenigen Elemente, die in genau zwei der Mengen A, B und C liegen.

A1.5
a) Bestimmen Sie alle Teilmengen von A = $\{a, b, c, d, e\}$.
b) Wieviele verschiedene Teilmengen gibt es insgesamt?

A1.6 Stellen Sie im nachfolgenden Venn-Diagramm alle 8 Teilmengen mit Hilfe von geeigneten Mengenoperationen durch die Ausgangsmengen A, B und C dar.

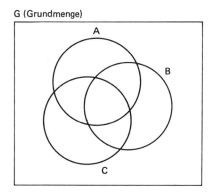

G (Grundmenge)

Kapitel 2:
Zahlenbereiche (Zahlenmengen)

In diesem Abschnitt werden verschiedene Zahlenbegriffe behandelt. Ausgangspunkt sind die natürlichen Zahlen. Durch anschauliche Erweiterungen gelangt man über die ganzen und rationalen Zahlen (Brüche) zu der Menge aller Zahlen, die sich auf dem Zahlenstrahl darstellen lassen (reelle Zahlen).

2.1 Die natürlichen Zahlen

Zum Abzählen von irgendwelchen Dingen benutzt man die sog. **natürlichen Zahlen** $1, 2, 3, 4, 5, 6, 7, 8, \ldots$
Die Menge dieser natürlichen Zahlen bezeichnet man mit

$$\mathbb{N} = \{1, 2, 3, 4, 5, 6, 7, 8, \ldots\}$$

Um anzuzeigen, daß es sich um eine **Zahlenmenge** handelt, wird an das Mengensymbol $\mathbb{N}$ der doppelte Stich angebracht.

Die Bezeichnung der Symbole für die natürlichen Zahlen ist willkürlich. Anstelle der arabischen Ziffern könnten genausogut die römischen Ziffern oder andere Symbole benutzt werden. Wesentlich für die Charakterisierung der Menge der natürlichen Zahlen sind die beiden

Eigenschaften:
1) Jede natürliche Zahl hat genau einen **Nachfolger**.
2) Jede natürliche Zahl – mit Ausnahme der Zahl 1 – hat genau einen **Vorgänger**.

Die Folge der natürlichen Zahlen hat ihren Anfang in der Zahl 1. Den Nachfolger der natürlichen Zahl n bezeichnet man mit $n + 1$, den Vorgänger mit $n - 1$, falls n nicht gleich 1 ist. Wegen der Eigenschaft 1) bricht die Folge der natürlichen Zahlen nicht ab. Es gibt keine größte natürliche Zahl. Die Menge $\mathbb{N}$ hat unendlich viele Elemente.

Die natürlichen Zahlen können auf dem **Zahlenstrahl** (Ordinatenachse) durch äquidistante Einteilung der Größe nach, also in einer bestimmten Reihenfolge angeordnet werden. Dabei ist zu beachten, daß der Nullpunkt oder Ordinatenursprung 0 nicht zu $\mathbb{N}$ gehört.

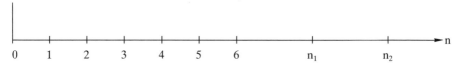

Für zwei beliebige Zahlen $n_1, n_2 \in \mathbb{N}$ gilt genau eine der drei Bezeichnungen
a) $n_1 = n_2$ (n_1 ist gleich n_2), falls beide Zahlen zusammenfallen;
b) $n_1 < n_2$ (n_1 ist kleiner als n_2), falls n_1 links von n_2 liegt,
c) $n_1 > n_2$ (n_1 ist größer als n_2), falls n_1 rechts von n_2 liegt.

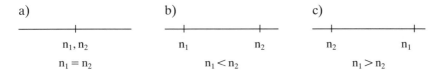

$n_1 < n_2$ ist mit $n_2 > n_1$ gleichwertig.

$n_1 \neq n_2$ (n_1 ungleich n_2) wird benutzt, falls $n_1 = n_2$ nicht gilt.

Beispiel 1:

$2 < 5; 3^2 > 2^2; 17 + 3 = 20; 5^2 = 25.$

Die Addition

Die natürlichen Zahlen können auf dem Zahlenstrahl auch durch Pfeile (gerichtete Größen) dargestellt werden, die vom **Nullpunkt** (Ordinatenursprung) zu den auf dem **Zahlenstrahl** dargestellten Zahlen weisen.

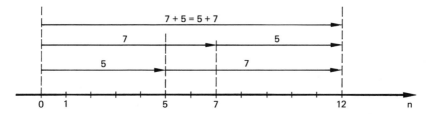

Durch Parallelverschieben und Aneinanderreihen dieser Pfeile läßt sich die **Addition** $n_1 + n_2$ erklären. Die Länge des ($n_1 + n_2$)-Pfeiles ist gleich der Summe der Längen der n_1- und n_2-Pfeile.

Die Menge der natürlichen Zahlen ist abgeschlossen gegenüber der Addition, d.h. mit zwei natürlichen Zahlen ist auch deren Summe wieder eine natürliche Zahl.

Die Multiplikation

Sind n_1 und n_2 natürliche Zahlen, so ist das Produkt

$$n_1 \cdot n_2 = \underbrace{n_2 + n_2 + \ldots + n_2}_{n_1 \text{ Summanden}} = \underbrace{n_1 + n_1 + \ldots + n_1}_{n_2 \text{ Summanden}}$$

ebenfalls eine natürliche Zahl.

Die Menge der natürlichen Zahlen ist **abgeschlossen gegenüber** den Operationen der **Addition** und der **Multiplikation**. Es gilt also
$$n_1, n_2 \in \mathbb{N} \Rightarrow n_1 + n_2 \in \mathbb{N} \text{ und } n_1 \cdot n_2 \in \mathbb{N}.$$

Die Subtraktion ist in $\mathbb{N}$ nicht uneingeschränkt durchführbar. Die Gleichung
$$5 + x = 8$$
besitzt zwar die Lösung $x = 8 - 5 = 3 \in \mathbb{N}$, doch gibt es keine natürliche Zahl $x \in \mathbb{N}$ mit
$$10 + x = 4.$$
$x = 4 - 10$ ist keine natürliche Zahl.

Die Zahl Null: Falls eine Menge endlich viele Elemente besitzt, läßt sich die Anzahl ihrer Elemente durch eine natürliche Zahl n beschreiben. Diese natürliche Zahl kann beliebig groß sein. Die leere Menge besitzt kein Element. Bezüglich der Anzahl der Elemente wird ihr die **Zahl 0** zugeordnet. Aus diesem Grund ist es naheliegend, die Menge der natürlichen Zahlen um diese Zahl 0 zu erweitern. Dafür wird folgende Bezeichnung benutzt

$$\mathbb{N}_0 = \{0\} \cup \mathbb{N} = \{0, 1, 2, 3, 4, \dots\}.$$

2.2 Die ganzen Zahlen

Bei Temperaturen genügt die Angabe einer Zahl nicht. So ist aus der Temperaturangabe 3° Celsius nicht erkenntlich, ob der Wert oberhalb oder unterhalb des Gefrierpunkts (= 0°) gemessen wurde. Zur genauen Charakterisierung werden die Zahlenangaben mit einem Vorzeichen versehen. So bedeutet +3° (= 3°) drei Grad Wärme (drei Grad über 0) während −3° drei Grad Kälte (drei Grad unter Null) bedeutet.

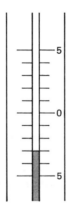

Zur Darstellung der **negativen Zahlen** wird der Zahlenstrahl über die Null hinaus nach links zur **Zahlengeraden** verlängert.

Der zur natürlichen Zahl n gerichtete Pfeil wird entgegengesetzt (nach links) orientiert. Falls dieser entgegengesetzt gerichtete Pfeil gleich lang ist wie der Ausgangspfeil, endet seine Spitze bei der negativen ganzen Zahl $-$ n. Der Pfeil der zur Zahl 0 zeigt, hat die Länge 0.

Durch diese Spiegelung der Pfeile entsteht die

Menge der ganzen Zahlen

$$\mathbb{Z} = \{\ldots, -5, -4, -3, -2, -1, 0, 1, 2, 3, 4, 5, \ldots\}$$

Jede ganze Zahl hat genau einen **Vorgänger** und genau einen **Nachfolger**. Damit gibt es in dieser Menge weder eine kleinste noch eine größte Zahl. Die links vom Nullpunkt liegenden Zahlen heißen **negative Zahlen**. Rechts vom Nullpunkt liegen die natürlichen Zahlen. Um sie von den negativen Zahlen zu unterscheiden, nennt man sie **positive ganze Zahlen** und versieht sie gelegentlich mit einem vorgesetzten Pluszeichen, z.B. $+13 = 13$.

Der Zahl 0 kann man beide Vorzeichen zuordnen: $0 = +0 = -0$.

Addition und **Multiplikation** sind im Bereich der ganzen Zahlen uneingeschränkt durchführbar. Dabei gelten für beliebige ganze Zahlen a, b $\in \mathbb{Z}$ die

Vorzeichenregeln:

$+ (+a) = \ \ \ a$	$(+a) \cdot (+b) = \ \ \ a \cdot b$
$+ (-a) = -a$	$(-a) \cdot (-b) = \ \ \ a \cdot b$
$- (+a) = -a$	$(-a) \cdot (+b) = -a \cdot b$
$- (-a) = \ \ \ a$	$(+a) \cdot (-b) = -a \cdot b$

Die natürlichen Zahlen bilden eine Teilmenge der ganzen Zahlen; es gilt also

$$\mathbb{N} \subset \mathbb{Z}.$$

Die Subtraktion

Durch
$$z_1 - z_2 = z_1 + (-z_2)$$
wird die Subtraktion auf die Addition der Gegenzahl $-z_2$ zurückgeführt. Diese Subtraktion ist für beliebige ganze Zahlen durchführbar. Sind a und b beliebige ganze Zahlen, so hat die Gleichung
$$a + x = b$$
die Lösung $x = b + (-a) = b - a$.

> Die Menge der **ganzen Zahlen** ist **abgeschlossen** gegenüber den Operationen der **Addition**, **Subtraktion** und **Multiplikation**; es gilt also
> $$z_1, z_2 \in \mathbb{Z} \Rightarrow z_1 + z_2 \in \mathbb{Z}, z_1 - z_2 \in \mathbb{Z}; z_1 \cdot z_2 \in \mathbb{Z}.$$

Die **Division** ist in der Menge der ganzen Zahlen nicht uneingeschränkt durchführbar. So besitzt zwar die Gleichung $4 \cdot x = -12$ die Lösung $x = -3 \in \mathbb{Z}$, die Gleichung $4 \cdot x = 5$ hat jedoch in $\mathbb{Z}$ keine Lösung, es gibt keine ganze Zahl x mit $4x = 5$.

2.3 Die rationalen Zahlen (Brüche)

Beispiel 2:

Die Verbindungsstrecke vom Nullpunkt zur Zahl 1 soll in 7 gleichlange Teile zerlegt werden. Dies geschieht mit Hilfe des **Strahlensatzes** (s. Abschnitt 18.2). Auf
einer durch den Nullpunkt gezeichneten von dem Zahlenstrahl verschiedene
Hilfsgeraden werden mit dem Stechzirkel 7 gleichgroße Strecken abgetragen.

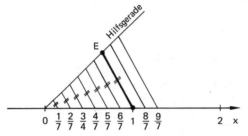

Der so erhaltene Endpunkt E wird mit dem Punkt 1 verbunden. Zu dieser Verbindungsstrecke werden Parallelen durch die restlichen 6 Teilpunkte gezeichnet.
Dadurch entstehen auf dem Zahlenstrahl die Brüche $\dfrac{1}{7}, \dfrac{2}{7}, \dfrac{3}{7}, \dfrac{4}{7}, \dfrac{5}{7}, \dfrac{6}{7}, \dfrac{7}{7} = 1$.

Addiert man zu $\dfrac{2}{7}$ die Zahl 5 so erhält man die Zahl $5 + \dfrac{2}{7} = \dfrac{37}{7}$. Durch Parallelverschiebung und Umorientierung der Richtung lassen sich somit alle Zahlen
$\pm \dfrac{k}{7}, k \in \mathbb{N}$ auf der Zahlengeraden darstellen.

Für beliebige natürliche Zahlen m und n läßt sich wie in Beispiel 2 beschrieben
auf der Zahlengeraden der Quotient $\dfrac{m}{n}$ darstellen. Durch entgegengesetzte

Orientierung (Spiegelung am Nullpunkt) entsteht der negative Bruch $- \dfrac{m}{n}$.

Die Menge aller Brüche heißt die

Menge der rationalen Zahlen (Quotienten);

sie wird mit $\mathbb{Q}$ bezeichnet,

$$\mathbb{Q} = \{ \,\frac{p}{q} \,|\, p, q \in \mathbb{Z}; q \neq 0\}.$$

Für eine rationale Zahl gibt es beliebig viele äquivalente Darstellungen. So gilt
z.B.

$$\frac{3}{7} = \frac{6}{14} = \frac{15}{35} = \frac{21}{49} = \frac{-12}{-28} \quad \text{(Erweitern oder Kürzen)}.$$

Durch $z = \dfrac{z}{1}$ kann jede ganze Zahl als rationale Zahl dargestellt werden. Damit
gilt

$$\mathbb{N} \subset \mathbb{Z} \subset \mathbb{Q}.$$

Die Menge der ganzen Zahlen ist also eine Teilmenge der Menge der rationalen Zahlen.

> Die Menge der **rationalen Zahlen** ist **abgeschlossen** gegenüber den Operationen der **Addition, Subtraktion, Multiplikation** und **Division**, wobei allerdings nicht durch 0 dividiert werden darf.

Rechenregeln (die auftretenden Nenner dürfen nicht verschwinden)

Gleichheit

$$\frac{a_1}{b_1} = \frac{a_2}{b_2} \iff a_1 \cdot b_2 = b_1 \cdot a_2; \quad b_1, b_2 \neq 0;$$

Erweitern (kürzen)

$$\frac{a}{b} = \frac{k \cdot a}{k \cdot b}, \quad b, k \neq 0;$$

Addition und Subtraktion gleichnamiger Brüche

$$\frac{a_1}{b} \pm \frac{a_2}{b} = \frac{a_1 \pm a_2}{b}; \quad b \neq 0;$$

Addition und Subtraktion beliebiger Brüche

$$\frac{a_1}{b_1} \pm \frac{a_2}{b_2} = \frac{a_1 \cdot b_2 \pm b_1 \cdot a_2}{b_1 \cdot b_2}, \quad b_1, b_2 \neq 0;$$

Multiplikation

$$\frac{a_1}{b_1} \cdot \frac{a_2}{b_2} = \frac{a_1 \cdot a_2}{b_1 \cdot b_2}, \quad b_1, b_2 \neq 0$$

(Zähler mal Zähler und Nenner mal Nenner);

Division

$$\frac{a_1}{b_1} : \frac{a_2}{b_2} = \frac{\dfrac{a_1}{b_1}}{\dfrac{a_2}{b_2}} = \frac{a_1}{b_1} \cdot \frac{b_2}{a_2} = \frac{a_1 \cdot b_2}{b_1 \cdot a_2}, \quad b_1, a_2 \neq 0,$$

(Multiplikation mit dem reziproken Divisor);

Vorzeichenregeln:

$$\frac{+a}{+b} = \frac{a}{b}; \quad \frac{-a}{-b} = \frac{a}{b}; \quad \frac{-a}{+b} = \frac{+a}{-b} = -\frac{a}{b}; \quad b \neq 0.$$

Beispiel 3:

a) $\dfrac{4}{13} + \dfrac{3}{13} - \dfrac{8}{13} + 2 \cdot \dfrac{3}{13} = \dfrac{4 + 3 - 8 + 6}{13} = \dfrac{5}{13};$

b) $\dfrac{3}{4} + \dfrac{2}{3} - \dfrac{5}{6} + \dfrac{7}{24} = \dfrac{3 \cdot 6 + 2 \cdot 8 - 5 \cdot 4 + 7}{24} = \dfrac{21}{24} = \dfrac{7}{8};$

c) $\dfrac{8}{21} : \dfrac{4}{7} = \dfrac{8}{21} \cdot \dfrac{7}{4} = \dfrac{2}{3};$

d) $(-\dfrac{9}{4}) : 3^{3/8} = -\dfrac{9}{4} : \dfrac{27}{8} = -\dfrac{9 \cdot 8}{4 \cdot 27} = -\dfrac{2}{3}$;

e) $(\dfrac{1}{4} + \dfrac{1}{5}) : \dfrac{9}{5} = \dfrac{5+4}{20} \cdot \dfrac{5}{9} = \dfrac{1}{4}$.

Für a $\neq$ 0 kann die Gleichung

$$a \cdot x = b, \quad a, b \in \mathbb{R}$$

durch Multiplikation mit dem zu a **inversen Element** $a^{-1} = \dfrac{1}{a}$, also durch Division durch a gelöst werden in der Form

$$x = \dfrac{1}{a} \cdot b = \dfrac{b}{a} = a^{-1}b.$$

Eine Division durch 0 ist nicht möglich, da sonst aus

$$a \cdot 0 = b \cdot 0$$

a = b folgen würde, d.h. es müßten alle reellen Zahlen gleich sein.

Dezimalzahlen

Brüche, bei denen im Nenner eine Zehnerpotenz steht, lassen sich als **endliche Dezimalzahlen** (endliche Dezimalbrüche) darstellen, z.B.

$$0{,}875 = \dfrac{875}{1000} = \dfrac{7}{8} ; \quad 1{,}75 = \dfrac{175}{100} = \dfrac{7}{4}.$$

Die rationale Zahl $\dfrac{1}{3}$ ist jedoch durch keinen endlichen Dezimalbruch darstellbar. Man benötigt dazu den unendlichen Dezimalbruch

$$\dfrac{1}{3} = 0{,}3333 \ldots = 0{,}\overline{3}.$$

Die Ziffer 3 wiederholt sich unendlich oft. Es handelt sich um einen **periodischen Dezimalbruch**. In

$$\dfrac{8}{55} = 0{,}1454545 \ldots = 0{,}1\overline{45}$$

wiederholt sich die Ziffernfolge 45 beliebig oft. Wegen

$$\dfrac{1}{2} = 0{,}5 = 0{,}500 \ldots = 0{,}5\overline{0}$$

kann auch jede endliche Dezimalzahl als unendliche periodische Dezimalzahl dargestellt werden.

Beispiel 4:

Gesucht ist der Dezimalbruch für $\dfrac{4}{33}$.

Division mit Rest

$$4 \qquad : 33 = 0{,}121212\ldots = 0{,}\overline{12}$$

$$\begin{array}{rl}
& 4 \\
& 40 \\
& \underline{33} \\
\text{1. Rest} & 70 \\
& \underline{66} \\
\text{2. Rest} & 4
\end{array}$$

Bei dieser Division mit Rest stimmt der 2. Rest $r_2 = 4$ mit der Ausgangszahl überein. Aus diesem Grund widerholt sich die Ziffernfolge periodisch, also

$$\frac{4}{33} = 0{,}\underline{12}\,\underline{12}\,\underline{12}\ldots = 0{,}\overline{12}.$$

Beispiel 5:

Die rationale Zahl $\dfrac{153}{2475}$ soll als periodischer Dezimalbruch dargestellt werden.

In der Division mit Rest

$$\begin{array}{rl}
& 153_{|00} \qquad : 2475 = 0{,}06\underline{18}\,\underline{18}\,\underline{18}\ldots = 0{,}06\overline{18} \\
& \underline{14850} \\
\text{1. Rest} & \mathbf{450|0} \\
& \underline{2475} \\
\text{2. Rest} & 2025|0 \\
& \underline{19800} \\
\text{3. Rest} & \mathbf{450|0}
\end{array}$$

stimmt der 3. Rest 450 mit dem ersten Rest überein. Aus diesem Grund wiederholt sich die Ziffernfolge 18 periodisch.

Beispiel 6:

Der periodische Dezimalbruch $x = 0{,}123\overline{56}$ soll als Bruch dargestellt werden. In x und $100 \cdot x$ stehen die Periodenblöcke 56 untereinander.

$$\left. \begin{array}{l}
100 \cdot x = 12{,}3565656\ldots \\
 x = 0{,}1235656\ldots
\end{array} \right\} -$$

Subtraktion ergibt

$$99x = 12{,}233; \quad x = \frac{12{,}233}{99} = \frac{12233}{99000}.$$

Wegen der Periodenlänge 2 wird hier x von $10^2 \cdot x = 100x$ subtrahiert.

Jede **rationale Zahl** läßt sich als **endliche** oder als **unendliche periodische Dezimalzahl** darstellen. Umgekehrt kann jede endliche oder unendliche Dezimalzahl als rationale Zahl (Bruch) dargestellt werden.

Beispiel 7:

a) $x = 0,\bar{6} = 0,666\ldots$ (Periodenlänge 1)

$$x = 0,666\ldots$$
$$10x = 6,666\ldots$$
$$\overline{}$$
$$9x = 6; \quad x = 2/3;$$

b) $x = 0,\bar{9} = 0,999\ldots$ (Periodenlänge 1)

$$x = 0,9999\ldots$$
$$10x = 9,9999\ldots$$
$$\overline{}$$
$$9x = 9; \quad x = 1;$$

In $0,\bar{9}$ sind beliebig viele Ziffern vorhanden. Die Ziffernfolge bricht nicht ab.

$$a_n = 0,\underbrace{99\ldots.9}_{n\,\text{Ziffern}}$$

weicht zwar von 1 ab, je mehr Ziffern jedoch hinzugenommen werden, umso näher kommt a_n an die Zahl 1 heran. Der Näherungswert a_n kommt an die Zahl 1 beliebig nahe heran, wenn n nur groß genug gewählt wird. Aufrunden würde die Zahl 1 liefern.

2.4 Die reellen Zahlen

Auf der Zahlengeraden können Zahlen konstruiert werden, die nicht rational sind.

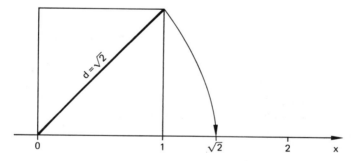

d sei die Länge der Diagonalen in dem obigen Quadrat mit der Seitenlänge 1. Dann gilt nach dem Satz von Pythagoras $d^2 = 1^2 + 1^2 = 2$. Diese Länge bezeichnet man mit $d = \sqrt{2}$ (Wurzel von 2). Auf der Zahlengeraden ist die Zahl $\sqrt{2}$ mit Zirkel und Lineal darstellbar.

Satz: $\sqrt{2}$ ist keine rationale Zahl, d.h. $\sqrt{2} \notin \mathbb{Q}$.
Es gibt also keine rationale Zahl, deren Quadrat gleich 2 ist.

Beweis (indirekte Beweismethode – Widerspruchsbeweis).

Annahme: es sei $\sqrt{2} \in Q$.

Dann gibt es zwei natürliche Zahlen p und q, welche teilerfremd sind mit

$$\sqrt{2} = \frac{p}{q} \quad \text{(kein Kürzen mehr möglich)}.$$

Quadrieren ergibt $2 = \frac{p^2}{q^2}$, d.h. $p^2 = 2q^2$. Damit ist p^2 eine gerade Zahl. Da das Quadrat einer ungeraden Zahl wieder ungerade ist, muß auch p eine gerade Zahl sein. Es gibt also ein $r \in \mathbb{N}$ mit $p = 2r$. Quadrieren ergibt $p^2 = 4r^2$. Hieraus erhält man mit $p^2 = 2q^2$

$$2q^2 = 4r^2 \Rightarrow q^2 = 2r^2.$$

Dann ist auch q^2 und somit q eine gerade Zahl.

Der Bruch $\frac{p}{q}$ kann somit durch 2 gekürzt werden, was nach Voraussetzung nicht möglich ist. Dadurch ist ein Widerspruch entstanden; die Annahme $\sqrt{2} \in \mathbb{Q}$ muß also falsch sein, es gilt dann $\sqrt{2} \notin \mathbb{Q}$.

Eine weitere nichtrationale Zahl auf dem Zahlenstrahl ist die Zahl π. Sie kann als Umfang eines Kreises mit dem Radius $r = 1/2$ definiert werden.

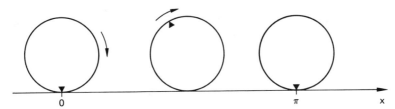

Durch Abrollen eines Rades mit dem Radius $r = 1/2$ kann die Zahl π auf der Zahlengeraden dargestellt werden.

Alle auf der Zahlengeraden darstellbaren Zahlen heißen **reelle Zahlen.** Die Menge der reellen Zahlen bezeichnet man mit $\mathbb{R}$. Eine reelle Zahl, welche nicht rational ist, heißt **irrational**. Beispiele für irrationale Zahlen sind $\sqrt{2}, \pi, \sqrt{5}$.

Approximation irrationaler Zahlen durch rationale Zahlen

Wegen 1^2	$< 2 < 2^2$	gilt 1	$< \sqrt{2} < 2$
Wegen $1{,}4^2$	$< 2 < 1{,}5^2$	gilt 1,4	$< \sqrt{2} < 1{,}5$
Wegen $1{,}41^2$	$< 2 < 1{,}42^2$	gilt 1,41	$< \sqrt{2} < 1{,}42$
Wegen $1{,}414^2$	$< 2 < 1{,}415^2$	gilt 1,414	$< \sqrt{2} < 1{,}415$
Wegen $1{,}4142^2$	$< 2 < 1{,}4143^2$	gilt 1,4142	$< \sqrt{2} < 1{,}4143$
Wegen $1{,}41421^2$	$< 2 < 1{,}41422^2$	gilt 1,41421	$< \sqrt{2} < 1{,}41422.$

So fortfahrend läßt sich $\sqrt{2}$ jeweils zwischen zwei endlichen Dezimalzahlen (rationale Zahlen) einschachteln, von denen eine kleiner, die andere größer als $\sqrt{2}$ ist. Die Differenz zwischen diesen beiden rationalen Zahlen ist dabei kleiner als eine Einheit in der letzten Dezimalen. Dadurch ist es möglich, die Zahl $\sqrt{2}$ in einer Dezimalbruchentwicklung mit beliebig vielen Stellen anzugeben. Diese Dezimalbruchentwicklung kann nie abbrechen. Auch kann keine Periode auftreten, da endliche oder unendliche periodische Dezimalbrüche im Gegensatz zu $\sqrt{2}$ rationale Zahlen darstellen.

Diese Intervallschachtelungsmethode kann auf jede irrationale Zahl angewandt werden.

> Jede **irrationale** Zahl $a \in \mathbb{R} \setminus \mathbb{Q}$ läßt sich durch **rationale Zahlen** beliebig genau **approximieren.**

Für die behandelten Zahlenbereiche gilt

$\mathbb{N}$	$\subset$	$\mathbb{Z}$	$\subset$	$\mathbb{Q}$	$\subset$	$\mathbb{R}$
natürliche		ganze		rationale		reelle Zahlen

Bemerkung:

Quadratwurzeln aus positiven Zahlen sind stets reelle Zahlen.

In $\mathbb{R}$ ist die Gleichung $x^2 + 1 = 0 \Longleftrightarrow x^2 = -1$ nicht lösbar. Zur Lösung solcher Gleichungen müßte der Zahlenbereich nochmals erweitert werden und zwar zur Menge der **komplexen Zahlen.** Auf die komplexen Zahlen soll in diesen elementaren Brückenkurs nicht eingegangen werden.

2.5 Aufgaben

A2.1 Stellen Sie folgende Zahlen als Dezimalzahlen dar:
$$\frac{81}{125} \;;\; \frac{78}{8} \;;\; 5^{7}/_{16} \;;\; \frac{19}{6} \;;\; \frac{11}{13} \;;\; \frac{481}{330}.$$

A2.2 Stellen Sie die folgenden Dezimalzahlen als Brüche dar
a) $0,129$; b) $0,12\overline{67}$; c) $0,01\overline{457}$; d) $0,5\overline{9}$.

A2.3 Beweisen Sie, daß $\sqrt{7}$ keine rationale Zahl ist.

Kapitel 3:
Das Rechnen mit reellen Zahlen

Die in diesem Abschnitt vorkommenden allgemeinen Zahlen a, b, c, ... x, y, z sollen beliebige reelle Zahlen darstellen.

3.1 Allgemeine Rechenregeln

Für das Rechnen mit reellen Zahlen gelten die **Eigenschaften**

$$a + b = b + a; \quad a \cdot b = b \cdot a \qquad \text{(Kommutativgesetze)}$$

$(a + b) + c = a + (b + c); \quad (a \cdot b) \cdot c = a \cdot (b \cdot c)$ (Assoziativgesetze; die Reihenfolge der Zusammenfassung spielt keine Rolle)

$a + 0 = 0 + a = a$ (0 = neutrales Element der Addition)

$1 \cdot a = a \cdot 1 = a$ (1 = neutrales Element der Multiplikation)

$a + (-a) = a - a = 0$

$a \cdot \dfrac{1}{a} = \dfrac{1}{a} \cdot a = \dfrac{a}{a} = 1$ für $a \neq 0$; $(\dfrac{1}{a} = a^{-1}$ = inverses Element)

$\left.\begin{array}{l} a \cdot (b + c) = a \cdot b + a \cdot c \\ (a + b) \cdot c = a \cdot c + b \cdot c \end{array}\right\}$ (Distributivgesetze, Gesetze für das Rechnen mit Klammern)

$a \cdot (-b) = (-a) \cdot b = -a \cdot b; \quad (-a) \cdot (-b) = a \cdot b = (+a) \cdot (+b)$

$\dfrac{-a}{b} = \dfrac{a}{-b} = -\dfrac{a}{b}; \quad \dfrac{-a}{-b} = \dfrac{a}{b}$ (Vorzeichenregeln).

Falls in einem algebraischen Ausdruck mehrere Grundrechenarten benutzt werden, wird die **Reihenfolge** der Berechnungen durch **Klammern** vorgeschrieben. So bedeutet z.B., daß in

$$(3 + 11) \cdot 4 = 14 \cdot 4 = 56$$

zuerst die Summe berechnet werden muß und danach das Produkt gebildet wird. In Ausdrücken der Form

$$3 + (11 \cdot 4) = 3 + 44 = 47; \quad (16 : 4) - 3 = 4 - 3 = 1$$

werden die Klammern jedoch häufig weggelassen, d.h.

$$3 + 11 \cdot 4 = 3 + 44 = 47; \quad 16 : 4 - 3 = 4 - 3 = 1.$$

Damit die vorgesehene Reihenfolge eingehalten wird, gilt folgende Verabredung

Punkrechnung geht vor Strichrechnung

Das bedeutet, daß zuerst die Rechenoperationen · und : (Punktrechnung) und erst dann die Operationen + und − (Strichrechnung) auszuführen sind. Dabei ist jedoch zu beachten, daß entsprechende Klammern paarweise zusammengehören und zuerst berechnet werden müssen. Innerhalb der Klammern gilt jedoch wieder die Regel „Punktrechnung vor Strichrechnung".

Beispiel 1:

a) $1 + 4 \cdot 5 - 18 : 6 = 1 + 20 - 3 = 18$;

b) $2 \cdot 4 - 8 \cdot 3 + 36 : 18 = 8 - 24 + 2 = 8 + 2 - 24 = -14$;

c) $(2 + 8) : (4 + 1) = 10 : 5 = 2$;

d) $(5 + 4 \cdot 3) \cdot (3 - 2 \cdot 4) : (8 - 3 \cdot 7) = 17 \cdot (-5) : (-13) = \dfrac{-85}{-13} = \dfrac{85}{13}$.

Beim Multiplizieren von allgemeinen Zahlen (Buchstaben) wird das Multiplikationszeichen häufig weggelassen.

ab steht dann für a · b.

Bei benannten Zahlen darf das Malzeichen jedoch nur dann weggelassen werden, wenn Verwechslungen ausgeschlossen sind. In 5 · 3 muß das Zeichen stehenbleiben, da sonst die Zahl 53 entsteht, während es in

$$4 \cdot (7 + 8) = 4 \,(7 + 8)$$

auch weggelassen werden kann.

Wenn also vor oder zwischen Klammern kein Operationszeichen steht, so ist das Produktzeichen · weggelassen worden.

3.2 Das Rechnen mit Klammern

Beim Rechnen mit Klammern müssen die distributiven Gesetze

$$a \cdot (b + c) = a \cdot b + a \cdot c; \ a \cdot (b - c) = a \cdot b - a \cdot c;$$
$$(a + b) \cdot c = a \cdot c + b \cdot c; \ (a - b) \cdot c = a \cdot c - b \cdot c$$

beachtet werden, die sich unmittelbar auf Summen bzw. Differenzen von mehr als zwei Zahlen übertragen lassen. So gilt z.B.

(*) $v \cdot (b + c + d + e - f - g)$
    $= v \cdot b + v \cdot c + v \cdot d + v \cdot e - v \cdot f - v \cdot g.$

Beispiel 2 (Weglassen von Klammern):

a) $6 + (3 - 2 + 8) = 6 + 3 - 2 + 8 = 15$;

b) $4 - (5 + 7 - 9 + 3) = 4 - 5 - 7 + 9 - 3 = -2$;

c) $a + (b - c + d - e) = a + b - c + d - e$;

d) $a - (b - c + d - e) = a - b + c - d + e$.

Diese Regeln folgen unmittelbar aus der obigen Gleichung (*) mit v = 1 bzw. v = −1.

Besteht ein Summand aus einer Klammer, vor der ein + Zeichen steht, so darf die **Klammer** ohne Vorzeichenänderung in der Klammer **weggelassen werden.** Läßt man die Klammer nach einem − Zeichen weg, so müssen alle Vorzeichen in der Klammer umgedreht werden, z.B.

$$a + (b + c − e) = a + b + c − e$$
$$a − (b + c − e) = a − b − c + e.$$

Diese Regel gilt jedoch nur, wenn die Klammer nicht mit einer von Eins verschiedenen Zahl multipliziert wird.

Beispiel 3 (Setzen von Klammern):

a) $5 + 7 + 8 − 2 − 3 − 6$
$= (5 + 7 + 8) − (2 + 3 + 6) = 20 − 11 = 9;$

b) $−3 + 11 − 3 + 81 − 78$
$= −3 + 11 + (81 − 78 − 3) = 8 + 0 = 8;$

c) $−38 − 17 − 45 + 8 + 13 = − (38 + 17 + 45) + 21$
$= − 100 + 21 = −(100 − 21) = −79.$

Beispiel 4 (Multiplizieren einer Summe):

a) $5 \cdot (a + b + c) = 5a + 5b + 5c;$

b) $4 \cdot (a − b − 2c) = 4a − 4b − 8c;$

c) $x \cdot (x + 2y − 3z) = x^2 + 2xy − 3xz;$

d) $(2u − 3v + 7w) \cdot 2u = 4u^2 − 6vu + 14\,wu.$

Eine **Zahl** wird mit einer in einer **Klammer** stehenden Summe **multipliziert**, indem diese Zahl unter Beachtung der Vorzeichenregeln mit jedem Summanden multipliziert wird und die entsprechenden Produkte mit dem entsprechenden Vorzeichen aufaddiert werden.

Beispiel 5:

a) $(x − 2y) \cdot b = xb − 2yb;$

b) $(2x − 0{,}5y) \cdot (−3z) = − 6xz + 1{,}5\,yz;$

c) $(\dfrac{2}{3} a − \dfrac{4}{5} b + \dfrac{8}{7} c) \cdot 15d = 10ad − 12bd + \dfrac{120}{7} cd.$

Beispiel 6 (Ausklammern):

a) $2a + 4a + 9a + 15a = (2 + 4 + 9 + 15) a = 30a;$

b) $6xyz + 8xya − 12bxy = 2xy (3z + 4a − 6b);$

c) $12 \cdot (\frac{4}{3}a + \frac{3}{4}b - \frac{7}{6}c) - 8 \cdot (\frac{1}{2}a - \frac{3}{4}b + \frac{7}{8}c)$

$= 16a + 9b - 14c - 4a + 6b - 7c$

$= (16 - 4)\,a + (9 + 6)\,b - (14 + 7)\,c = 12a + 15b - 21\,c;$

d) $5\,(1^{3/4}x - 2^{7/8}y + 3^{1/7}z) - 2\,(x - \frac{1}{4}y - 2^{1/2}z)$

$= 5 \cdot \frac{7}{4} \cdot x - 5 \cdot \frac{23}{8} \cdot y + 5 \cdot \frac{22}{7} \cdot z - 2x + \frac{2}{4}y + 2 \cdot \frac{5}{2}z$

$= \frac{35}{4}x - \frac{115}{8}y + \frac{110}{7}z - 2x + \frac{1}{2}y + 5z$

$= (\frac{35}{4} - 2)\,x - (\frac{115}{8} - \frac{1}{2})\,y + (\frac{110}{7} + 5)\,z$

$= \frac{27}{4}x - \frac{111}{8}y + \frac{145}{7}z.$

Beispiel 7 (Produkt zweier Klammern):

a) $(a + b) \cdot (c + d) = ac + ad + bc + bd;$

b) $(2u - 3v)(4u + 5v) = 8u^2 + 10\,uv - 12\,uv - 15\,v^2 = 8u^2 - 2uv - 15v^2;$

c) $(x + 2y - 3z) \cdot (-2x - 3y + 6z)$

$= -2x^2 - 3xy + 6xz - 4xy - 6y^2 + 12\,yz + 6xz + 9yz - 18z^2$

$= -2x^2 - 6y^2 - 18z^2 - 7xy + 12xz + 21\,yz.$

Zwei in **Klammern** stehende Summen werden **miteinander multipliziert**, indem unter Beachtung der Vorzeichenregeln jedes Glied der einen Klammer mit jedem Glied der anderen Klammer multipliziert wird und die erhaltenen Produkte aufaddiert werden. Speziell gilt

$$(a + b)\,(c + d) = ac + ad + bc + bd$$
$$(a + b)\,(c - d) = ac - ad + bc - bd$$
$$(a - b)\,(c + d) = ac + ad - bc - bd$$
$$(a - b)\,(c - d) = ac - ad - bc + bd.$$

Beispiel 8 (Ausklammern):

a) $ac + bc + ad + bd = (a + b)\,c + (a + b)\,d = (a + b)\,(c + d);$

b) $ac + ad - bc - bd = a\,(c + d) - b\,(c + d) = (a - b)\,(c + d);$

c) $10xu + 6xw - 15yu - 9yw = 2x\,(5u + 3w) - 3y\,(5u + 3w)$

$= (2x - 3y)\,(5u + 3w);$

d) $2ax - 3bx + 4cx - 4ya + 6yb - 8yc$

$= x(2a - 3b + 4c) - 2y\,(2a - 3b + 4c) = (x - 2y)\,(2a - 3b + 4c);$

e) $2x^2 + 4xu - 6xv + 3yx + 6yu - 9yv$

$= 2x\,(x + 2u - 3v) + 3y\,(x + 2u - 3v) = (2x + 3y)\,(x + 2u - 3v).$

Beispiel 9 (Division einer Summe):

a) $(96 - 16 + 4) : 2 = 48 - 8 + 2 = 42;$

b) $(4ab - 6ac + 32ad) : 2a = 4ab : 2a - 6ac : 2a + 32\,ad : 2a = 2b - 3c + 16d;$

c) $(5uv + 32u^2v - 17uv^2 + 38u^2v^2) : uv = 5 + 32u - 17v + 38uv.$

Eine **Summe** wird durch eine Zahl **dividiert**, indem jeder Summand durch diese Zahl dividiert wird. Danach wird diese Summe berechnet. Es gilt z.B.

$$(a + b - c) : d = a : d + b : d - c : d$$

oder in anderer Schreibweise

$$\frac{a + b - c}{d} = \frac{a}{d} + \frac{b}{d} - \frac{c}{d}.$$

Beispiel 10:

a) $\dfrac{9ab + 15ac - 18ad}{3a} = \dfrac{9ab}{3a} + \dfrac{15ac}{3a} - \dfrac{18ad}{3a} = 3b + 5c - 6d;$

b) $\dfrac{5xy - 3xy^2 + 7uy}{-3y} = -\dfrac{5}{3}x + xy - \dfrac{7}{3}u;$

c) $\dfrac{2ax + 3ay + 2cx + 3cy}{4x + 6y} = \dfrac{a\,(2x + 3y) + c\,(2x + 3y)}{2(2x + 3y)} = \dfrac{a}{2} + \dfrac{c}{2}.$

3.3 Klammern in Klammern

Beispiel 11:

a) $4x - [2y - (4x - 6y) + 7x] - 6y$
    $= 4x - [2y - 4x + 6y + 7x] - 6y$
    $= 4x - [8y + 3x] - 6y$
    $= 4x - 8y - 3x - 6y$
    $= x - 14y;$

b) $5a - [(4a - 3b) - (b - 3a) - 8a]$
    $= 5a - [4a - 3b - b + 3a - 8a]$
    $= 5a - [-a - 4b]$
    $= 5a + a + 4b$
    $= 6a + 4b;$

c) $5a - \{2b + 3[c - 2\,(c - a) + b] - 5a\}$
    $= 5a - \{2b + 3[c - 2c + 2a + b] - 5a\}$
    $= 5a - \{2b - 3c + 6a + 3b - 5a\}$
    $= 5a - \{a + 5b - 3c\}$
    $= 5a - a - 5b + 3c$
    $= 4a - 5b + 3c.$

Sind Klammerausdrücke von anderen Klammern umschlossen, so ist bei deren Auflösung folgendes zu beachten:

1) Bei Benutzung von verschiedenen Arten von Klammern dürfen gleichzeitig nur Klammern vom gleichen Typ aufgelöst werden.
2) Falls nur Klammern vom gleichen Typ benutzt werden, löst man unter Beachtung der Rechengesetze zunächst die inneren Klammern auf und dann nacheinander die äußeren.

Mit der Auflösung der Klammern kann man auch von außen beginnen.

Beispiel 12:

a) $4a - (3a + 4b - (5a - 6b) + 7b)$
$= 4a - (3a + 4b - 5a + 6b + 7b)$
$= 4a - (-2a + 17b)$
$= 4a + 2a - 17b$
$= 6a - 17b;$

b) $2(x - 4(y - x + 3(x - y) + 5) - z)$
$= 2(x - 4(y - x + 3x - 3y + 5) - z)$
$= 2(x - 4(2x - 2y + 5) - z)$
$= 2(x - 8x + 8y - 20 - z) = 2(-7x + 8y - 20 - z)$
$= -14x + 16y - 40 - 2z.$

3.4 Aufgaben

A3.1 Fassen Sie zusammen
a) $3{,}2x - 4y + 8z - 0{,}5x + 1{,}5y - (-3z);$
b) $10x - 20y - (-5z) + (2x - 3y) - (x - 4z);$
c) $-5 \cdot (-2u + 3v) \cdot u + 2u(u + v).$

A3.2 Multiplizieren Sie folgende Klammern aus
a) $2(x - 3y);$
b) $-4 \cdot (-2a + \dfrac{3}{2}b);$
c) $(2x - 3y) \cdot (-5u);$
d) $3b(2a - 3b + 4c);$
e) $(0{,}5x - 0{,}8y) \cdot (-0{,}2z).$

A3.3 Verwandeln Sie in ein Produkt
a) $8uv + 2wv - 6v^2;$
b) $2xy^2 + 4xyz - 6x^2wy;$
c) $8ax + 10ay - 12bx - 15by;$
d) $15ux - 9uy - 35wx + 21wy;$
e) $5u(2x - 3y) - 2x + 3y;$
f) $2xa - 4xb + 6xc - 3ya + 6yb - 9yc;$
g) $4x^2 - 6xv + 2ux - 3uv;$
h) $ab + \dfrac{2}{3}ac + \dfrac{1}{9}b + \dfrac{2}{27}c.$

A3.4 Vereinfachen Sie
a) $u - 5[x - 3(v - x) + 3u]$;
b) $2,5 \{2a - 0,5[b - 3(a - 2b) - 8(a - 2b)] + b\}$;
c) $2 - 4(3 - 2(8 - 7(5 - 4) + 2) - 9)$;
d) $5(x + 2(x - y - 3(x - y)) + 4(x - y) - 2x)$.

Kapitel 4:
Das Rechnen mit Brüchen

Ein positiver Bruch $\dfrac{m}{n}$ kann als Quotient zweier natürlicher Zahlen nach Abschnitt 2.3 als endlicher oder als unendlicher periodischer Dezimalbruch (Dezimalzahl) dargestellt werden, z.B.

$$\frac{1}{2} = 0,5; \qquad \frac{3}{4} = 0,75; \qquad \frac{33}{4} = 8,25; \qquad \frac{7}{8} = 0,875;$$

$$\frac{33}{128} = 0,2578125; \qquad \frac{8}{3} = 2,\overline{6}; \qquad \frac{4}{11} = 0,\overline{36}; \qquad \frac{31}{110} = 0,28\overline{18}.$$

Durch Kürzen und Erweitern wird der Wert eines Bruches nicht verändert.

Beispiel 1:

a) $\dfrac{24}{36} = \dfrac{2 \cdot \cancel{12}}{3 \cdot \cancel{12}} = \dfrac{2}{3};$

b) $\dfrac{21}{56} = \dfrac{3 \cdot \cancel{7}}{8 \cdot \cancel{7}} = \dfrac{3}{8};$

c) $0,375 = \dfrac{375}{1000} = \dfrac{3 \cdot \cancel{125}}{8 \cdot \cancel{125}} = \dfrac{3}{8};$

d) $\dfrac{8xy}{16x} = \dfrac{y}{2}.$

Erweitern und Kürzen von Brüchen

Der Wert eines Bruches bleibt unverändert, falls Zähler und Nenner mit der gleichen Zahl ($\neq 0$) multipliziert (erweitert) oder durch die gleiche Zahl ($\neq 0$) dividiert (gekürzt) werden. Es gilt also

$$\frac{a}{b} = \frac{a \cdot c}{b \cdot c} \quad \text{für } c \neq 0; \; b \neq 0;$$

$$\frac{a}{b} = \frac{a : d}{b : d} \quad \text{für } d \neq 0; \; b \neq 0.$$

Ein Bruch kann immer durch den größten gemeinsamen Teiler von Zähler und Nenner gekürzt werden.

Beispiel 2 (Kürzen von Brüchen):

a) $\dfrac{15x + 20y}{25x + 30y} = \dfrac{5 \cdot (3x + 4y)}{5 \cdot (5x + 6y)} = \dfrac{3x + 4y}{5x + 6y};$

b) $\dfrac{12ab + 20ac}{16ay + 24ax} = \dfrac{4a\,(3b + 5c)}{4a\,(4y + 6x)} = \dfrac{3b + 5c}{4y + 6x};$

c) $\dfrac{8u - 12w}{18u - 27w} = \dfrac{4\,(2u - 3w)}{9\,(2u - 3w)} = \dfrac{4}{9}.$

Im Zähler und Nenner dürfen nur **gemeinsame Faktoren** gekürzt werden. Falls im Zähler oder Nenner **Summen** stehen, können gemeinsame Faktoren ausgeklammert werden, durch die dann gekürzt wird, z.B.

$$\frac{ab + ac}{ad + ae} = \frac{a(b+c)}{a(d+e)} = \frac{b+c}{d+e} = \frac{\cancel{a}b + \cancel{a}c}{\cancel{a}d + \cancel{a}e}.$$

Eine **Summe** wird durch eine Zahl **gekürzt**, indem jeder Summand durch diese Zahl gekürzt wird.

Beispiel 3 (Kürzen von Brüchen):

a) $\dfrac{12bx - 8ax}{3x(2a - 3b)} = \dfrac{4x(3b - 2a)}{3x(2a - 3b)} = -\dfrac{4x(2a - 3b)}{3x(2a - 3b)} = -\dfrac{4}{3}$;

b) $\dfrac{5xy - xz}{15xy - 3xz + 5uy - uz} = \dfrac{x(5y - z)}{3x(5y - z) + u(5y - z)} = \dfrac{x(5y - z)}{(3x + u)(5y - z)} = \dfrac{x}{3x + u}$;

c) $\dfrac{xa + xb + ya + yb}{xa - xb + ya - yb} = \dfrac{x(a + b) + y(a + b)}{x(a - b) + y(a - b)} = \dfrac{(x + y)(a + b)}{(x + y)(a - b)} = \dfrac{a + b}{a - b}$.

Gleichheit zweier Brüche

$$\frac{a_1}{b_1} = \frac{a_2}{b_2} \Longleftrightarrow a_1 \cdot b_2 = b_1 \cdot a_2$$

Zwei Brüche heißen **gleichnamig**, wenn sie den gleichen Nenner besitzen.

Addition (Subtraktion) von Brüchen

Gleichnamige Brüche werden addiert, indem die Zähler addiert (subtrahiert) werden und das Ergebnis durch den gemeinsamen Nenner geteilt wird.

Beliebige Brüche müssen vor der Addition (Subtraktion) gleichnamig gemacht werden. Dazu müssen sie so erweitert werden, daß ihre Nenner gleich sind. Als gemeinsamer Nenner kann z.B. der Hauptnenner oder das Produkt der Nenner gewählt werden.

$$\frac{a_1}{b} + \frac{a_2}{b} = \frac{a_1 + a_2}{b} \quad (b = \text{gemeinsame Nenner}); \ b \neq 0;$$

$$\frac{a_1}{b_1} + \frac{a_2}{b_2} = \frac{a_1 b_2 + b_1 a_2}{b_1 b_2} \quad (b_1 b_2 = \text{gemeinsamer Nenner}); \ b_1, b_2 \neq 0.$$

Beispiel 4 (Addition):

a) $\dfrac{5}{13} + \dfrac{8}{13} + \dfrac{7}{13} - \dfrac{2}{13} = \dfrac{5 + 8 + 7 - 2}{13} = \dfrac{18}{13}$;

b) $\dfrac{x + y}{a} - \dfrac{z}{a} - \dfrac{3x - 2y + z}{a} = \dfrac{x + y - z - (3x - 2y + z)}{a}$

$\qquad = \dfrac{x + y - z - 3x + 2y - z}{a} = \dfrac{-2x + 3y - 2z}{a}$;

c) $\dfrac{3}{4} + \dfrac{2}{5} - \dfrac{8}{6}$ (Hauptnenner ist $2 \cdot 2 \cdot 5 \cdot 3 = 60$)

$= \dfrac{3 \cdot 15}{4 \cdot 15} + \dfrac{2 \cdot 12}{5 \cdot 12} - \dfrac{8 \cdot 10}{6 \cdot 10} = \dfrac{45 + 24 - 80}{60} = -\dfrac{11}{60};$

d) $\dfrac{a+b}{2a} + \dfrac{1+c}{3ab} + \dfrac{b+c}{5bc} = \dfrac{(a+b)\,15bc + (1+c)\,10c + (b+c)\,6a}{30abc}$

$= \dfrac{15abc + 15b^2c + 10c + 10c^2 + 6ab + 6ac}{30abc}.$

Multiplikation und Division von Brüchen

Ein **Bruch** wird mit einer **Zahl multipliziert**, indem der Zähler mit dieser Zahl multipliziert wird.

Ein Bruch wird durch eine **Zahl dividiert**, indem man seinen Nenner mit der Zahl multipliziert.

Zwei **Brüche** werden miteinander **multipliziert**, indem man das Produkt der Zähler durch das Produkt der Nenner dividiert (Zähler mal Zähler und Nenner mal Nenner).

Ein erster Buch wird durch einen zweiten Bruch **dividiert**, indem der erste Bruch mit dem Kehrwert des zweiten multipliziert wird. Es gilt also

$$\frac{a}{b} \cdot c = \frac{a \cdot c}{b}; \qquad \frac{a}{b} : d = \frac{a}{b \cdot d};$$

$$\frac{a_1}{b_1} \cdot \frac{a_2}{b_2} = \frac{a_1 \cdot a_2}{b_1 \cdot b_2}; \qquad \frac{a_1}{b_1} : \frac{a_2}{b_2} = \frac{\dfrac{a_1}{b_1}}{\dfrac{a_2}{b_2}} = \frac{a_1}{b_1} \cdot \frac{b_2}{a_2} = \frac{a_1 \cdot b_2}{b_1 \cdot a_2}.$$

Dabei müssen alle Nenner von Null verschieden sein.

Beispiel 5 (Multiplikation):

a) $\dfrac{7}{13} \cdot 4 = \dfrac{7 \cdot 4}{13} = \dfrac{28}{13};$ \qquad b) $\dfrac{5}{18} \cdot 3 = \dfrac{5 \cdot 3}{18} = \dfrac{5}{6}$ (kürzen!);

c) $1^{9/28} \cdot 7 = \dfrac{37}{28} \cdot 7 = \dfrac{37 \cdot 7}{28} = \dfrac{37}{4} = 9^{1/4};$

d) $\dfrac{a+b}{x^2+xy} \cdot xy = \dfrac{(a+b) \cdot x \cdot y}{x \cdot (x+y)} = \dfrac{ay+by}{x+y};$

e) $\dfrac{5}{13} \cdot \dfrac{7}{3} = \dfrac{5 \cdot 7}{13 \cdot 3} = \dfrac{35}{39};$

f) $\dfrac{3}{17} \cdot \dfrac{17}{12} \cdot \dfrac{4}{3} = \dfrac{3 \cdot 17 \cdot 4}{17 \cdot 12 \cdot 3} = \dfrac{1}{3};$

g) $\left(-\dfrac{121a}{51b}\right) \cdot \left(-\dfrac{17b^2}{11a}\right) = +\dfrac{121 \cdot 17 \cdot ab^2}{51 \cdot 11 \cdot ab} = \dfrac{11 \cdot 11 \cdot 17b}{3 \cdot 17 \cdot 11} = \dfrac{11}{3}b.$

Beispiel 6 (Division):

a) $\dfrac{4}{13} : 5 = \dfrac{4}{13 \cdot 5} = \dfrac{4}{65}$;

b) $\dfrac{35}{11} : 15 = \dfrac{35}{11 \cdot 15} = \dfrac{7}{11 \cdot 3} = \dfrac{7}{33}$;

c) $\dfrac{2}{7} : \dfrac{12}{21} = \dfrac{2 \cdot 21}{7 \cdot 12} = \dfrac{6}{12} = \dfrac{1}{2}$;

d) $\dfrac{30}{91} : \dfrac{5}{39} = \dfrac{30 \cdot 39}{91 \cdot 5} = \dfrac{6 \cdot 3}{7} = \dfrac{18}{7}$;

e) $\dfrac{4ab - 6ac}{xy} : \dfrac{9cx - 6bx}{x^2 + xy} = \dfrac{2a\,(2b - 3c) \cdot x \cdot (x + y)}{xy \cdot 3x \cdot (3c - 2b)} = -\,\dfrac{2a\,(x + y)}{3xy}$;

f) $\dfrac{5x - 2y}{3ax - 2bx} : \dfrac{y - \dfrac{5}{2}x}{4by - 6ay} = \dfrac{(5x - 2y)}{x(3a - 2b)} \cdot \dfrac{2y\,(2b - 3a)}{\dfrac{1}{2}(2y - 5x)}$

$$= \dfrac{2 \cdot y \cdot 2 \cdot (5x - 2y)\,(2b - 3a)}{x(2b - 3a)\,(5x - 2y)} = \dfrac{4y}{x}.$$

Aufgaben

A4.1 Kürzen Sie

a) $\dfrac{105}{405}$;   b) $\dfrac{144}{168}$;   c) $\dfrac{42ab^2c}{22a^2bc}$;

d) $\dfrac{34ax - 6bx}{51ay - 9by}$;   e) $\dfrac{-x + 2y}{-2y + x}$;   f) $\dfrac{3xu - 4xv + 6yu - 8yv}{xv - 3xu + 2yv - 6yu}$;

g) $\dfrac{2ux - 4vx - 4yu + 8yv + 6zu - 12zv}{-2ux + 4vx + 2yu - 4yv - 6zu + 12\,zv}$.

A4.2 Berechnen Sie

a) $\dfrac{5}{13} - \dfrac{3}{13} + \dfrac{9}{13} - 3 \cdot \dfrac{4}{13} + 2 \cdot \dfrac{6}{13}$;

b) $\dfrac{5}{11} - \dfrac{2}{11} + \dfrac{7}{-11} - \dfrac{-15}{11}$;

c) $\dfrac{xy}{y} + \dfrac{yz}{y} - \dfrac{y - x}{y} - \dfrac{x\,(y + 1)}{y}$;

d) $\dfrac{x + b}{a - b} - \dfrac{y - a}{a - b} + \dfrac{b}{b - a}$.

A4.3 Berechnen Sie bzw. fassen Sie zusammen

a) $\dfrac{3}{4} + \dfrac{4}{5} - \dfrac{5}{6}$;

b) $\dfrac{3}{12} + \dfrac{2}{15} - \dfrac{4}{35}$;

c) $\dfrac{3}{4} + \dfrac{1}{3} + \dfrac{1}{6} - \dfrac{18}{21}$;

d) $\dfrac{x}{y} - \dfrac{y}{x}$;

e) $\dfrac{a}{a-c} - \dfrac{b}{b-c}$;

f) $\dfrac{4a}{a+2b} + \dfrac{3b}{2a+4b} - \dfrac{2}{3}$;

g) $\dfrac{2x+5}{2x+3} - \dfrac{5x-3}{5x-7}$;

h) $\dfrac{\dfrac{2}{3} + \dfrac{4}{7}}{\dfrac{1}{4} + \dfrac{2}{5}}$.

A4.4 Berechnen Sie

a) $\dfrac{4}{3} \cdot \dfrac{6}{8} \cdot \dfrac{2}{5}$

b) $\left(-\dfrac{3}{11}\right) \cdot \left(-\dfrac{22}{15}\right)$;

c) $1^{3/4} \cdot 1^{1/28}$;

d) $\dfrac{2x+3y}{4a-5b} \cdot \dfrac{8a-10b}{6x+9y}$;

e) $\dfrac{14ab}{48xy^2} \cdot \dfrac{16x^2y}{21a}$.

A4.5 Berechnen Sie

a) $\dfrac{15}{48} : \dfrac{25}{18}$;

b) $\dfrac{7ab}{9cx} : \dfrac{63bx}{5ac}$;

c) $\dfrac{x}{3} : \dfrac{y}{2}$.

A4.6 Vereinfachen Sie

a) $\dfrac{x}{1 - \dfrac{1}{1-x}}$;

b) $\dfrac{1 + \dfrac{a}{b}}{1 + \dfrac{b}{a}}$;

c) $\dfrac{\dfrac{1}{a} - \dfrac{1}{b}}{\dfrac{1}{a} + \dfrac{1}{b}}$.

A4.7 Vereinfachen Sie

a) $\left(\dfrac{a}{4x} - \dfrac{b}{3x} + \dfrac{2c}{3x}\right) \cdot \dfrac{24x}{3a - 4b + 8c}$;

b) $\left(\dfrac{25ax}{12by} + \dfrac{16bx}{3ay}\right) : \dfrac{8x}{21y}$.

Kapitel 5:
Summen- und Produktzeichen

5.1 Das Summenzeichen

Falls viele Summanden addiert (bzw. subtrahiert) werden müssen, entsteht i.A. ein sehr unübersichtlicher Ausdruck. Um eine einfachere und übersichtlichere Darstellung zu erreichen, führt man das **Summenzeichen** ein. Dazu das

Beispiel 1:

Es soll die Summe der natürlichen Zahlen von 1 bis 100 gebildet werden. In der Summe

$$1 + 2 + 3 + \ldots + 100 = \sum_{i=1}^{100} i$$

durchläuft der Summationsindex i alle natürlichen Zahlen von der (unten stehenden) unteren Grenze 1 bis zur oberen Grenze 100. Die Summenschreibweise $\sum_{i=1}^{100} i$ bedeutet, daß alle Zahlen i von 1 bis 100 aufzuaddieren sind.

Bemerkung:

In Kapitel 6 wird für diese Summe und für die Summe aus Beispiel 2 eine geschlossene Formel angegeben.

Beispiel 2:

a) $\sum_{i=1}^{20} i^2$ stellt die Summe aller Quadrate der Zahlen von 1 bis 20 dar. Man setzt für i der Reihe nach die Zahlen 1 bis 20 ein und addiert die Quadrate i^2 auf, also $\sum_{i=1}^{20} i^2 = 1^2 + 2^2 + 3^2 + \ldots + 18^2 + 19^2 + 20^2$.

b) Für die Summe der Quadrate der natürlichen Zahlen von 25 bis 50 schreibt man abkürzend

$$25^2 + 26^2 + \ldots + 48^2 + 49^2 + 50^2 = \sum_{i=25}^{50} i^2.$$

Anstelle von i oder i^2 können auch andere von i abhängige Größen a_i aufsummiert werden.

Summenzeichen

Für zwei ganze Zahlen m und n mit m $\leq$ n setzt man mit beliebigen reellen vom Index i abhängigen Zahlen a_i

$$\sum_{i=m}^{n} a_i = a_m + a_{m+1} + a_{m+2} + \ldots + a_{n-2} + a_{n-1} + a_n.$$

Für jede natürliche Zahl i von m bis n werden die durch i bestimmten Zahlen a_i aufsummiert. Es wird also die Summe aller a_i für i = m bis i = n gebildet.

i heißt **Summationsindex**, m die **untere** und n die **obere Summationsgrenze**.

Beispiel 3:

Gesucht sind die Werte der folgenden Summen:

a) $\displaystyle\sum_{i=3}^{6} i^2$;   b) $\displaystyle\sum_{i=1}^{10} i$;   c) $\displaystyle\sum_{i=1}^{3} \frac{i}{i+1}$;   d) $\displaystyle\sum_{i=1}^{5} \frac{1}{2^i}$.

Lösung

a) $\displaystyle\sum_{i=3}^{6} i^2 = 3^2 + 4^2 + 5^2 + 6^2 = 86$;

b) $\displaystyle\sum_{i=1}^{10} i = 1 + 2 + 3 + 4 + 5 + 6 + 7 + 8 + 9 + 10 = 55$;

c) $\displaystyle\sum_{i=1}^{3} \frac{i}{i+1} = \frac{1}{2} + \frac{2}{3} + \frac{3}{4} = \frac{6+8+9}{12} = \frac{23}{12}$;

d) $\displaystyle\sum_{i=1}^{5} \frac{1}{2^i} = \frac{1}{2} + \frac{1}{4} + \frac{1}{8} + \frac{1}{16} + \frac{1}{32} = \frac{31}{32}$.

Der Summationsindex kann beliebig bezeichnet werden, z.B. mit i, j, k, l, r

$$\sum_{r=m}^{n} a_r = \sum_{l=m}^{n} a_l = \sum_{k=m}^{n} a_k = \sum_{j=m}^{n} a_j = \sum_{i=m}^{n} a_i.$$

Falls **alle Summanden gleich** sind, gilt

$$\sum_{i=m}^{n} a = \underbrace{a + a + \ldots + a + a}_{n - m + 1 \text{ Summanden}} = (n - m + 1) \cdot a$$

Aus den Rechenregeln für die Addition (Subtraktion) folgt

$$\sum_{i=m}^{n} (a_i \pm b_i) = a_m \pm b_m + a_{m+1} \pm b_{m+1} + \ldots + a_n \pm b_n$$

$$= (a_m + a_{m+1} + \ldots + a_n) \pm (b_m + b_{m+1} + \ldots + b_n)$$

$$= \sum_{i=m}^{n} a_i \pm \sum_{i=m}^{n} b_i.$$

Ausklammern eines gemeinsamen Faktors c ergibt

$$\sum_{i=m}^{n} c \cdot a_i = c \cdot a_m + c \cdot a_{m+1} + \ldots + c \cdot a_n$$

$$= c \cdot (a_m + a_{m+1} + \ldots + a_n) = c \cdot \sum_{i=m}^{n} a_i.$$

Dann gilt

$$\sum_{i=m}^{n} (a_i \pm b_i) = \sum_{i=m}^{n} a_i \pm \sum_{i=m}^{n} b_i;$$

$$\sum_{i=m}^{n} c \cdot a_i = c \cdot \sum_{i=m}^{n} a_i.$$

Diese Regeln können unmittelbar auf Klammern mit mehreren Summanden übertragen werden, z.B.

$$\sum_{i=m}^{n} (2a_i - 3b_i + 4c_i - 5d_i) = 2 \cdot \sum_{i=m}^{n} a_i - 3 \cdot \sum_{i=m}^{n} b_i + 4 \cdot \sum_{i=m}^{n} c_i - 5 \cdot \sum_{i=m}^{n} d_i.$$

Beispiel 4:

a) $\displaystyle\sum_{i=1}^{5} (2i + 3i^2 - 4) = 2 \cdot \sum_{i=1}^{5} i + 3 \cdot \sum_{i=1}^{5} i^2 - 5 \cdot 4 = 2 \cdot 15 + 3 \cdot 55 - 20 = 175;$

b) $\displaystyle\sum_{i=1}^{4} \left(\frac{3}{i} - \frac{4}{i+1} \right) = 3 \cdot \sum_{i=1}^{4} \frac{1}{i} - 4 \sum_{i=1}^{4} \frac{1}{i+1}$

$$= 3 \cdot \left(1 + \frac{1}{2} + \frac{1}{3} + \frac{1}{4}\right) - 4 \cdot \left(\frac{1}{2} + \frac{1}{3} + \frac{1}{4} + \frac{1}{5}\right)$$

$$= 3 \cdot \frac{12 + 6 + 4 + 3}{12} - 4 \cdot \frac{30 + 20 + 15 + 12}{60}$$

$$= \frac{3 \cdot 25}{12} - \frac{4 \cdot 77}{60} = \frac{5 \cdot 3 \cdot 25 - 4 \cdot 77}{60} = \frac{67}{60}.$$

Beispiel 5 (Zusammenfassen von Summen):

a) $\displaystyle\sum_{i=1}^{50} (4i + 3i^2 - 20) + \sum_{i=1}^{50} (3i - 4i^2 + 10) - \sum_{i=1}^{50} (30 + 7i - i^2)$

$$= \sum_{i=1}^{50} (4i + 3i^2 - 20 + 3i - 4i^2 + 10 - 30 - 7i + i^2)$$

$$= \sum_{i=1}^{50} (-40) = 50 \cdot (-40) = -2000.$$

b) $\displaystyle\sum_{i=2}^{20} (i + 10) - \sum_{i=1}^{21} (i - 10)$

$\displaystyle = \sum_{i=2}^{20} i + 19 \cdot 10 - \sum_{i=1}^{21} i + 21 \cdot 10$

$\displaystyle = \sum_{i=2}^{20} i - \sum_{i=1}^{21} i + 400$

$\displaystyle = \sum_{i=2}^{20} i - (1 + 21 + \sum_{i=2}^{20} i) + 400$

$\displaystyle = \underbrace{\sum_{i=2}^{20} i - \sum_{i=2}^{20} i}_{=\,0} - 22 + 400 = 378.$

c) $\displaystyle\sum_{i=3}^{20} i^2 - \sum_{i=5}^{20} i^2 = 3^2 + 4^2 + \underbrace{\sum_{i=5}^{20} i^2 - \sum_{i=5}^{20} i^2}_{=\,0} = 25.$

d) $\displaystyle\sum_{i=5}^{30} i^3 - \sum_{i=6}^{31} i^3 = 5^3 + \underbrace{\sum_{i=6}^{30} i^3 - \sum_{i=6}^{30} i^3}_{=\,0} - 31^3 = 5^3 - 31^3 = -29\,666.$

5.2 Das Produktzeichen

Beispiel 6:

Das Produkt der natürlichen Zahlen von 1 bis 9 wird abkürzend geschrieben als

$$1 \cdot 2 \cdot 3 \cdot 4 \cdot 5 \cdot 6 \cdot 7 \cdot 8 \cdot 9 = \prod_{i=1}^{9} i = 362880.$$

Dabei ist Π das Produktzeichen. In Analogie zum Summenzeichen werden die durch den Index i beschriebenen Zahlen miteinander multipliziert.

Für beliebige reelle Zahlen a_i stellt

$$\prod_{i=m}^{n} a_i = a_m \cdot a_{m+1} \cdot a_{m+2} \cdot \ldots \cdot a_{n-2} \cdot a_{n-1} \cdot a_n$$

das **Produkt** aller Zahlen a_i von i gleich m bis n dar.

Beispiel 7:

a) $\displaystyle\prod_{i=1}^{100} \frac{i}{i+1} = \frac{1}{\cancel{2}} \cdot \frac{\cancel{2}}{\cancel{3}} \cdot \frac{\cancel{3}}{\cancel{4}} \cdots \frac{\cancel{99}}{\cancel{100}} \cdot \frac{\cancel{100}}{101} = \frac{1}{101}$;

b) $\displaystyle\prod_{i=10}^{80} (i^2 - 400) = 0$, da für den Index i = 20 der Faktor

   $(i^2 - 400) = 400 - 400 = 0$ verschwindet.

Falls alle a_i gleich a sind, besteht $\displaystyle\prod_{i=m}^{n} a$ aus einem Produkt mit n − m

gleichen Faktoren, d.h.

$$\prod_{i=m}^{n} a = \underbrace{a \cdot a \cdot a \cdots a \cdot a}_{n-m+1 \text{ Faktoren}} = a^{n-m+1} = (n - m + 1)\text{-te Potenz von a.}$$

5.3 Aufgaben

A5.1 Berechnen Sie

a) $\displaystyle\sum_{i=1}^{5} \frac{i-1}{i+2}$;   b) $\displaystyle\sum_{i=1}^{4} (2i - 5)^2$;

c) $\displaystyle\sum_{i=1}^{5} \left(2i + 3 - \frac{4}{i}\right)$.

A5.2 Berechnen Sie möglichst einfach

a) $\displaystyle\sum_{i=1}^{30} (8 - 6i) + \sum_{i=1}^{30} (2i - 3) - \sum_{i=1}^{30} (4 - 4i)$;

b) $\displaystyle\sum_{i=1}^{10} (i^2 + 2i - 3) + \sum_{i=1}^{10} (3i^2 + 5i + 8) - \sum_{i=1}^{10} (4i^2 + 6i - 10)$;

c) $\displaystyle\sum_{i=1}^{10} (1 + i)^2 - \sum_{i=1}^{10} (1 - i)^2$.

A5.3 Schreiben Sie unter Verwendung des Summenzeichens
a) $2 + 4 + 6 + 8 + 10 + 12 + 14$;
b) $3 + 5 + 7 + 9 + 11 + 13 + 15 + 17$;
c) $5 + 12 + 19 + 26 + 33 + 40 + 47 + 54 + 61$;
d) $\dfrac{2}{1} + \dfrac{3}{2} + \dfrac{4}{3} + \dfrac{5}{4} + \dfrac{6}{5} + \dfrac{7}{6} + \dfrac{8}{7} + \dfrac{9}{8} + \dfrac{10}{9} + \dfrac{11}{10}$;
e) $2 + 5 + 10 + 17 + 26 + 37 + 50 + 65 + 82 + 101 + 122$.

A5.4 Berechnen Sie

a) $\displaystyle\prod_{i=10}^{13} i$;

b) $\displaystyle\prod_{i=1}^{6} \frac{1}{i}$;

c) $\displaystyle\prod_{i=1}^{15} \frac{(i-1)}{i^2+1}$;

d) $\displaystyle\prod_{i=20}^{30} \frac{(i+1)\cdot(i-1)}{i^2-1}$;

e) $\displaystyle\prod_{i=1}^{20} \frac{i}{i+2}$.

Kapitel 6:
Das Prinzip der vollständigen Induktion und Summenformeln

In Abschnitt 2.4 wurde mit Hilfe des **indirekten Beweises** gezeigt, daß $\sqrt{2}$ eine irrationale Zahl ist. Eine weitere Beweismethode in der Mathematik ist die des **direkten Beweises**. Mit Hilfe von zulässigen mathematischen Umformungen oder Schlußfolgerungen wird eine bestimmte Eigenschaft (direkt) nachgewiesen.

Mit dem Prinzip der **vollständigen Induktion** werden Aussagen oder Formeln bewiesen, die für alle natürlichen Zahlen oder für alle natürlichen Zahlen, die mindestens gleich m sind, also für alle $n \geq m$ richtig sind.

Allgemein soll eine Behauptung der folgenden Art (Aussage) bewiesen werden

---

Behauptung:

Eine von den natürlichen Zahlen $n \in \mathbb{N}$ abhängige **Aussage A (n)** ist für alle $n \geq m$ richtig. Dabei ist m vorgegeben.

Falls die Behauptung für sämtliche natürliche Zahlen bewiesen werden soll, ist $m = 1$ zu wählen.

Beweisführung:
1. **Schritt:** Im **Induktionsanfang (Induktionsverankerung)** wird die Richtigkeit der Aussage für $n = m$ (meistens direkt) nachgewiesen.
2. **Schritt:** In der **Induktionsvoraussetzung** wird angenommen, die Aussage sei für eine beliebige natürliche Zahl $n_0 \in \mathbb{N}$ richtig.
3. **Schritt:** Im **Induktionsschluß** (Schluß von n_0 auf n_0+1) wird mit Hilfe der Induktionsvoraussetzung gezeigt, daß die Behauptung dann auch für n_0+1 richtig ist.

Mit diesen drei Schritten wird tatsächlich nachgewiesen, daß die Behauptung für alle natürlichen Zahlen $n \geq m$ richtig ist. Dazu genügt folgende Überlegung: Für $n = m$ gilt die Behauptung nach 1). Dann setzt man in 2) $n_0 = m$. Nach 3) ist dann die Behauptung auch für $n = n_0 + 1 = m + 1$ richtig. Nun setzt man $n_0 = m + 1$. Dann ist die Behauptung nach 3) auch für $m + 2$ richtig usw. Durch diesen Übergang zum jeweiligen Nachfolger ergibt sich induktiv die Richtigkeit der Behauptung für alle natürlichen Zahlen $n \geq m$.

Für die Summe
$$x = 1 + 2 + 3 + \ldots + n$$
soll eine geschlossene Formel gefunden werden. Durch Vertauschen der Summationsreihenfolge erhält man

$$
\begin{array}{rccccccccc}
x &=& 1 &+& 2 &+& 3 &+\ldots+& (n-2) &+& (n-1) &+& n \\
x &=& n &+& (n-1) &+& (n-2) &+\ldots+& 3 &+& 2 &+& 1
\end{array} \Bigg\} +
$$
$$
\overline{2x = (n+1) + (n+1) + (n+1) + \ldots + (n+1) + (n+1) + (n+1)}
$$

Summation ergibt n gleiche Summanden n + 1, also

$$2x = n \cdot (n + 1);$$

hieraus folgt $x = \dfrac{n(n + 1)}{2}$.

Damit haben wir auf direktem Weg folgende Formel nachgewiesen.

Für jede natürliche Zahl n gilt

$$1 + 2 + 3 + \ldots + (n - 1) + n = \sum_{i=1}^{n} i = \frac{n \cdot (n + 1)}{2}$$

Diese Behauptung soll nun durch vollständige Induktion bewiesen werden.

Induktionsanfang: n = 1

linke Seite = 1; rechte Seite $\dfrac{1 \cdot 2}{2} = 1$.

Die Formel ist also für n = 1 richtig.

Induktionsvoraussetzung: Die Formel sei für $n = n_0$ richtig, d.h.

$$\sum_{i=1}^{n_0} i = 1 + 2 + \ldots + (n_0 - 1) + n_0 = \frac{n_0 \cdot (n_0 + 1)}{2} .$$

Induktionsschluß: Zu zeigen, die Formel ist dann auch für $n_0 + 1$ richtig, d.h. sie ist richtig, wenn n_0 formal durch $n_0 + 1$ ersetzt wird. Zu zeigen ist also

$$\sum_{i=1}^{n_0+1} i = 1 + 2 + \ldots + n_0 + (n_0 + 1) = \frac{(n_0 + 1) \cdot (n_0 + 1 + 1)}{2} = \frac{(n_0 + 1)(n_0 + 2)}{2} .$$

Aus der Induktionsvoraussetzung folgt

$$\sum_{i=1}^{n_0+1} i = \sum_{i=1}^{n_0} i + (n_0 + 1) = \frac{n_0 (n_0 + 1)}{2} + (n_0 + 1)$$

$$= (n_0 + 1) \cdot (\frac{n_0}{2} + 1) = \frac{(n_0 + 1) \cdot (n_0 + 2)}{2} .$$

Bei der letzten Umformung wurde $(n_0 + 1)$ ausgeklammert.

Die Formel ist also auch für $n = n_0 + 1$ richtig, falls sie für n_0 richtig ist.

Da die Formel für $n = 1 \ (= n_0)$ gilt, gilt sie auch für $n = 2 \ (= n_0)$ und damit für n = 3 usw. Damit ist die Summenformel für jede natürliche Zahl gezeigt.

Für jede natürliche Zahl n gilt

$$1^2 + 2^2 + 3^2 + \ldots + (n - 1)^2 + n^2 = \frac{n(n + 1)(2n + 1)}{6}$$

Beweis:

Induktionsanfang: n = 1

linke Seite = 1; rechte Seite $\dfrac{1 \cdot 2 \cdot 3}{6} = 1$.

Die Formel gilt also für n = 1.

Induktionsvoraussetzung: Für ein n_0 gelte

$$1 + 2^2 + 3^2 + \dots + n_0^2 = \frac{n_0 (n_0 + 1) (2 n_0 + 1)}{6}$$

Induktionsschluß: Addition von $(n_0 + 1)^2$ auf beiden Seiten ergibt

$$\underline{1 + 2^2 + 3^2 + \dots + n_0^2 + (n_0 + 1)^2} = \underline{\frac{n_0 (n_0 + 1) (2 n_0 + 1)}{6} + (n_0 + 1)^2}$$

Für die rechte Seite erhält man durch Ausklammern

$$\frac{(n_0 + 1)}{6} [n_0 (2n_0 + 1) + 6 (n_0 + 1)] = \frac{(n_0 + 1) (2n_0^2 + n_0 + 6n_0 + 6)}{6}$$

$$= \frac{(n_0 + 1) (2n_0^2 + 7n_0 + 6)}{6}.$$

Es muß noch gezeigt werden, daß der 2. Faktor mit
$\underbrace{((n_0 + 1) + 1) \cdot (2 \cdot (n_0 + 1) + 1)}$ übereinstimmt. Multiplikation ergibt

$((n_0 + 1) + 1) \cdot (2 \cdot (n_0 + 1) + 1) = (n_0 + 2) \cdot (2n_0 + 3) = 2n_0^2 + 3n_0 + 4n_0 + 6$
$= 2n_0^2 + 7n_0 + 6$. Damit gilt

$$1^2 + 2^2 + 3^2 + \dots + (n_0 + 1)^2 = \frac{(n_0 + 1) ((n_0 + 1) + 1) \cdot (2 (n_0 + 1) + 1)}{6}.$$

Die Behauptung ist dann auch für $n_0 + 1$ richtig. Damit ist die allgemeine Gültigkeit der Formel gezeigt.

Achtung:

Der Nachweis für den Induktionsanfang darf nicht weggelassen werden. Aus der Tatsache, daß der Induktionsschluß von n_0 auf $n_0 + 1$ gelingt, folgt die allgemeine Gültigkeit der entsprechenden Aussage noch nicht. Dazu das folgende

Beispiel 1:

Induktionsvoraussetzung: $n_0^2 + n_0 + 1$ sei eine gerade Zahl.
Induktionsschluß: zu zeigen, dann ist auch $(n_0 + 1)^2 + (n_0 + 1) + 1$ ist eine gerade Zahl

$$
\begin{aligned}
(n_0 + 1)^2 + (n_0 + 1) + 1 &= n_0^2 + 2n_0 + 1 + n_0 + 2 \\
&= \underbrace{(n_0^2 + n_0 + 1)}_{\substack{\text{gerade Zahl} \\ \text{nach Induk-} \\ \text{tionsvoraus-} \\ \text{setzung}}} + \underbrace{2(n_0 + 1)}_{\substack{\text{gerade Zahl} \\ \text{(Faktor 2)}}}
\end{aligned}
$$

Falls $n_0^2 + n_0 + 1$ eine gerade Zahl ist, ist auch $(n_0 + 1)^2 + (n_0 + 1) + 1$ eine gerade Zahl.

Daraus kann noch nicht die Aussage gemacht werden, für jedes n sei

$$n^2 + n + 1$$

eine gerade Zahl ist.

Für $n = 1$ erhält man die ungerade Zahl 3. Für diese Aussage gelingt der Induktionsanfang nicht, denn alle Zahlen $n^2 + n + 1$ sind ungerade.

Für jede reelle Zahl $q \neq 1$ gilt

$$1 + q + q^2 + \ldots + q^n = \frac{q^{n+1} - 1}{q - 1}$$

Diese Formel wird durch vollständige Induktion bewiesen.

Induktionsanfang: $n = 1$
linke Seite $= 1 + q$;
rechte Seite $= \dfrac{q^2 - 1}{q - 1} = \dfrac{(q + 1)(q - 1)}{q - 1} = q + 1$ (kürzen durch $q - 1$).
Die Formel ist also für $n = 1$ richtig.

Induktionsvoraussetzung: Für ein $n_0 \in \mathbb{N}$ sei
$$1 + q + q^2 + \ldots + q^{n_0} = \frac{q^{n_0+1} - 1}{q - 1} ;$$

Induktionsschluß: Zu zeigen ist, daß die Formel auch für $n_0 + 1$ gilt, d.h.
$$1 + q + q^2 + \ldots + q^{n_0+1} = \frac{q^{n_0+1+1} - 1}{q - 1} = \frac{q^{n_0+2} - 1}{q - 1} .$$

Mit Hilfe der Induktionsvoraussetzung erhält man
$$1 + q + q^2 + \ldots + q^{n_0} + q^{n_0+1} = \frac{q^{n_0+1} - 1}{q - 1} + q^{n_0+1}$$
$$= \frac{q^{n_0+1} - 1 + q^{n_0+1}(q - 1)}{q - 1} = \frac{q^{n_0+1} - 1 + q^{n_0+2} - q^{n_0+1}}{q - 1}$$
$$= \frac{q^{n_0+2} - 1}{q - 1} .$$

Falls die Formel für n_0 richtig ist, gilt sie auch für $n_0 + 1$. Für $n_0 = 1$ wurde sie direkt bewiesen, also ist sie allgemein gültig.

Aufgaben

A6.1 Berechnen Sie folgende Summen

a) $\displaystyle\sum_{i=1}^{100} i$;   b) $\displaystyle\sum_{i=30}^{50} i$;   c) $\displaystyle\sum_{i=1}^{10} i^2$.

A6.2 Berechnen Sie folgende Summen
a) $1 + 2 + 2^2 + 2^3 + \ldots + 2^{10}$;
b) $3 + 3^2 + 3^3 + 3^4 + 3^5 + 3^6 + 3^7 + 3^8$;
c) $1 + \dfrac{1}{2} + \dfrac{1}{2^2} + \ldots + \dfrac{1}{2^{10}}$.

A6.3 Beweisen Sie: für jede natürliche Zahl n gilt

a) $1 + 3 + 5 \ldots + (2n - 1) = n^2$;

b) $\dfrac{1}{1 \cdot 2} + \dfrac{1}{2 \cdot 3} + \ldots + \dfrac{1}{n \cdot (n + 1)} = \dfrac{n}{n + 1}$;

c) $\dfrac{1}{2} + \dfrac{2}{2^2} + \dfrac{3}{2^3} + \ldots + \dfrac{n}{2^n} = 2 - \dfrac{n + 2}{2^n}$.

A6.4 Beweisen Sie, daß für alle natürlichen Zahlen

$$n^2 + n + 1$$

ungerade ist.

Kapitel 7:
Die binomischen Formeln

Aus dem distributiven Gesetz folgt
$(a + b)^2 = (a + b)(a + b) = a^2 + ab + ba + b^2 = a^2 + 2ab + b^2;$
$(a - b)^2 = (a - b)(a - b) = a^2 - ab - ba + b^2 = a^2 - 2ab + b^2;$
$(a + b)(a - b) = a^2 - ab + ba - b^2 = a^2 - b^2.$

Diese Formeln heißen

binomische Formeln

$$(a + b)^2 = a^2 + 2ab + b^2$$
$$(a - b)^2 = a^2 - 2ab + b^2$$
$$(a + b)(a - b) = a^2 - b^2$$

Beispiel 1 (binomische Formeln):

a) $(2x + 5)^2 = 4x^2 + 20x + 25;$
b) $(5u + 8w)^2 = 25u^2 + 80uw + 64w^2;$
c) $(2x - 3y)^2 = 4x^2 - 12xy + 9y^2;$
d) $(5x + 9)(5x - 9) = 25x^2 - 81;$
e) $(\frac{3}{4}a - \frac{4}{5}b)(\frac{3}{4}a + \frac{4}{5}b) = \frac{9}{16}a^2 - \frac{16}{25}b^2.$

Mit Hilfe der binomischen Formeln lassen sich manche Rechnungen wesentlich vereinfachen. So können die im nachfolgenden Beispiel gesuchten Werte mit dem benutzten Trick praktisch „im Kopf" berechnet werden.

Beispiel 2 (praktisches Rechnen):

a) $51^2 = (50 + 1)^2 = 50^2 + 2 \cdot 50 + 1 = 2601;$
b) $99^2 = (100 - 1)^2 = 100^2 - 2 \cdot 100 + 1 = 9801;$
c) $65^2 = (60 + 5)^2 = 3600 + 600 + 25 = 4225;$
d) $65 \cdot 75 = (70 - 5)(70 + 5) = 70^2 - 5^2 = 4875;$
e) $98 \cdot 102 = (100 - 2)(100 + 2) = 100^2 - 2^2 = 9996.$

Mit Hilfe der binomischen Formeln lassen sich unter Umständen Summen und Differenzen einfacher als Quadrate oder Produkte darstellen. Diese Rücktransformation ist dann sinnvoll, falls untersucht werden soll, für welche Werte ein algebraischer Ausdruck verschwindet. Ein Produkt verschwindet genau dann, wenn einer der Faktoren verschwindet. Bei der Behandlung quadratischer Gleichungen (Kapitel 14) werden wir auf dieses Problem nochmals zurückkommen.

Beispiel 3 (Umwandlung in Produkte):

Folgende Ausdrücke sollen als Produkt geschrieben werden

a) $4a^2 + 12ab + 9b^2 = (2a + 3b)^2;$
b) $49x^2 - 42x + 9 = (7x - 3)^2;$
c) $25x^2 - 1 = (5x + 1)(5x - 1);$
d) $81u^2 - 121v^2 = (9u + 11v)(9u - 11v).$

Mit Hilfe der binomischen Formeln können manche Brüche gekürzt werden.

Beispiel 4 (Kürzen):

a) $\dfrac{9x^2 + 12xy + 4y^2}{6x + 4y} = \dfrac{(3x + 2y)^2}{2\,(3x + 2y)} = \dfrac{3x + 2y}{2} = 1{,}5x + y;$

b) $\dfrac{64a^2 - 32ab + 4b^2}{4a - b} = \dfrac{(8a - 2b)^2}{4a - b} = \dfrac{2(8a - 2b)^2}{8a - 2b} = 2 \cdot (8a - 2b) = 16a - 4b;$

c) $\dfrac{16x^2 - 1}{4x + 1} = \dfrac{(4x - 1)\,(4x + 1)}{4x + 1} = 4x - 1;$

d) $\dfrac{x^2 + 2x + 1}{x^2 - 1} = \dfrac{(x + 1)^2}{(x - 1)\,(x + 1)} = \dfrac{x + 1}{x - 1}.$

Aufgaben

A7.1 Benutzen Sie die binomischen Formeln
a) $(a + b)^2 + (a - b)^2;$
b) $(a + b)^2 - (a - b)^2;$
c) $(2x - 3a)^2;$
d) $(2ax + 7by)\,(2ax - 7by).$

A7.2 Vereinfachen Sie
a) $(5x + 4)^2 - (3x - 5)^2 + 4(x - 3)\,(x + 3);$
b) $(x - 1)^2\,(x + 1)^2;$
c) $(2x - 3y)^2 - (3x - 2y)^2.$

A7.3 (Kopfrechnen) Berechnen Sie möglichst einfach
a) $31^2;$ b) $57^2;$ c) $78 \cdot 82;$ d) $101^2;$ e) $999^2.$

A7.4 Stellen Sie folgende Ausdrücke mit Hilfe der binomischen Formeln als Produkte dar
a) $16x^2 - 24x + 9;$
b) $49u^2 - 42uv + 9v^2;$
c) $144a^2x^2 - 81b^2y^2;$
d) $-16u^2x^4 + 4w^4y^2.$

Kapitel 8:
Der binomischen Lehrsatz – Fakultäten –
Binomialkoeffizienten

8.1 Fakultäten

Für jede natürliche Zahl n stellt n! (sprich **n Fakultät**) das Produkt aller natürlichen Zahlen von 1 bis n dar, also

$$1 \cdot 2 \cdot 3 \cdot 4 \cdot \ldots \cdot (n-1) \cdot n = n! \quad \text{(n Fakultät)}$$

Beispiel 1:

$1! = 1$; $2! = 2$; $3! = 6$; $4! = 24$; $5! = 120$; $6! = 720$; $7! = 5040$; $8! = 40320$; $9! = 362880$; $10! = 3628880$.

Allgemein gilt die

$$\textbf{Rekursionformel:} \quad (n+1)! = (n+1) \cdot n!$$

8.2 Binomialkoeffizienten

Für $k \leq n$ heißt $\binom{n}{k}$ (sprich n über k) ein **Binomialkoeffizient** mit

$$\binom{n}{k} = \frac{n \cdot (n-1)(n-2) \cdot \ldots \cdot (n-k+1)}{1 \cdot 2 \cdot 3 \cdot \ldots (k-1) \cdot k} = \frac{n!}{k! \cdot (n-k)!} \quad \text{(n über k)}$$

Auf der linken Seite stehen im Zähler und Nenner jeweils k Faktoren. Diese sind im Nenner von Eins an aufsteigend und im Zähler von n an absteigend. Damit die rechte Seite auch für $k = n$ richtig ist, muß

$$0! = 1$$

gesetzt werden. Für die Binomialkoeffizienten gilt folgende Symmetrie

$$\binom{n}{k} = \binom{n}{n-k}$$

Mit dieser Formel läßt sich mancher Rechenaufwand verringern, z.B.

$$\binom{n}{n-1} = \binom{n}{1} = n.$$

Beispiel 2:

a) $\binom{5}{2} = \dfrac{5 \cdot 4}{1 \cdot 2} = 10;$

b) $\binom{10}{3} = \dfrac{10 \cdot 9 \cdot 8}{1 \cdot 2 \cdot 3} = 120;$

c) $\binom{100}{98} = \binom{100}{2} = \dfrac{100 \cdot 99}{1 \cdot 2} = 4950.$

Anwendung (Kombinatorik)

aus n verschiedenen Dingen lassen sich k Stück ohne Berücksichtigung der Reihenfolge und ohne Wiederholung auf $\binom{n}{k}$ verschiedene Arten **auswählen**.

Beispiel 3:

a) Aus 20 Personen sollen drei für einen Ausschuß ausgewählt werden. Dafür gibt es insgesamt

$$\binom{20}{3} = \frac{20 \cdot 19 \cdot 18}{1 \cdot 2 \cdot 3} = 1140$$

verschiedene Möglichkeiten.

b) Bei einer Geburtstagsfeier sind 12 Personen anwesend. Jede Person stößt mit dem Weinglas mit jeder anderen Person an. Dann klingen die Weingläser insgesamt

$$\binom{12}{2} = \frac{12 \cdot 11}{1 \cdot 2} = 66 \text{ mal.}$$

8.3 Der binomische Lehrsatz

Nach der binomischen Formel gilt

$$(a + b)^2 = a^2 + 2ab + b^2.$$

Mit $a^0 = b^0 = 1$ und $\binom{2}{0} = 1$ geht diese Formel über in

$$(a + b)^2 = a^2b^0 + 2ab + a^0b^2$$
$$= \binom{2}{0} a^2b^0 + \binom{2}{1} ab + \binom{2}{2} a^0b^2.$$

Entsprechend gilt:

$$(a + b)^3 = (a + b)^2 \cdot (a + b) = (a^2 + 2ab + b^2) \cdot (a + b)$$
$$= a^3 + 3a^2b + 3ab^2 + b^3$$
$$= \binom{3}{0} a^3b^0 + \binom{3}{1} a^2 b + \binom{3}{2} ab^2 + \binom{3}{3} a^0b^3.$$

Elementare Rechnung liefert

$$(a + b)^4 = \binom{4}{0} a^4 b^0 + \binom{4}{1} a^3 b^1 + \binom{4}{2} a^2 b^2 + \binom{4}{3} ab^3 + \binom{4}{4} a^0 b^4.$$

Binomischer Lehrsatz

Für jede natürliche Zahl $n \in \mathbb{N}$ gilt

$$(a + b)^n = \binom{n}{0} a^n b^0 + \binom{n}{1} a^{n-1} b^1 + \binom{n}{2} a^{n-2} b^2 + \ldots + \binom{n}{n-1} ab^{n-1} + \binom{n}{n} a^0 b^n$$

$$= \sum_{k=0}^{n} \binom{n}{k} a^{n-k} b^k = \sum_{i=0}^{n} \binom{n}{i} a^i b^{n-i}.$$

Dabei folgt die letzte Gleichung aus der Symmetrie $\binom{n}{k} = \binom{n}{n-k}$.

Dabei ist $\binom{n}{0} = 1$ und $a^0 = b^0 = 1$ zu setzen.

Der k-te Summand hat den Binomialkoeffizienten $\binom{n}{k}$ als Faktor. a steht in der $(n-k)$-ten und b in der k-ten Potenz. Die Potenzen von a sind von n ab absteigend, die von b von Null an aufsteigend. Die Summe der beiden Exponenten sind immer gleich n. Die Binomialkoeffizienten $\binom{n}{k}$, k = 0, 1, ..., n lassen sich in Abhängigkeit von n sehr einfach im **Pascal**-schen Dreieck angeben

```
n = 0                                   1
n = 1                                1     1
n = 2                             1     2     1
n = 3                          1     3     3     1
n = 4                       1     4     6     4     1
n = 5                    1     5    10    10     5     1
n = 6                 1     6    15    20    15     6     1
n = 7              1     7    21    35    35    21     7     1
n = 8           1     8    28    56    70    56    28     8     1
n = 9        1     9    36    84   126   126    84    36     9     1
n = 10    1    10    45   120   210   252   210   120    45    10     1
```

In jeder Zeile stehen der Reihe nach die Binomialkoeffizienten

$$\binom{n}{0} = 1; \quad \binom{n}{1} = n; \quad \binom{n}{2}; \quad \binom{n}{3}; \quad \ldots; \quad \binom{n}{n-1} = n; \quad \binom{n}{n} = 1.$$

Wegen $\binom{n}{k} = \binom{n}{n-k}$ sind diese Zahlen von links und rechts her gleich.

In diesem Pascalschen Dreieck sind die an den beiden Rändern stehenden Zahlen gleich Eins. Jede nicht am Rand stehende Zahl ist gleich der Summe der beiden links und rechts über ihr stehenden Zahlen. Diese Eigenschaft läßt sich durch folgende Formel ausdrücken

$$\binom{n}{k} = \binom{n-1}{k-1} + \binom{n-1}{k} \quad \text{für } k = 1, 2, \ldots, n-1.$$

Aus diesem Pascalschen Dreieck folgt sofort

$(a + b)^0 = 1$
$(a + b)^1 = a + b$
$(a + b)^2 = a^2 + 2ab + b^2$
$(a + b)^3 = a^3 + 3a^2b + 3ab^2 + b^3$
$(a + b)^4 = a^4 + 4a^3b + 6a^2b^2 + 4ab^3 + b^4$
$(a + b)^5 = a^5 + 5a^4b + 10a^3b^2 + 10a^2b^3 + 5ab^4 + b^5$
$(a + b)^6 = a^6 + 6a^5b + 15a^4b^2 + 20a^3b^3 + 15a^2b^4 + 6ab^5 + b^6$
$(a + b)^7 = a^7 + 7a^6b + 21a^5b^2 + 35a^4b^3 + 35a^3b^4 + 21a^2b^5 + 7ab^6 + b^7$
$(a + b)^8 = a^8 + 8a^7b + 28a^6b^2 + 56a^5b^3 + 70a^4b^4 + 56a^3b^5 + 28a^2b^6 + 8ab^7 + b^8$

Für a = b = 1 erhält man

$$2^n = (1 + 1)^n = \binom{n}{0} + \binom{n}{1} + \binom{n}{2} + \ldots + \binom{n}{n-1} + \binom{n}{n}$$

Hiermit läßt sich folgender Satz beweisen.

Satz | Von einer Menge A mit n Elementen gibt es insgesamt 2^n verschiedene Teilmengen einschließlich der Menge A und der leeren Menge $\varnothing$.

Beweis:

Aus n Elementen lassen sich k auf $\binom{n}{k}$ verschiedene Arten auswählen. Somit ist $\binom{n}{k}$ die Anzahl der k-elementenigen Teilmengen für k = 1, 2, …, n. Hinzu kommt die leere Menge. Damit lautet die Anzahl der Teilmengen

$$x = 1 + \binom{n}{1} + \binom{n}{2} + \ldots \binom{n}{n-1} + \binom{n}{n}.$$

Wegen $\binom{n}{0} = 1$ folgt aus der obigen Formel $x = 2^n$.

Beispiel 4:

Die Menge A bestehe aus 20 Elementen.

a) Die Anzahl der verschiedenen Teilmengen mit jeweils 10 Elementen ist
$$\binom{20}{10} = \frac{20 \cdot 19 \cdot 18 \cdot 17 \cdot 16 \cdot 15 \cdot 14 \cdot 13 \cdot 12 \cdot 11}{1 \cdot 2 \cdot 3 \cdot 4 \cdot 5 \cdot 6 \cdot 7 \cdot 8 \cdot 9 \cdot 10} = 184756.$$

b) Von A gibt es einschließlich der leeren Menge insgesamt $2^{20} = 1\,048\,576$ verschiedene Teilmengen.

8.4 Aufgaben

A8.1: Berechnen Sie $\binom{50}{3}$; $\binom{200}{4}$; $\binom{11}{10}$; $\binom{1000}{998}$.

A8.2 Stellen Sie $(a + b)^{10}$ als Summe dar.

A8.3 Entwickeln Sie
a) $(a - b)^3$; b) $(a - b)^4$.

Kapitel 9:
Das Rechnen mit Quadratwurzeln

$b = \sqrt{a} \geq 0$ heißt die **Wurzel (Quadratwurzel)** von a, falls $b^2 = a$ ist. Die Zahl a heißt der **Radikand**.

Da das Quadrat b^2 einer reellen Zahl nichtnegativ ist, können Wurzeln nur aus nichtnegativen Zahlen $a \geq 0$ gezogen werden. Es gilt z.B.

$$\sqrt{0} = 0; \quad \sqrt{4} = 2; \quad \sqrt{121} = 11; \quad \sqrt{1{,}96} = 1{,}4.$$

Die Gleichung

$$x^2 = 4$$

besitzt die beiden Lösungen $x_1 = \sqrt{4} = 2$ und $x_2 = -\sqrt{4} = -2$.

Falls man allgemeine **Quadratwurzeln** als **nichtnegativ** festsetzt, hat für $a > 0$ die Gleichung

$$x^2 = a$$

die beiden Lösungen $\pm \sqrt{a}$.

Manchmal werden auch beide Werte $+\sqrt{a}$ und $-\sqrt{a}$ als Wurzeln bezeichnet. Wir setzen jedoch hier $\sqrt{a} \geq 0$. Quadratwurzeln können rationale Zahlen sein wie z.B. $\sqrt{4} = 2; \sqrt{100} = 10; \sqrt{2{,}25} = \sqrt{\dfrac{9}{4}} = \dfrac{3}{2}$.

Manche Quadratwurzeln sind jedoch irrational wie z.B. $\sqrt{2}; \sqrt{5}$ und $\sqrt{7}$ (s. Abschnitt 2.4).

Für das Rechnen mit Quadratwurzeln gelten folgende Eigenschaften

---

Für beliebige $a, b \geq 0$ gilt
$$c_1 \cdot \sqrt{a} + c_2 \cdot \sqrt{a} - c_3 \cdot \sqrt{a} = (c_1 + c_2 - c_3) \cdot \sqrt{a};$$
$$\sqrt{a \cdot b} = \sqrt{a} \cdot \sqrt{b};$$
$$\sqrt{\frac{a}{b}} = \frac{\sqrt{a}}{\sqrt{b}}, b \neq 0;$$
$$(\sqrt{a})^2 = a; \quad \sqrt{a^2} = a \text{ für } a \geq 0.$$

Beispiel 1:

a) $3 \cdot \sqrt{3} + 4 \cdot \sqrt{3} - 5 \cdot \sqrt{3} = 2 \cdot \sqrt{3};$

b) $\sqrt{3} \cdot \sqrt{12} = \sqrt{36} = 6;$

c) $\sqrt{20} \cdot \sqrt{28} = \sqrt{4 \cdot 5} \cdot \sqrt{4 \cdot 7} = 2 \cdot \sqrt{5} \cdot 2 \cdot \sqrt{7} = 4 \cdot \sqrt{35};$

d) $\sqrt{6} \cdot \sqrt{22} = \sqrt{2 \cdot 3 \cdot 2 \cdot 11} = \sqrt{4 \cdot 33} = 2 \cdot \sqrt{33};$

e) $\sqrt{\dfrac{2}{3}} \cdot \sqrt{\dfrac{3}{8}} \cdot \sqrt{\dfrac{4}{7}} \cdot \sqrt{7} = \sqrt{\dfrac{2 \cdot 3 \cdot 4 \cdot 7}{3 \cdot 8 \cdot 7}} = \sqrt{1} = 1.$

Beispiel 2 (Vereinfachen von Wurzelausdrücken):

a) $\sqrt{49a^2b} = 7a\sqrt{b}$ für $a \geq 0$ und $-7a\sqrt{b}$ für $a < 0$;

b) $\dfrac{1}{3} \cdot \sqrt{90x} = \dfrac{1}{3} \cdot \sqrt{9 \cdot 10x} = \dfrac{3}{3}\sqrt{10x} = \sqrt{10x}$ für $x \geq 0$;

c) $\sqrt{2a} \cdot \sqrt{3b} : \sqrt{ab} = \sqrt{\dfrac{2a \cdot 3b}{ab}} = \sqrt{6};\quad a, b > 0.$

Wegen $a^2 = (-a)^2$ gilt

$\sqrt{a^2} = |a| = \begin{cases} +a & \text{für } a \geq 0 \\ -a & \text{für } a < 0 \end{cases}$; $|a| = $ Betrag von a

---

Beispiel 3 (Vereinfachen):

a) $\sqrt{196x + 196y} = \sqrt{196(x + y)} = 14\sqrt{x + y};$

b) $\sqrt{a^2b + a^2c} = \sqrt{a^2(b + c)} = a \cdot \sqrt{b + c}$ für $a > 0$;

c) $\sqrt{25 + 125} = \sqrt{25(1 + 5)} = 5 \cdot \sqrt{6};$

d) $\sqrt{49 + 64} = \sqrt{113}$
$\neq \sqrt{49} + \sqrt{64}.$

Aus einer **Summe** darf die Wurzel nicht gliedweise gezogen werden. Im Allgemeinen ist

$$\sqrt{a + b} \neq \sqrt{a} + \sqrt{b};\quad a, b \geq 0.$$

Allgemein ist also

$$\sqrt{a^2 + b^2} \neq |a| + |b|.$$

Gliedweises Wurzelziehen ist nur bei Produkten und Quotienten nichtnegativer Zahlen erlaubt.

$$\sqrt{a \cdot b} = \sqrt{a} \cdot \sqrt{b} \qquad \text{für } a, b \geq 0$$

$$\sqrt{\frac{a}{b}} = \frac{\sqrt{a}}{\sqrt{b}} \qquad \text{für } a \geq 0; b > 0.$$

Falls in Summen gemeinsame Faktoren auftreten, aus denen die Wurzel einfacher gezogen werden kann, so müssen diese Faktoren **ausgeklammert** werden.

Wegen der binomischen Formeln gilt

$$(\sqrt{a} + \sqrt{b})^2 = a + 2\sqrt{ab} + b;$$
$$(\sqrt{a} - \sqrt{b})^2 = a - 2\sqrt{ab} + b;$$

$$\boxed{(\sqrt{a} + \sqrt{b})(\sqrt{a} - \sqrt{b}) = a - b.}$$

Beispiel 4 (Herstellung rationaler Nenner):

In den nachfolgenden Brüchen sollen durch Erweiterungen rationale Nenner hergestellt werden.

a) $\dfrac{1}{\sqrt{2}} = \dfrac{1}{\sqrt{2}} \cdot \dfrac{\sqrt{2}}{\sqrt{2}} = \dfrac{\sqrt{2}}{2}$;

b) $\dfrac{\sqrt{3}}{\sqrt{5}} = \dfrac{\sqrt{3} \cdot \sqrt{5}}{\sqrt{5} \cdot \sqrt{5}} = \dfrac{\sqrt{15}}{5}$;

c) $\dfrac{\sqrt{2}}{\sqrt{7} - \sqrt{3}} = \dfrac{\sqrt{2} \cdot (\sqrt{7} + \sqrt{3})}{(\sqrt{7} - \sqrt{3}) \cdot (\sqrt{7} + \sqrt{3})} = \dfrac{\sqrt{2} \cdot \sqrt{7} + \sqrt{2} \cdot \sqrt{3}}{7 - 3} = \dfrac{\sqrt{14} + \sqrt{6}}{4}$;

d) $\dfrac{2 + \sqrt{5}}{\sqrt{3} + \sqrt{2}} = \dfrac{(2 + \sqrt{5})(\sqrt{3} - \sqrt{2})}{(\sqrt{3} + \sqrt{2})(\sqrt{3} - \sqrt{2})} = \dfrac{2\sqrt{3} - 2\sqrt{2} + \sqrt{5} \cdot \sqrt{3} - \sqrt{5} \cdot \sqrt{2}}{3 - 2}$

$\qquad = 2\sqrt{3} - 2\sqrt{2} + \sqrt{15} - \sqrt{10}$;

e) $\dfrac{\sqrt{17} - \sqrt{13}}{\sqrt{17} + \sqrt{13}} = \dfrac{(\sqrt{17} - \sqrt{13})^2}{(\sqrt{17} + \sqrt{13})(\sqrt{17} - \sqrt{13})} = \dfrac{17 - 2\sqrt{17} \cdot \sqrt{13} + 13}{17 - 13}$

$\qquad = \dfrac{30 - 2\sqrt{221}}{4} = 7{,}5 - 0{,}5 \cdot \sqrt{221}$;

f) $\dfrac{\sqrt{x} + \sqrt{y}}{\sqrt{x} - \sqrt{y}} = \dfrac{(\sqrt{x} + \sqrt{y})^2}{(\sqrt{x} - \sqrt{y})(\sqrt{x} + \sqrt{y})} = \dfrac{x + 2 \cdot \sqrt{xy} + y}{x - y}$; $x, y > 0$; $x \neq y$;

g) $\dfrac{x}{x + \sqrt{x}} = \dfrac{x \cdot (x - \sqrt{x})}{(x + \sqrt{x})(x - \sqrt{x})} = \dfrac{x(x - \sqrt{x})}{x^2 - x} = \dfrac{x(x - \sqrt{x})}{x(x - 1)} = \dfrac{x - \sqrt{x}}{x - 1}$.

Aufgaben

A9.1 Berechnen Sie

a) $\sqrt{9 \cdot 16 \cdot 25}$;

b) $\sqrt{3^2 a^2 c}$ $(a, c > 0)$;

c) $\sqrt{\dfrac{625}{64}}$;

d) $2 \cdot \sqrt{3} \cdot \sqrt{\dfrac{7}{3}} \cdot 5 \cdot \sqrt{\dfrac{16}{7}}$;

e) $\sqrt{16 + 64} : \sqrt{5}$;

f) $\sqrt{4a + 6b} : \sqrt{2a + 3b}$.

A9.2 Multiplizieren Sie folgende Klammern aus

a) $(\sqrt{x} + \sqrt{2y})^2$;

b) $(5 + 3\sqrt{7})(5 - 3\sqrt{7})$;

c) $(\sqrt{16} - \sqrt{25})^2 \cdot (\sqrt{36} + \sqrt{6})$;

d) $(2\sqrt{2} + \sqrt{7})^2 \cdot (2\sqrt{2} - \sqrt{7})^2$;

e) $\sqrt{2a + 4b} \cdot \sqrt{18a + 36b} - 3(a + 2b)$.

A9.3 Vereinfachen Sie

a) $\dfrac{(\sqrt{x} - 2\sqrt{y})(\sqrt{x} + 2\sqrt{y})}{5x - 20y}$;

b) $\dfrac{a - b}{\sqrt{a} + \sqrt{b}}$;

c) $\dfrac{(2\sqrt{3} + 3\sqrt{5})^2}{114 + 24 \cdot \sqrt{15}}$;

d) $\dfrac{x - 4y}{\sqrt{x} - 2\sqrt{y}}$.

A9.4 Berechnen Sie

a) $\sqrt{a^2 + 2ab + b^2}$ für $a, b \geq 0$;

b) $\sqrt{16a^2 + 32ab + 16b^2}$ für $a > b > 0$;

c) $\sqrt{(a - 2)^4}$;

d) $\sqrt{a^2 - 10a + 25}$ für $a \leq 5$.

A9.5 Machen Sie die Nenner rational und fassen Sie zusammen

a) $\dfrac{1}{\sqrt{2}} + \dfrac{\sqrt{2}}{1 - \sqrt{2}} - \dfrac{3 - \sqrt{2}}{2 + \sqrt{2}}$;

b) $\dfrac{3}{4 + \sqrt{7}} + \dfrac{4}{1 + \sqrt{7}} - \dfrac{1}{-2 + \sqrt{7}}$.

Kapitel 10:
Potenzen und allgemeine Wurzeln

10.1 Potenzen mit ganzzahligen positiven Exponenten

n sei eine natürliche und a eine reelle Zahl.

Die n-te **Potenz** a^n der Zahl a ist das n-fache Produkt der Zahl a mit sich selbst, d.h.

$$a^n = \underbrace{a \cdot a \cdot a \cdot \ldots \cdot a \cdot a}_{n \text{ Faktoren}}.$$

a heißt **Basis** (Grundzahl) und n **Exponent** (Hochzahl).

Beispiel 1:

$2^3 = 8$; $3^4 = 3 \cdot 3 \cdot 3 \cdot 3 = 9^2 = 81$; $(-2)^2 = 4$; $(-2)^3 = -8$; $0^{20} = 0$;
$(-1)^{10} = 1$; $(-1)^{11} = -1$; $\sqrt{2^4} = 2^2 = 4$.

Merke:

Die n-te Potenz einer negativen Zahl ist bei gerader Hochzahl n positiv und bei ungerader Hochzahl negativ. Speziell gilt

$$(-1)^n = \begin{cases} 1 \text{ für gerades n}; \\ -1 \text{ für ungerades n}. \end{cases}$$

Für jede natürliche Zahl n ist 2n gerade und $2n + 1$ und $2n - 1$ ungerade. Damit gilt

---

$(-1)^{2n} = 1$; $(-1)^{2n+1} = (-1)^{2n-1} = -1$; $n \in \mathbb{N}$.

Im Produkt $a^n \cdot a^m$, n, m $\in \mathbb{N}$ steht der Faktor a insgesamt $(n + m)$-mal. Damit gilt $a^n \cdot a^m = a^{n+m}$.

Die m-te Potenz $(a^n)^m = \underbrace{a^n \cdot a^n \cdot \ldots \cdot a^n \cdot a^n}_{m\text{-mal}}$

enthält den Faktor a insgesamt $m \cdot n$-mal, woraus $(a^n)^m = a^{n \cdot m}$ folgt. In $a^n \cdot b^n$ kann n-mal der Faktor $a \cdot b$ zusammengefaßt werden, also $a^n \cdot b^n = (ab)^n$. Damit gelten die

Potenzgesetze

$a^n \cdot a^m = a^{n+m}$

$(a^n)^m = (a^m)^n = a^{n \cdot m}$

$a^n \cdot b^n = (a \cdot b)^n$, $n, m \in \mathbb{N}$

10.2 Potenzen mit ganzzahligen Exponenten

Im Quotienten $\dfrac{a^n}{a^m}$, m, n $\in \mathbb{N}$ können Faktoren a gekürzt werden und zwar alle Faktoren des Nenners für m $<$ n und alle Faktoren des Zählers für m $>$ n. Im Falle n $=$ m ist der Quotient gleich Eins. Damit gilt

$$\frac{a^n}{a^m} = \begin{cases} a^{n-m} & \text{für } n > m; \\ 1 & \text{für } n = m; \\ \dfrac{1}{a^{m-n}} & \text{für } n < m; \ m, n \in \mathbb{N}. \end{cases}$$

Damit für beliebige natürliche Zahlen n, m die Formel

$$\frac{a^n}{a^m} = a^{n-m}$$

benutzt werden kann, müssen Potenzen mit negativen Zahlen (für n $<$ m) und die Potenz $a^0 = 1$ (für n $=$ m) eingeführt werden.

Für a $\neq$ 0 setzt man

$$a^0 = 1; \quad a^{-n} = \frac{1}{a^n}, \quad n \in \mathbb{N}.$$

Mit dieser Festsetzung gelten für beliebige ganze Zahlen $z_1, z_2 \in \mathbb{Z}$ die

Potenzgesetze

$$a^{z_1} \cdot a^{z_2} = a^{z_1 + z_2}; \quad (a^{z_1})^{z_2} = (a^{z_2})^{z_1} = a^{z_1 \cdot z_2};$$

$$\frac{a^{z_1}}{a^{z_2}} = a^{z_1 - z_2}; \quad z_1, z_2 \in \mathbb{Z} \text{ (ganze Zahlen)}.$$

Beispiel 2:

a) $2^{-5} = \dfrac{1}{2^5} = \dfrac{1}{32}$;

b) $(-3)^{-4} = \dfrac{1}{(-3)^4} = \dfrac{1}{81}$;

c) $4^3 \cdot (\dfrac{1}{2})^3 \cdot 2^{-3} = (\dfrac{4}{2})^3 \cdot \dfrac{1}{2^3} = 2^3 \cdot 2^{-3} = 2^0 = 1$;

d) $\dfrac{1}{5^{-3}} = 5^{-(-3)} = 5^3 = 125$;

e) $(2^{-4})^3 = 2^{-12} = \dfrac{1}{2^{12}} = \dfrac{1}{4096}$;

f) $(5^{-2})^{-3} = 5^{(-2)\cdot(-3)} = 5^6 = 15\,625$;

g) $(2 \cdot a^4 \cdot b^3 \cdot (c + d)^2)^3 = 8 \cdot a^{12} \cdot b^9 \cdot (c + d)^6$.

Beispiel 3 (Zusammenfassen):

a) $2^3 \cdot x^5 \cdot y^5 \cdot x^{-3} \cdot y^{-6} \cdot 2^{-2} = 2^{3-2} \cdot x^{5-3} \cdot y^{5-6} = 2 \cdot x^2 \cdot y^{-1} = \dfrac{2x^2}{y}$;

b) $\dfrac{36x^5\,y^4\,z^6}{3x^2\,y^4\,z^7} = 12x^3\,z^{-1} = \dfrac{12x^3}{z}$;

c) $\dfrac{5x^4\,y^3\,z + 6x^3\,y^3\,z^2 - 11x^4\,y^2\,z^2}{x^3\,y^2\,z} = \dfrac{x^3\,y^2\,z\,(5xy + 6yz - 11xz)}{x^3\,y^2\,z}$

$= 5xy + 6yz - 11xz.$

Beispiel 4 (Ausquadrieren):

a) $(x^2 + 2y^3)^2 = x^4 + 4x^2\,y^3 + 4y^6$;

b) $(2a^2 - 3b^2)^2 = 4a^4 - 12a^2b^2 + 9b^4$;

c) $(3u^3 - 5v^4) \cdot (3u^3 + 5v^4) = (3u^3)^2 - (5v^4)^2 = 9u^6 - 25v^8.$

10.3 n-te Wurzeln   (Potenzen mit dem Exponenten $\dfrac{1}{n}$)

> Falls $b^n = a$ gilt, ist $b = \sqrt[n]{a}$ die **n-te Wurzel** aus a. Dabei heißt a der **Radikand** und n der **Wurzelexponent** (Wurzelhochzahl).
>
> Die n-te Wurzel aus a ist also die Zahl, deren n-te Potenz gleich a ist.

Das **Radizieren** oder **Wurzelziehen** ist die Umkehrung der Potenzrechnung.

Spezialfälle

n = 1: für n = 1 ist $\sqrt[1]{a} = a$.

n = 2: die zweite Wurzel $\sqrt[2]{a} = \sqrt{a}$ ist die **Quadratwurzel**. Hier wird die 2 i.a. weggelassen.

n = 3: die dritte Wurzel $\sqrt[3]{a}$ nennt man auch **Kubikwurzel**.

Beispiel 5 (Kubikwurzeln):

$\sqrt[3]{-1} = -\sqrt[3]{1} = -1$ wegen $(-1)^3 = -1$;

$\sqrt[3]{8} = 2$ wegen $2^3 = 8$; $\sqrt[3]{-8} = -2$ wegen $(-2)^3 = -8$;

$\sqrt[3]{-27} = -3$; $\sqrt[3]{-64} = -4$; $\sqrt[3]{-\dfrac{125}{8}} = -\dfrac{5}{2}$.

Potenzen mit geradem Exponenten sind immer nichtnegative Zahlen. Aus diesem Grund kann bei gerader Ordnung n die n-te Wurzel $\sqrt[n]{a}$ nur aus nichtnegativen Zahlen $a \geq 0$ gezogen werden.

Bei ungeraden Exponenten besitzen b und b^n das gleiche Vorzeichen. Daher kann für ungerades n die n-te Wurzel auch aus negativen Zahlen gezogen werden, wobei das Ergebnis wieder eine negative Zahl ist, z.B. $\sqrt[3]{-1} = -1$.

Die Gleichung

$$x^3 = -8$$

besitzt die Lösung $x = -\sqrt[3]{8}$. Aus diesem Grunde kann man sich auch bei ungerader Ordnung n auf die n-te Wurzel aus nichtnegativen Zahlen beschränken.

Bei gerader Ordnung 2n gilt

$$x^{2n} = (-x)^{2n} = a.$$

Für beliebiges $a > 0$ hat diese Gleichung zwei Lösungen. Falls man unter $\sqrt[2n]{a}$ **die positive Lösung** versteht, ist auch $-\sqrt[2n]{a}$ Lösung der Gleichung $x^{2n} = a$.

Bei ungerader Ordnung 2n + 1 hat die Gleichung

$$x^{2n+1} = a$$

für $a > 0$ die einzige Lösung $\sqrt[2n+1]{a} > 0$.

Dann hat

$$x^{2n+1} = -a$$

die Lösung $x = -\sqrt[2n+1]{a} < 0$.

Um eine Eindeutigkeit für alle Exponenten n zu erreichen, benutzt man wie bei der Quadratwurzel folgende eingeschränkte Wurzeldefinition:

Für $a \geq 0$ ist die n-te Wurzel aus a, also $\sqrt[n]{a}$ diejenige nichtnegative Zahl b, deren n-te Potenz gleich a ist, d.h. $b = \sqrt[n]{a} \geq 0 \Longleftrightarrow b^n = a$.

Bemerkung: Mit diesem Wurzelbegriff besitzt für $a \geq 0$ die Gleichung

$$x^n = a$$

die einzige Lösung $x = \sqrt[n]{a}$, falls n ungerade ist und für gerades n die beiden Lösungen $\pm \sqrt[n]{a}$. Für gerades n hat im Falle $a > 0$ die Gleichung

$$x^n = -a < 0$$

keine Lösung. Für ungerades n lautet die Lösung $x = -\sqrt[n]{a}$.

Wie bei der Quadratwurzel gelten für nichtnegative Wurzeln die

Eigenschaften

$$\sqrt[n]{a \cdot b} = \sqrt[n]{a} \cdot \sqrt[n]{b};$$

$$\sqrt[n]{\frac{a}{b}} = \frac{\sqrt[n]{a}}{\sqrt[n]{b}} \quad (b \neq 0);$$

$$(\sqrt[n]{a})^n = \sqrt[n]{a^n} = a \quad \text{für } a, b \geq 0.$$

Mit der

Definition

$$a^{\frac{1}{n}} = \sqrt[n]{a} \text{ für } a \geq 0; \quad a^{-\frac{1}{n}} = \frac{1}{a^{\frac{1}{n}}} = \frac{1}{\sqrt[n]{a}} \text{ für } a > 0$$

kann die n-te Wurzel als Potenz mit dem Exponenten $\frac{1}{n}$ dargestellt werden.

Beispiel 6:

$$9^{\frac{1}{2}} = \sqrt[2]{9} = \sqrt{9} = 3; \quad 64^{\frac{1}{3}} = \sqrt[3]{64} = 4;$$

$$125^{-\frac{1}{3}} = \frac{1}{125^{\frac{1}{3}}} = \frac{1}{\sqrt[3]{125}} = \frac{1}{5};$$

$$1\,000\,000^{\frac{1}{3}} = \sqrt[3]{10^6} = \sqrt[3]{10^3 \cdot 10^3} = \sqrt[3]{10^3} \cdot \sqrt[3]{10^3} = 10 \cdot 10 = 100.$$

10.4 Potenzen mit rationalen Exponenten

Für beliebige natürliche Zahlen m und n setzt man

$$a^{\frac{m}{n}} = \sqrt[n]{a^m} = (a^m)^{\frac{1}{n}}$$

$$= (\sqrt[n]{a})^m = (a^{\frac{1}{n}})^m \quad \text{für } a \geq 0;$$

$$a^{-\frac{m}{n}} = \frac{1}{a^{\frac{m}{n}}} = \frac{1}{\sqrt[n]{a^m}} = \frac{1}{(\sqrt[n]{a})^m} \quad \text{für } a > 0; \ m, n \in \mathbb{N}.$$

Aus $x = a^{\frac{m}{n}}$ folgt $x^n = a^m$.

Dann sind auch die k-ten Potenzen gleich, d.h.

$$(x^n)^k = (a^m)^k, \quad \text{also}$$
$$x^{kn} = a^{km}.$$

Hieraus folgt

$$x = a^{\frac{km}{kn}}.$$

Damit wurde folgende Eigenschaft nachgewiesen:

> Der Wert einer Potenz mit gebrochener (rationaler) Hochzahl bleibt unverändert, wenn die **Hochzahl erweitert** oder **gekürzt** wird: $a^{\frac{km}{kn}} = a^{\frac{m}{n}}$.

Beispiel 7:

a) $\sqrt[4]{3^2} = 3^{\frac{2}{4}} = 3^{\frac{1}{2}} = \sqrt{3}$;

b) $\sqrt[8]{5^{16}} = 5^{\frac{16}{8}} = 5^2 = 25$;

c) $\sqrt[10]{4^5} = 4^{\frac{5}{10}} = 4^{\frac{1}{2}} = \sqrt{4} = 2$;

c) $64^{\frac{10}{20}} = 64^{\frac{1}{2}} = \sqrt{64} = 8$;

d) $125^{\frac{5}{15}} = 125^{\frac{1}{3}} = \sqrt[3]{125} = 5$.

> **Für Potenzen mit rationalen Exponenten gelten dieselben Rechenregeln wie für Potenzen mit ganzen Hochzahlen:**
>
> $$(a \cdot b)^u = a^u \cdot b^u; \quad a^{-u} = \frac{1}{a^u};$$
>
> $$a^u \cdot a^v = a^{u+v}; \quad \frac{a^u}{a^v} = a^{u-v};$$
>
> $$(a^u)^v = (a^v)^u = a^{u \cdot v}; \quad a > 0, \quad u, v, \in \mathbb{Q}.$$

Beispiel 8:

a) $\sqrt[5]{x^{15}} = x^{\frac{15}{5}} = x^3$;

b) $\sqrt[3]{x^{13}} = x^{\frac{13}{3}} = x^{\frac{12}{3}} \cdot x^{\frac{1}{3}} = x^4 \cdot \sqrt[3]{x}$;

c) $\sqrt[4]{x^8 \cdot z^{20}} = (x^8 \cdot z^{20})^{\frac{1}{4}} = x^2 \cdot z^5$;

d) $\sqrt{a} \cdot \sqrt[3]{a} \cdot \sqrt[4]{a} = a^{\frac{1}{2}} \cdot a^{\frac{1}{3}} \cdot a^{\frac{1}{4}} = a^{\frac{1}{2}+\frac{1}{3}+\frac{1}{4}} = a^{\frac{13}{12}} = a \cdot a^{\frac{1}{12}} = a \cdot \sqrt[12]{a};$

e) $(a+b)^{\frac{2}{3}} \cdot \sqrt[3]{(a+b)^4} = (a+b)^{\frac{2}{3}} \cdot (a+b)^{\frac{4}{3}} = (a+b)^{\frac{6}{3}} = (a+b)^2;$

f) $\dfrac{x^2}{\sqrt[3]{x^2} \cdot \sqrt[4]{x^3}} = x^2 \cdot x^{-\frac{2}{3}} \cdot x^{-\frac{3}{4}} = x^{2-\frac{2}{3}-\frac{3}{4}} = x^{\frac{7}{12}} = \sqrt[12]{x^7};$

g) $\dfrac{\sqrt{x^3} \cdot \sqrt[3]{x^2}}{\sqrt[4]{x} \cdot \sqrt[5]{x^2}} = x^{\frac{3}{2}} \cdot x^{\frac{2}{3}} \cdot x^{-\frac{1}{4}} \cdot x^{-\frac{2}{5}} = x^{\frac{3}{2}+\frac{2}{3}-\frac{1}{4}-\frac{2}{5}} = x^{\frac{91}{60}} = x \cdot x^{\frac{31}{60}} = x \cdot \sqrt[60]{x^{31}}.$

Beispiel 9 (Beseitigung der Wurzel im Nenner):

a) $\dfrac{1}{\sqrt[3]{x}} = \dfrac{1}{x^{1/3}} \cdot \dfrac{x^{2/3}}{x^{2/3}} = \dfrac{\sqrt[3]{x^2}}{x};$

b) $\dfrac{1}{a^{\frac{4}{7}}} = \dfrac{1}{a^{\frac{4}{7}}} \cdot \dfrac{a^{\frac{3}{7}}}{a^{\frac{3}{7}}} = \dfrac{\sqrt[7]{a^3}}{a};$

c) $\dfrac{x}{\sqrt[5]{x^4}} = \dfrac{x}{x^{\frac{4}{5}}} \cdot \dfrac{x^{\frac{1}{5}}}{x^{\frac{1}{5}}} = \dfrac{x}{x} \cdot x^{\frac{1}{5}} = \sqrt[5]{x}.$

Beispiel 10 (Radizieren von Wurzeln):

a) $\sqrt{\sqrt[3]{x}} = (x^{\frac{1}{3}})^{\frac{1}{2}} = x^{\frac{1}{6}} = \sqrt[6]{x};$

b) $\sqrt[4]{\sqrt[5]{x^2}} = (x^{\frac{2}{5}})^{\frac{1}{4}} = x^{\frac{2}{5} \cdot \frac{1}{4}} = x^{\frac{1}{10}} = \sqrt[10]{x};$

c) $\sqrt[7]{\sqrt{x^{11}}} \cdot \sqrt[7]{\sqrt{x^3}} = (x^{\frac{11}{2}})^{\frac{1}{7}} \cdot (x^{\frac{3}{7}})^{\frac{1}{2}} = x^{\frac{11}{14}} \cdot x^{\frac{3}{14}} = x^{\frac{14}{14}} = x;$

d) $\sqrt{x^3 \cdot \sqrt{x^3} \cdot \sqrt{\sqrt{x^3}}} = (x^3 \cdot x^{\frac{3}{2}} \cdot (x^{\frac{3}{2}})^{\frac{1}{2}})^{1/2} = (x^{3+\frac{3}{2}+\frac{3}{4}})^{1/2}$

$$= x^{\frac{21}{4} \cdot \frac{1}{2}} = x^{\frac{21}{8}} = x^2 \cdot x^{\frac{5}{8}} = x^2 \cdot \sqrt[8]{x^5}.$$

10.5 Lösungen von Potenzgleichungen

Eine Gleichung der Form $x^a = b$, $a \neq 0$, heißt **Potenzgleichung**.
Für $b > 0$ hat die Potenzgleichung mindestens eine Lösung.

Die positive Lösung der Potenzgleichung $x^a = b$, $a \neq 0$, $b > 0$ lautet $x = b^{\frac{1}{a}}$.

Bemerkung: Falls ein Taschenrechner eine Funktionstaste für beliebige Potenzen besitzt, lassen sich die Lösungen $x = b^{\frac{1}{a}}$ sehr einfach berechnen.

Bei ganzzahligen **geraden** Exponenten n besitzt die Potenzgleichung $x^n = b$, $b > 0$ die beiden Lösungen

$$x_{1,2} = \pm \sqrt[n]{b}.$$

Bei **ungeradem** n hat die Gleichung $x^n = b$, $b > 0$ die einzige Lösung $x = \sqrt[n]{b}$, während für $b < 0$ $x = -\sqrt[n]{-b}$ ($b < 0$) die einzige Lösung ist.

Beispiel 11 (Lösungen von Potenzgleichungen):

a) $x^4 = 81$; $x_{1,2} = \pm \, 81^{\frac{1}{4}} = \pm \sqrt[4]{81} = \pm 3$;

b) $x^3 = 125$; $x = \sqrt[3]{125} = 5$;

c) $x^5 = -32$; $x = -\sqrt[5]{32} = -2$;

d) $x^{10} = 3$; $x_{1,2} = \pm \, 3^{\frac{1}{10}} = \pm 1{,}116123$;

e) $x^{0,4} = 5$; $x = 5^{\frac{1}{0,4}} = 55{,}901699$;

f) $x^{3,6} = 35$; $x = 35^{\frac{1}{3,6}} = 2{,}684774$;

g) $x^{-3} = 2$; $x = \dfrac{1}{\sqrt[3]{2}} = \dfrac{1}{2^{\frac{1}{3}}} = 0{,}793701$;

h) $x^{-0,61} = 0{,}85$; $x = \dfrac{1}{0{,}85^{\frac{1}{0,61}}} = 1{,}305289$.

10.6 Aufgaben

A10.1 Vereinfachen Sie

a) $(-x^2)^3$;

b) $(x^2)^{-3}$;

c) $(-2)^{11} \cdot (-\frac{1}{2})^{12}$;

d) $4^x \cdot (3^{1/2})^x$;

e) $\dfrac{2^4 \cdot x^5 \cdot y^7 \cdot z^8}{4 \cdot x^2 \cdot y^5 \cdot z^{10}} \; : \; \dfrac{2x^2 \cdot y^5 \cdot z^8}{5x^4 \cdot y^3 \cdot z^5}$;

f) $\dfrac{(x^{-2} \cdot z^2 \cdot w^3)^{-2}}{(x^{-1} \cdot z^{-2} \cdot w^{-3})^3}$;

g) $(\dfrac{7}{4} x^{2m+3} - \dfrac{3}{2} x^{2m-3} + \dfrac{4}{5} x^{m+4}) : \dfrac{3}{4} x^{2m+1}$.

A10.2 Berechnen Sie

a) $\sqrt[3]{-343}$;

b) $\sqrt[5]{\dfrac{32}{243}}$;

c) $\sqrt[15]{20^{15}}$;

d) $\sqrt[10]{3^{20}}$;

e) $\sqrt[20]{2^{30}}$;

f) $\sqrt[7]{10\,000\,000}$;

g) $\sqrt[3]{0{,}125}$.

A10.3 Berechnen Sie

a) $\sqrt[3]{4} \cdot \sqrt[3]{2}$;

b) $(\dfrac{16}{625})^{-1/4}$;

c) $(\sqrt{2} \cdot \sqrt[3]{2^2})^6$;

d) $(\sqrt[3]{2^2} \cdot \sqrt[4]{2^{-3}})^{12}$;

e) $(\dfrac{4x^8}{25y^{16}})^{\frac{1}{2}}$.

A10.4 Vereinfachen Sie

a) $\sqrt[5]{\sqrt[4]{x}}$;

b) $\sqrt{a\sqrt{a \cdot \sqrt{a}}}$;

c) $\sqrt[4]{9} \cdot (\sqrt[4]{3})^2$;

d) $\sqrt{x \cdot \sqrt[8]{x^3} \cdot \sqrt[16]{x^5}}$.

A10.5 Bestimmen Sie alle Lösungen der Gleichungen

a) $x^3 - 8 = 0$;

b) $x^3 + 64 = 0$;

c) $x^5 + 2 = 0$;

d) $2x^3 + 5 = 0$;

e) $x^2 - 49 = 0$;

f) $x^2 + 5 = 0$;

g) $3x^4 - 1875 = 0$;

h) $3x^6 = 0$.

A10.6 Lösen Sie die Klammern auf

a) $(\sqrt[3]{a} - \sqrt[4]{b})^2$;

b) $(2\sqrt{a} - 3\sqrt[3]{b}) \cdot (2\sqrt{a} + 3 \cdot \sqrt[3]{b})$;

c) $(a^{\frac{1}{3}} + b^{\frac{1}{3}})^2$.

A10.7 Beseitigen Sie die Wurzeln im Nenner durch geeignete Erweiterungen.

a) $\dfrac{u - 2v}{\sqrt{2u} - \sqrt{4v}}$;

b) $\dfrac{\sqrt[3]{a^2x^2} - \sqrt{by}}{\sqrt[3]{ax} + \sqrt[4]{by}}$.

A10.8 Berechnen Sie alle reellen Lösungen der Gleichungen

a) $x^6 = 1$;

b) $x^3 = 64$;

c) $x^5 + \dfrac{243}{32} = 0$;

d) $x^{1,4} = 5$;

e) $x^{-2,3} = 10$.

Kapitel 11:
Logarithmen

11.1 Allgemeine Logarithmen

Beispiel 1: Gesucht sind die Lösungen der folgenden Gleichungen

a) $10^x = 100$; $\qquad$ $x = 2$ $\qquad$ wegen $\qquad$ $10^2 = 100$;

b) $2^x = 32$; $\qquad$ $x = 5$ $\qquad$ wegen $\qquad$ $2^5 = 32$;

c) $5^x = 1$; $\qquad$ $x = 0$ $\qquad$ wegen $\qquad$ $5^0 = 1$;

d) $7^x = 7$; $\qquad$ $x = 1$ $\qquad$ wegen $\qquad$ $7^1 = 7$;

e) $10^x = \dfrac{1}{1000}$; $\qquad$ $x = -3$ $\qquad$ wegen $\qquad$ $10^{-3} = \dfrac{1}{10^3}$;

f) $2^x = \dfrac{1}{128} = 2^{-7}$; $\qquad$ $x = -7$ $\qquad$ wegen $\qquad$ $2^{-7} = \dfrac{1}{128}$;

g) $1^x = 5$; $\qquad$ diese Gleichung hat wegen $1^x \equiv 1$ (identisch gleich Eins für alle x) keine Lösung;

h) $1^x = 1$; $\qquad$ diese Gleichung ist für jedes $x \in \mathbb{R}$ erfüllt.

Für jedes $a > 0$ mit $a \neq 1$ und jedes $b > 0$ hat die Gleichung

$$a^x = b$$

genau eine Lösung. Diese Lösung heißt **Logarithmus von b zur Basis a** und wird mit $x = \log_a b$ bezeichnet.

Es gilt also $x = \log_a b \Longleftrightarrow a^x = b$.

Beispiel 2:

a) $x = \log_{10} 100\,000$; $\qquad$ $10^x = 100\,000$; $\qquad$ $x = 5$; $\qquad$ $\log_{10} 100\,000 = 5$;

b) $x = \log_2 1024$; $\qquad$ $2^x = 1024$; $\qquad$ $x = 10$; $\qquad$ $\log_2 1024 = 10$;

c) $x = \log_4 64$; $\qquad$ $4^x = 64$; $\qquad$ $x = 3$; $\qquad$ $\log_4 64 = 3$;

d) $x = \log_9 81$; $\qquad$ $9^x = 81$; $\qquad$ $x = 2$; $\qquad$ $\log_9 81 = 2$;

e) $x = \log_5 \dfrac{1}{125}$; $\qquad$ $5^x = \dfrac{1}{125} = 5^{-3}$; $\qquad$ $x = -3$; $\qquad$ $\log_5 \dfrac{1}{125} = -3$.

11.2 Zehnerlogarithmen (dekadische Logarithmen)

Beim Rechnen im Zehnersystem wird als Basis die Zahl a = 10 benutzt.

Logarithmen zur Basis 10 heißen **dekadische Logarithmen** (**Briggsche-** oder **Zehner-**Logarithmen). Man bezeichnet sie mit lg b oder log b, also

$$x = \lg b = \log b \Longleftrightarrow 10^x = b.$$

Beispiel 3: Es gilt

$\lg 1 = 0;\ \lg 10 = 1;\ \lg 100 = 2;\ \lg 10^n = n$ und $\lg 10^{-n} = -n$ für jedes $n \in \mathbb{N}$.

11.3 Natürliche Logarithmen

Bei vielen Naturprozessen mit stetigem Wachstum spielt die **Eulersche Zahl**

$$e = 2{,}718281828\ldots$$

eine zentrale Rolle. Diese Zahl ist irrational. Für große n gilt die Näherung

$$(1 + \frac{1}{n})^n \approx e,$$

im Grenzwert $n \to \infty$ gilt das Gleichheitszeichen.

Logarithmen zur Basis e heißen **natürliche Logarithmen**. Man bezeichnet sie mit ln b (logarithmus naturalis). Es gilt also

$$x = \ln b = \log_e b \Longleftrightarrow e^x = b.$$

11.4 Rechenregeln für beliebige Logarithmen

Wegen $a^0 = 1$ und $a^1 = a$ gilt für jede beliebige Basis a

$$\boxed{\log_a 1 = 0;\quad \log_a a = 1.}$$

Aus $x = \log_a b \Longleftrightarrow a^x = b$ folgt für jede beliebige Basis a sowie für den dekadischen und natürlichen Logarithmus

$$\boxed{a^{\log_a b} = b;\quad 10^{\lg b} = b;\quad e^{\ln b} = b.}$$

Aus $u = a^{\log_a u}$, $v = a^{\log_a v}$ folgt durch Multiplikation mit Hilfe der Potenzgesetze

$$u \cdot v = a^{\log_a u} \cdot a^{\log_a v} = a^{(\log_a u + \log_a v)}.$$

Dieser Wert stimmt überein mit

$$(u \cdot v) = a^{\log_a(u \cdot v)}.$$

Damit gilt

$$\log_a(u \cdot v) = \log_a u + \log_a v.$$

Der Logarithmus eines Produkts ist gleich der Summe der Logarithmen seiner Faktoren

---

Aus

$$\left(\frac{u}{v}\right) = a^{\log_a\left(\frac{u}{v}\right)}$$

$$\frac{u}{v} = \frac{a^{\log_a u}}{a^{\log_a v}} = a^{(\log_a u - \log_a v)}$$

erhält man

$$\log_a\left(\frac{u}{v}\right) = \log_a u - \log_a v;$$

$$\log_a\left(\frac{1}{v}\right) = \log_a 1 - \log_a v = -\log_a v.$$

Der Logarithmus eines Quotienten ist gleich der Differenz der Logarithmen des Zählers und Nenners.

Aus

$$u^v = a^{\log_a(u^v)}$$

$$u^v = (a^{\log_a u})^v = a^{v \cdot \log_a u}$$

ergibt sich

$$\log_a(u^v) = v \cdot \log_a u.$$

Der Logarithmus einer Potenz ist gleich dem Produkt des Exponenten mit dem Logarithmus der Grundzahl.

Für $v = n$ bzw. $v = \dfrac{1}{n}$ geht diese Gleichung über in

---

$$\log_a(u^n) = n \cdot \log_a u;$$

$$\log_a\left(\sqrt[n]{u}\right) = \frac{\log_a u}{n}.$$

Beispiel 4:

a) $\lg 10^{20} = 20 \cdot \lg 10 = 20$;

b) $\lg \sqrt[5]{10^4} = \lg 10^{\frac{4}{5}} = \dfrac{4}{5}$;

c) $\ln \sqrt{e} = \ln (e^{\frac{1}{2}}) = \dfrac{1}{2} \cdot \ln e = \dfrac{1}{2}$;

d) $\log_2 \dfrac{1}{64} = -\log_2 64 = -\log_2 2^6 = -6$;

e) $\lg 0,00001 = \lg 10^{-5} = -5$.

Beispiel 5 (Umformungen):

a) $\lg \left(\dfrac{x \cdot y}{z}\right) = \lg x + \lg y - \lg z$;

b) $\lg \left(\dfrac{x^2 \cdot \sqrt{y}}{10\, z^5}\right) = \lg x^2 + \lg (y^{\frac{1}{2}}) - \lg 10 - \lg (z^5)$

$$= 2\lg x + \dfrac{1}{2}\lg y - 1 - 5\lg z;$$

c) $\lg \left(\dfrac{x\,(x^2 + y^2)}{y^z}\right) = \lg x + \lg (x^2 + y^2) - z \cdot \lg y$.

Beispiel 6 (Zusammenfassen):

a) $\lg 2x + \dfrac{1}{2}\lg y - 2\lg z = \lg 2x + \lg \sqrt{y} - \lg z^2 = \lg \dfrac{2x \sqrt{y}}{z^2}$;

b) $3 \lg (u + v) - \dfrac{1}{2}\lg (u^2 + v^2) = \lg \dfrac{(u + v)^3}{\sqrt{u^2 + v^2}}$;

c) $-\lg u - 2 \lg v - \dfrac{1}{2}\lg w = \lg \dfrac{1}{u \cdot v^2 \cdot \sqrt{w}}$.

Beispiel 7: Gesucht ist die Lösung x der Gleichung

$$\dfrac{1}{2} \log_a x = 3 \cdot \log_a 5 - \dfrac{1}{3}\log_a 7.$$

Multiplikation mit 2 ergibt

$$\log_a x = 6 \cdot \log_a 5 - \dfrac{2}{3} \log_a 7 = \log_a \dfrac{5^6}{7^{\frac{2}{3}}} = \dfrac{5^6}{\sqrt[3]{49}}.$$

Hieraus erhält man die Lösung

$$x = a^{\left(\frac{5^6}{\sqrt[3]{49}}\right)}$$

Achtung:

Im allgemeinen ist der Logarithmus einer Summe nicht gleich der Summe der Logarithmen der Summanden, also

$$\log_a (u + v) \neq \log_a u + \log_a v \quad \text{i.\,A.}$$

Vor dem Zeitalter der elektronischen Rechner war das logarithmische Rechnen ein unentbehrliches Hilfsmittel der Mathematik. Weil durch das Logarithmieren ein Produkt (Quotient) in eine Summe (Differenz) und eine Potenz in ein Produkt übergeht, lassen sich mit Hilfe der Logarithmen die Operationen der Multiplikation, Division und des Potenzierens relativ einfach durchführen. Der **Rechenschieber** ist z.B. auf diesem System aufgebaut. Der Taschenrechner macht jedoch heutzutage das Hilfsmittel des logarithmischen Rechnens für den Anwender überflüssig. Trotzdem spielen die Logarithmen in der Mathematik auch heute noch eine wichtige Rolle. Sie sind als Umkehrung der Exponentialfunktion $y = a^x$ zur Beschreibung vieler Naturprozesse, z.B. solchen mit stetigem Wachstum, geeignet.

11.5 Lösungen von Exponentialgleichungen

Eine Gleichung $a^x = b$ mit $a, b > 0$ heißt **Exponentialgleichung**.

Durch Logarithmieren geht sie über in

$$x \cdot \lg a = \lg b.$$

Für $\lg a \neq 0 \Longleftrightarrow a \neq 1$ erhält man die

---

Lösung der Exponentialgleichung $a^x = b$, $a, b > 0$, $a \neq 1$

$$x = \frac{\lg b}{\lg a}.$$

11.6 Logarithmen zu verschiedenen Basen

Bei den meisten Taschenrechnern kann der Zehnerlogarithmus und der natürliche Logarithmus über Funktionstasten berechnet werden. Prinzipiell würde der Logarithmus zu einer einzigen Basis genügen, denn die Logarithmen zu einer anderen Basis können daraus durch Multiplikation mit einer Konstanten berechnet werden.

Gegeben sei der Logarithmus zur Basis a, also $\log_a x$.

Gesucht ist der Logarithmus zur Basis c, d.h. $\log_c x$.

Allgemein gilt

$$x = c^{\log_c x} = a^{\log_a x};$$

$x = c$ ergibt

$$c = a^{\log_a c}.$$

Setzt man diese Gleichung in die vorangehende ein, so erhält man

$$c^{\log_c x} = (a^{\log_a c})^{\log_c x} = a^{\log_a x}$$
$$a^{\log_a c \cdot \log_c x} = a^{\log_a x}.$$

Hieraus folgt

$$\log_a c \cdot \log_c x = \log_a x \quad \text{für alle } x$$

und

$$\log_c x = \frac{\log_a x}{\log_a c} \text{ für alle } x.$$

Die Logarithmen zur Basis c erhält man, indem man die Logarithmen zur Basis a durch die Konstante $\log_a c$ dividiert.

Beispiel 8:

a) $\ln x = \dfrac{\lg x}{\lg e} = \dfrac{\lg x}{0,4342944819};$

b) $\lg x = \dfrac{\ln x}{\ln 10} = \dfrac{\ln x}{2,302585093}$

c) $\log_2 x = \dfrac{\lg x}{\lg 2} = \dfrac{\lg x}{0,3010299957};$

d) $\log_5 x = \dfrac{\lg x}{\lg 5} = \dfrac{\lg x}{0,6989700043}.$

Durch

$$a^x = b^{\log_b(a^x)} = b^{x \cdot \log_b a}$$

lassen sich Potenzen zur Basis a in solche mit der Basis b umwandeln.

11.7 Aufgaben

A11.1 Berechnen Sie folgende Logarithmen

a) $\log_5 25$;

b) $\lg 0{,}001$;

c) $\lg \sqrt{10}$;

d) $\ln (e \cdot \sqrt[3]{e})$;

e) $\lg \dfrac{1}{\sqrt[5]{10000}}$;

f) $\lg 10^{\sqrt{2}}$

g) $\log_{17} 1$;

h) $\log_2 4096$;

i) $\log_{\frac{1}{2}} 0{,}5$;

j) $\log_2 (\sqrt[3]{2} \cdot \sqrt[5]{2^3})$.

A11.2 Schreiben Sie als Summen und Produkte

a) $\lg \dfrac{\sqrt{a} \cdot b^2}{\sqrt[4]{c}}$;

b) $\lg \left(\dfrac{\sqrt{x} \cdot \sqrt[5]{y}}{\sqrt[3]{10}} \right)^{10}$;

c) $\lg \left(\dfrac{\sqrt[3]{a} + \sqrt[4]{b}}{\sqrt[10]{c}} \right)^{10}$;

d) $\lg \dfrac{\sqrt[5]{x^2} \cdot (\sqrt[6]{y})^2}{\sqrt{u \cdot \sqrt{v}}}$.

A11.3 Fassen Sie zu einem einzigen Logarithmus zusammen

a) $2 \lg u + 3 \lg v$;

b) $\lg x^2 + \dfrac{1}{3} \lg y - \dfrac{2}{5} \lg z$;

c) $\lg (u + v) + \lg (u + v)^2 - \dfrac{1}{2} \lg u - \dfrac{1}{3} \lg v$;

d) $\dfrac{1}{3} \lg x + \dfrac{2}{3}$.

A11.4 Berechnen Sie x aus

a) $\lg x = 2$;

b) $\lg x = 0{,}5$;

c) $\log_2 x = \dfrac{3}{2}$;

d) $\lg x = \lg 5 - \lg 6$;

e) $\lg x = \dfrac{1}{2} \lg 49 - \dfrac{1}{3} \lg 125$;

f) $\lg x - \lg \sqrt{x} = 2 \cdot \lg 2$.

A11.5 Bestimmen Sie in den nachfolgenden Gleichungen die Unbekannte y. Die restlichen Größen seien gegeben

a) $5^x = 10^y$;   b) $x^9 = e^y$;   c) $\sqrt[7]{x} = 10^y$;

d) $\dfrac{1}{x^2} = e^y$.

A11.6 Lösen Sie mit Hilfe eines Taschenrechners

a) $5^x = 10$;   b) $4^x = 138$;

c) $2^x = \dfrac{1}{17}$;   d) $12^{-x} = 7$.

Kapitel 12:
Lineare Gleichungen mit einer Variablen

Beispiel 1:

Gesucht sind die Lösungen der folgenden Gleichungen

a) $4x + 7 = 19$

Umformungen

$$
\begin{array}{llll}
4x + 7 & = 19 & |-7 & \text{(Subtraktion auf beiden Seiten)} \\
4x & = 12 & |:4 & \text{(Division auf beiden Seiten)} \\
\hline
x & = 3 &
\end{array}
$$

Probe: $4 \cdot 3 + 7 = 19;$

$$
\begin{array}{lll}
\text{b)} \quad 4(x-2) & = 2x + 2 & \text{(Ausmultiplizieren)} \\
4x - 8 & = 2x + 2 & |+8 \\
4x & = 2x + 10 & |-2x \\
2x & = 10 & |:2 \\
\hline
x & = 5.
\end{array}
$$

Eine Bestimmungsgleichung, in der die Unbekannte x nur mit Zahlen multipliziert und addiert wird, heißt **lineare Gleichung** mit einer Unbekannten.

In einer linearen Gleichung darf die Unbekannte nur in der ersten Potenz vorkommen und nicht mit sich selbst multipliziert werden.

Die **Lösungsmenge** einer Bestimmungsgleichung bleibt **unverändert,** falls folgende Rechenoperationen durchgeführt werden (**äquivalente Umformungen**):

1) Addition (Subtraktion) der gleichen Zahl auf beiden Seiten.
2) Division beider Seiten durch eine Zahl $c \neq 0$.
3) Multiplikation beider Seiten mit einer Zahl $c \neq 0$.

Falls mit Hilfe dieser zulässigen Umformungen die Gleichung in die Form

$$x = b$$

übergeführt werden kann, ist b (= rechte Seite) die Lösung der Ausgangsgleichung.

Beispiel 2:

$$\frac{1}{2}x + \frac{5}{12}x - \frac{1}{5} = \frac{5}{16}x + \frac{x}{4} + \frac{12}{25} \qquad \left| -\frac{5}{16}x - \frac{x}{4} + \frac{1}{5} \right. \quad (\text{Hauptnenner} = 48)$$

$$\frac{24}{48}x + \frac{20}{48}x - \frac{15}{48}x - \frac{12}{48}x = \frac{12}{25} + \frac{1}{5}$$

$$\frac{17}{48}x = \frac{17}{25} \qquad \left| \cdot \frac{48}{17} \right.$$

$$x = \frac{48}{25} = 1{,}92.$$

Beispiel 3:

$5 \cdot (4x - 5)$	$= 2 \cdot (10x - 1)$	(Auflösung der Klammern)
$20x - 25$	$= 20x - 2$	$\mid +25$
$20x$	$= 20x + 23$	

Diese Gleichung kann für kein x erfüllt sein. Durch Subtraktion von 20x geht diese Gleichung über in $0 = 23$.

Aus diesem Widerspruch erkennt man ebenfalls, daß die Ausgangsgleichung keine Lösung hat. Denn hätte sie eine Lösung, so würde daraus $0 = 23$ folgen.

Beispiel 4:

	$3 \cdot (2x - 4)$	$= 2(x - 2) + 4x - 8$	(Auflösung der Klammern)
	$6x - 12$	$= 2x - 4 + 4x - 8$	
	$6x - 12$	$= 6x - 12$	$\mid +12$
(1)	$6x$	$= 6x$	$\mid -6x$
(2)	0	$= 0$	

Die äquivalenten Gleichungen (1) und (2) sind für beliebige x erfüllt. Jedes beliebige $x \in \mathbb{R}$ ist somit Lösung der Ausgangsgleichung, sie besitzt also unendlich viele Lösungen.

Für eine umgeformte Gleichung der Art

$$a \cdot x = b$$

gibt es folgende drei **Lösungsmöglichkeiten**:

1. Fall: $a \neq 0 \Rightarrow x = \frac{b}{a}$ ist die einzige Lösung.

2. Fall: $a = 0; b \neq 0 \quad (0 \cdot x = b \neq 0) \Rightarrow$ es gibt keine Lösung.

3. Fall: $a = 0; b = 0 \quad (0 \cdot x = 0) \Rightarrow$ jedes beliebige $x \in \mathbb{R}$ ist Lösung
(∞ viele Lösungen).

Lineare Gleichungen können auch beim Umformen anderer Gleichungen auftreten. Dazu einige Beispiele:

Beispiel 5:

a) $\dfrac{2x-3}{5-x} = 3; \qquad 5 \neq x$

Umformungen

$$\dfrac{2x-3}{5-x} = 3 \qquad\qquad\qquad\qquad |\cdot(5-x)$$

$$\begin{aligned} 2x-3 &= 3\,(5-x) = 15-3x \quad |+3 \\ 2x &= 18-3x \qquad\qquad\quad |+3\,x \\ 5x &= 18 \qquad\qquad\qquad\quad\; |:5 \\ x &= \dfrac{18}{5}. \end{aligned}$$

Probe: $\quad \dfrac{2\cdot\dfrac{18}{5}-3}{5-\dfrac{18}{5}} = \dfrac{\dfrac{36-15}{5}}{\dfrac{25-18}{5}} = \dfrac{21}{7} = 3.$

b) $\quad$
$$\begin{aligned} (3+x)\cdot(4-2x) &= 2\,(1+x)\cdot(1-x) \quad \text{(Auflösen der Klammern)} \\ 12-6x+4x-2x^2 &= 2\cdot(1-x^2) \\ 12-2x-2x^2 &= 2-2x^2 \qquad\qquad |+2x^2 \\ 12-2x &= 2 \qquad\qquad\qquad |-12 \\ -2x &= -10 \qquad\qquad\quad\; |:(-2) \\ x &= 5 \end{aligned}$$

Probe: $\quad (3+5)\,(4-10) = 2\cdot(1+5)\,(1-5) = -48.$

Beispiel 6:

a) $\dfrac{x-1}{x-2} = \dfrac{x+5}{x+2} \quad |\cdot(x-2)\,(x+2) \quad (=\text{Hauptnenner})$

$$\begin{aligned} (x-1)\cdot(x+2) &= (x+5)\cdot(x-2) \\ x^2-x+2x-2 &= x^2-2x+5x-10 \qquad |-x^2 \\ x-2 &= 3x-10 \qquad\qquad\qquad |+2 \\ x &= 3x-8 \qquad\qquad\qquad\; |-x+8 \\ 2x &= 8 \qquad\qquad\qquad\qquad |:2 \\ x &= 4. \end{aligned}$$

b) $\dfrac{5}{x} - \dfrac{3}{2x} - \dfrac{5}{3x} + \dfrac{4}{3} = \dfrac{6-2x}{2x} \quad |\cdot 6x\,(=\text{Hauptnenner})$

$$\begin{aligned} 30-9-10+8x &= 3\cdot(6-2x) \\ 11+8x &= 18-6x \qquad\qquad |-11 \\ 8x &= 7-6x \qquad\qquad\quad |+6x \\ 14x &= 7 \qquad\qquad\qquad\;\; |:14 \\ x &= \dfrac{1}{2}. \end{aligned}$$

Beispiel 7:

$$\frac{2x}{x-1} - \frac{1}{x+1} = \frac{2x^2+4}{x^2-1}$$

Durch Multiplikation mit dem Hauptnenner $(x-1)(x+1) = x^2-1$ geht die Gleichung über in

$$\begin{aligned}
2x(x+1) - 1 \cdot (x-1) &= 2x^2+4 \\
2x^2 + 2x - x + 1 &= 2x^2+4 & |-2x^2 \\
x + 1 &= 4 & |-1 \\
x &= 3.
\end{aligned}$$

Probe: linke Seite: $\quad \dfrac{2 \cdot 3}{3-1} - \dfrac{1}{3+1} = \dfrac{6}{2} - \dfrac{1}{4} = \dfrac{11}{4}$;

rechte Seite: $\quad \dfrac{2 \cdot 3^2 + 4}{3^2 - 1} = \dfrac{22}{8} = \dfrac{11}{4}$.

Hinweis: In den Beispielen 5 bis 7 tritt bei den Umformungen jeweils x^2 auf. Diese Quadrate fielen jedoch bei der weiteren Rechnung weg, wodurch eine lineare Gleichung entstand. Der Grund für diese Tatsache liegt in der speziellen Wahl der auftretenden Zahlen. Bei beliebig gewählten Zahlen tritt diese Vereinfachung nicht auf. Es entstehen dann quadratische Gleichungen. Dazu das

Beispiel 8:

$$\frac{x-5}{2x+7} = \frac{ax+4}{x-3} \; ; a \in \mathbb{R} \quad | \cdot (2x+7) \cdot (x-3) \quad \text{(Hauptnenner)}$$

$$\begin{aligned}
(x-5)(x-3) &= (ax+4) \cdot (2x+7) \\
x^2 - 3x - 5x + 15 &= 2ax^2 + 7ax + 8x + 28 \\
x^2 - 8x + 15 &= 2ax^2 + 7ax + 8x + 28 & |-2ax^2 - 15 \\
x^2 - 2ax^2 - 8x &= 7ax + 8x + 13 & |-(7a+8)x \\
x^2 - 2ax^2 - 16x - 7ax &= 13 & \text{(Zusammenfassen)} \\
(1-2a)x^2 - (16+7a)x &= 13.
\end{aligned}$$

Diese Gleichung ist nur für $a = \dfrac{1}{2}$ linear, da nur in diesem Fall der Faktor von x^2 verschwindet. Für $a = 1/2$ lautet die Lösung

$$x = -\frac{13 \cdot 2}{39} = -\frac{2}{3} \; (\text{für } a = 1/2).$$

Für jedes $a \neq 1/2$ entsteht eine quadratische Gleichung. Solche Gleichungen werden in Abschnitt 14 gelöst.

Praktische Lösung von linearen Bestimmungsgleichungen

(oder solchen Gleichungen, die auf lineare Gleichungen zurückzuführen sind):

1. Schritt: Falls x im Nenner auftritt, wird die Gleichung mit dem Hauptnenner durchmultipliziert.

2. Schritt: Auflösung von Klammern.

3. Schritt: Zusammenfassen der Glieder mit und ohne x auf beiden Seiten der Gleichung.

4. Schritt: Umformung der Gleichung derart, daß auf einer Seite der Ausdruck
a · x und auf der anderen Seite die Zahl b entsteht:
a · x = b oder b = a · x.

5. Schritt: Falls a ≠ 0 ist, lautet die Lösung $x = \dfrac{b}{a}$

(Division beider Seiten durch a).

Falls die Gleichung
0 · x = b ≠ 0
entsteht, gibt es keine Lösung. Dies wird bereits erkennbar, falls z.B. die Gleichung
5x + 8 = 5x + 13
entsteht.

Für 0 · x = 0 ist jedes x ∈ ℝ Lösung. Das wird früher erkennbar, falls auf beiden Seiten die gleichen Terme entstehen, z.B.
7x + 19 = 7x + 19.

Aufgaben

A12.1 Berechnen Sie x aus

a) 5x + 14 = 21 − 2x;

b) 3 · (4 − 2x) = 5 · (x − 1) + 50;

c) $\dfrac{1}{3}\,x + \dfrac{1}{4}\,x - \dfrac{2}{5} = -\dfrac{5}{12}\,x + \dfrac{4}{15}$;

d) 1,5x + 3,1 = 0,3x + 3,3;

e) $3x - 0{,}75x - 3^{3/4} = \dfrac{x}{4} + 0{,}25$.

A12.2 Lösen Sie

a) $\dfrac{1}{x+5} = \dfrac{2}{x-2}$;

b) $\dfrac{2x-3}{4x+5} = \dfrac{1}{4}$;

c) $(x+2)(x-3) = (x+1)(x-5)$;

d) $\dfrac{x+5}{x-3} = \dfrac{x-4}{x+7}$;

e) $\dfrac{2x-3}{x+5} = \dfrac{2x+7}{x-6}$.

A12.3 Lösen Sie

a) $\dfrac{1}{x-3} + \dfrac{4}{x+3} = \dfrac{16}{x^2-9}$;

b) $\dfrac{3}{2x+5} - \dfrac{7}{4x+5} = 0$;

c) $\dfrac{1}{3x} + \dfrac{2}{7x} - \dfrac{3}{42} = \dfrac{5}{21x} - \dfrac{4}{6x} + \dfrac{3}{14}$;

d) $\dfrac{5}{x} + \dfrac{3}{10x} + \dfrac{4x-2}{15x} = \dfrac{x+1}{5x} + \dfrac{1}{4}$.

A12.4 Lösen Sie

a) $5(2x-4) + 2x + 8 = 6(2x-2) + 4$;

b) $2(4x+3) - 3(4-x) = x - 5(3-2x) + 9$.

Kapitel 13:
Geradengleichungen in der x-y-Ebene

13.1 Koordinatengleichung einer Geraden

Die sog. **lineare Funktion**

$$y = mx + b, \quad m \text{ und } b \text{ reelle Konstante}$$

stellt die **Gleichung einer Geraden** g in der x-y-Ebene dar. Alle Punkte P (x, y), deren Koordinaten x, y diese Gleichung erfüllen, liegen auf dieser Geraden.

Beispiel 1:

$y = 1{,}5\,x + 1$.

Für $x = 0$ stellt $y = 1$ den Achsenabschnitt auf der y-Achse dar.
$m = 1{,}5$ ist die Steigung der Geraden. Wenn x um eine Einheit vergrößert wird, wächst y um $m = 1{,}5$ Einheiten.

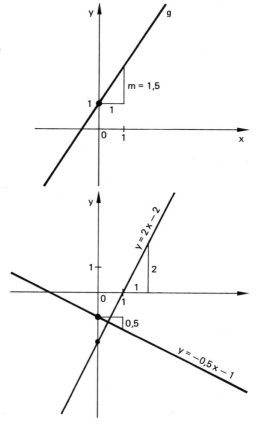

Beispiel 2:

a) $y = -0{,}5x - 1$
    Achsenabschnitt $b = -1$;
    Steigung: $m = -0{,}5$ (negativ).

b) $y = 2x - 2$
    Achsenabschnitt $b = -2$;
    Steigung: $m = 2$.

In der Geradengleichung $y = mx + b$ stellt b den **Achsenabschnitt** auf der y-Achse dar. m ist die **Steigung**. Wenn x um eine Einheit vergrößert wird, ändert sich y um m Einheiten. Bei positiver Steigung wächst y, bei negativer Steigung nimmt y entsprechend ab. Im Falle $m = 0$ stellt $y \equiv b$ eine zur x-Achse parallele Gerade dar.

Punkt-Steigungs-Formel

Die Gerade soll durch einen vorgegebenen Punkt $P(x_0, y_0)$ mit den Koordinaten x_0 und y_0 gehen und die Steigung m besitzen. Dann lautet die Gleichung der Geraden

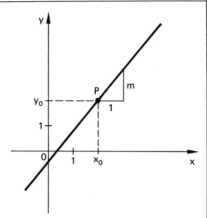

$$y - y_0 = m \cdot (x - x_0) \quad \text{oder}$$

$$y = mx + \underbrace{y_0 - mx_0}_{= b}.$$

Beispiel 3:

Gesucht sind die Gleichungen der Geraden

a) g_1 durch $P(3; 4)$ mit der Steigung $m = \dfrac{2}{3}$;

b) g_2 durch $P(-\dfrac{4}{3}, -2)$ mit der Steigung $m = -\dfrac{3}{4}$;

c) g_3 durch $P(5, -3)$ mit der Steigung $m = 0$.

Lösung:

a) $y - 4 = \dfrac{2}{3}(x - 3);\quad y = \dfrac{2}{3}x + 2;$

b) $y + 2 = -\dfrac{3}{4}(x + \dfrac{4}{3});\quad y = -\dfrac{3}{4}x - 3;$

c) $y + 3 = 0;\quad y \equiv -3$ (identisch gleich -3);   Parallele zur x-Achse.

Zwei-Punkte-Formel

Durch zwei verschiedene Punkte $P_1(x_1, y_1)$ und $P_2(x_2, y_2)$ mit den Koordinaten (x_1, y_1) bzw. (x_2, y_2) geht genau eine Gerade. Für $x_1 \neq x_2$ folgt aus dem Strahlensatz die Gleichung

$$\frac{y - y_1}{x - x_1} = \frac{y_2 - y_1}{x_2 - x_1} = m \text{ (Steigung)}$$

(Zwei-Punkte-Formel).

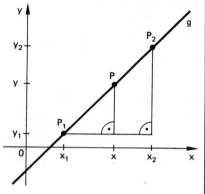

Beispiel 4:

Gesucht sind die Gleichungen der Geraden durch die Punkte

a) $P_1(1; 2)$; $P_2(4; 6)$;
b) $P_1(-2; 1)$; $P_2(3; -2)$;
c) $P_1(5; \frac{2}{3})$; $P_2(4; \frac{2}{3})$.

Lösung:

a) $\dfrac{y - 2}{x - 1} = \dfrac{6 - 2}{4 - 1} = \dfrac{4}{3}$; $y - 2 = \dfrac{4}{3}(x - 1)$; $y = \dfrac{4}{3}x + \dfrac{2}{3}$;

b) $\dfrac{y - 1}{x + 2} = \dfrac{-2 - 1}{3 + 2} = -\dfrac{3}{5}$; $y - 1 = -\dfrac{3}{5}(x + 2)$; $y = -\dfrac{3}{5}x - \dfrac{1}{5}$;

c) $\dfrac{y - \dfrac{2}{3}}{x - 5} = \dfrac{\dfrac{2}{3} - \dfrac{2}{3}}{-1} = 0$; $y \equiv \dfrac{2}{3}$ (Parallele zur x-Achse).

Den **Achsenabschnitt a auf der x-Achse** erhält man mit $y = 0$ aus

$$0 = ma + b = 0$$

$$a = -\frac{b}{m}.$$

Aus der Geradengleichung erhält man

$$y = mx + b \qquad |-mx$$
$$y - mx = b \qquad |:b$$
$$\frac{y}{b} - \frac{m}{b}x = 1$$

Wegen $-\dfrac{m}{b} = \dfrac{1}{a}$ geht diese Gleichung über in die

Achsenabschnittsformel

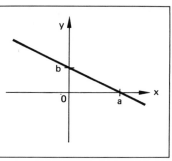

$$\frac{x}{a} + \frac{y}{b} = 1.$$

Dabei ist a der vorzeichenbehaftete Achsenabschnitt auf der x-Achse und b der Abschnitt auf der y-Achse. Diese Formel gilt nur für a, b $\neq$ 0, also für Geraden, die nicht durch den Koordinatenursprung gehen.

Beispiel 5:

Gesucht sind die Gleichungen der Geraden mit den Achsenabschnitten a (x-Achse) und b (y-Achse)

a) $a = 5; b = -2;$

b) $a = -\dfrac{1}{4}; b = \dfrac{1}{2};$

c) $a = -1; b = -1.$

Lösung:

a) $\dfrac{x}{5} - \dfrac{y}{2} = 1;$ $\qquad \dfrac{y}{2} = \dfrac{x}{5} - 1;$ $\quad y = \dfrac{2}{5}x - 2;$

b) $-4x + 2y = 1;$ $\qquad y = 2x + \dfrac{1}{2};$

c) $\dfrac{x}{-1} + \dfrac{y}{-1} = 1;$ $\qquad -x - y = 1;$ $\quad y = -x - 1.$

13.2 Schnitt zweier Geraden

Beispiel 6:

In der nachfolgenden Abbildung sind die drei Geraden eingezeichnet:

$$g_1: y = 2x - 3; \quad g_2: y = -0{,}5x + 3; \quad g_3: y = 2x + 1.$$

a) Gesucht sind die Koordinaten des Schnittpunktes P von g_1 und g_2

$$2x - 3 = -0{,}5x + 3$$

$$\frac{5}{2}x = 6; x = \frac{12}{5}; y = \frac{24}{5} - 3 = \frac{9}{5}; \qquad P\left(\frac{12}{5}; \frac{9}{5}\right).$$

b) Die Geraden g_1 und g_3 sind parallel, da sie die gleiche Steigung m = 2 besitzen. Sie sind voneinander verschieden und besitzen somit keinen Schnittpunkt. Die Gleichung

$$2x - 3 = 2x + 1$$

besitzt keine Lösung.

c) Die Koordinaten des Schnittpunktes Q von g_2 und g_3 erhält man aus

$$-0{,}5x + 3 = 2x + 1 \qquad |-1 + 0{,}5x$$

$$2 = \frac{5}{2}\,x; \quad x = \frac{4}{5}; \quad y = \frac{8}{5} + 1 = \frac{13}{5}; \quad Q\left(\frac{4}{5}\,;\frac{13}{5}\right).$$

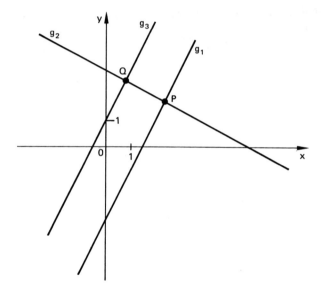

Zwei Geraden g_1: $y = m_1x + b_1$; g_2: $y = m_2x + b_2$ sind **parallel**, falls ihre Steigungen gleich sind ($m_1 = m_2$). Parallele Geraden, die voneinander verschieden sind, besitzen keinen Schnittpunkt.

Nichtparallele Geraden besitzen genau einen **Schnittpunkt**. Mit Hilfe der Gleichsetzungsmethode erhält man die x-Koordinate des Schnittpunktes als Lösung von

$$m_1x + b_1 = m_2x + b_2.$$

Durch Einsetzen dieses x-Wertes erhält man die y-Koordinate des Schnittpunktes.

13.3 Orthogonale Geraden

Die beiden Geraden $g_1: y = m_1x + b_1$ und $g_2: y = m_2x + b_2$ stehen **aufeinander senkrecht** (sind **orthogonal**), falls für ihre beiden Steigungen m_1 und m_2 gilt

$$m_1 \cdot m_2 = -1.$$

Beispiel 7:

a) Die beiden Geraden

$$g_1: y = 2x + 5; \; g_2: y = -\frac{1}{2}x - 8$$

sind wegen $m_1 \cdot m_2 = -1$ orthogonal.

b) Gesucht ist die Gleichung der Geraden g, die durch den Punkt P (2; 4) geht und auf der Geraden $g_1: y = 0,75x + 3$ senkrecht steht.

m: Steigung der Geraden. $\quad m \cdot 0,75 = -1 \Rightarrow m = -\frac{4}{3}.$

Punkt-Steigungsformel

$$y - 4 = -\frac{4}{3}(x - 2); \quad y = -\frac{4}{3}x + \frac{20}{3}.$$

13.4 Aufgaben

A13.1 Stellen Sie die Gleichungen der Geraden durch folgende Punkte auf

a) $P_1(1;2); \qquad P_2(-2,3);$

b) $P_1(0;-2); \qquad P_2(1;-6);$

c) $P_1(\frac{4}{5};\frac{3}{2}); \; P_2(\frac{4}{3};-2);$

d) $P_1(\frac{27}{19};\frac{2}{5}); \; P_2(\frac{15}{37};\frac{2}{5}).$

A13.2 Bestimmen Sie die Gleichungen der Geraden durch den Punkt P mit der Steigung m

a) $P(2;4); \qquad m = -1;$

b) $P(-\frac{2}{3};\frac{7}{11}); \; m = \frac{1}{3};$

c) $P(3\sqrt{2};\sqrt{2}); \; m = \sqrt{2}.$

A13.3 Bestimmen Sie die Gleichungen der Geraden mit folgenden Achsenabschnitten a (x-Achse) und b (y-Achse)

a) $a = 1;$ $b = 1;$

b) $a = -3;$ $b = \dfrac{1}{2};$

c) $a = \dfrac{2}{5};$ $b = -\dfrac{3}{4}.$

A13.4 Bestimmen Sie die Koordinaten des Schnittpunktes der Geraden

a) $g_1: y = -2x + 4;$ $g_2: y = 3x - 7;$

b) $g_1: y = -\dfrac{2}{3}x + \dfrac{4}{5};$ $g_2: y = \dfrac{2}{5}x + \dfrac{1}{3};$

c) $g_1: y = \dfrac{4}{9}x + 5;$ $g_2: y = \dfrac{8}{18}x + 10;$

d) $g_1: y = \dfrac{3}{7}x + \dfrac{2}{11};$ $g_2: y = \dfrac{9}{21}x + \dfrac{8}{44}.$

A13.5 Gegeben ist die Geradengleichung: $g_1: y = 0{,}625x + 3.$

a) Bestimmen Sie die Gleichung der Geraden g_2, die auf g_1 senkrecht steht und durch den Punkt $P(-3; -7)$ geht.

b) Bestimmen Sie den Schnittpunkt der beiden Geraden.

Kapitel 14:
Quadratische Gleichungen

14.1 Reinquadratische Gleichungen $ax^2 + c = 0$

Die reinquadratische Gleichung

$$ax^2 + c = 0, \quad a \neq 0$$

geht durch die äquivalenten Umformungen über in

$$ax^2 = -c$$

$$x^2 = -\frac{c}{a}.$$

Für $\frac{c}{a} > 0$ steht auf der rechten Seite eine negative Zahl. Da das Quadrat x^2 jeder reellen Zahl $x \in \mathbb{R}$ nichtnegativ ist, gibt es für $\frac{c}{a} > 0$ keine reelle Lösung.

Für $c = 0$ ist $x = 0$ die einzige Lösung, während im Falle $\frac{c}{a} < 0 \Longleftrightarrow -\frac{c}{a} > 0$ zwei Lösungen existieren, nämlich

$$x_1 = +\sqrt{-\frac{c}{a}} \quad \text{und} \quad x_2 = -\sqrt{-\frac{c}{a}} \qquad \text{für} \qquad -\frac{c}{a} > 0.$$

Die **reinquadratische Gleichung** $ax^2 + c = 0$, $a \neq 0$ ist nur für $-\frac{c}{a} \geq 0$ lösbar.

Für $-\frac{c}{a} > 0$ besitzt sie die **beiden Lösungen**

$$x_1 = +\sqrt{-\frac{c}{a}} \quad \text{und} \quad x_2 = -\sqrt{-\frac{c}{a}}.$$

Für $c = 0$ gibt es nur die **einzige Lösung** $x = 0$.
Im Falle $-\frac{c}{a} < 0$ gibt es **keine reelle Lösung**.

Beispiel 1:

Gesucht sind alle reelle Lösungen der folgenden Gleichungen

a) $x^2 - 81 = 0$; $\qquad x^2 = 81$; $\qquad x_1 = +\sqrt{81} = 9$; $\qquad x_2 = -9$;

b) $4x^2 - 121 = 0$; $\qquad x^2 = \frac{121}{4}$; $\qquad x_1 = +\frac{11}{2}$; $\qquad x_2 = -\frac{11}{2}$;

c) $x^2 - \dfrac{1}{5} = 0;$ $\qquad x^2 = \dfrac{1}{5};$ $\qquad x_1 = \dfrac{1}{\sqrt{5}} = \dfrac{\sqrt{5}}{5};$ $\qquad x_2 = -\dfrac{\sqrt{5}}{5};$

d) $x^2 + 31 = 0;$ $\qquad x^2 = -31;$ $\qquad$ keine reelle Lösung;

e) $\sqrt{2}\,x^2 - 5 = 0;$ $\qquad x^2 = \dfrac{5}{\sqrt{2}};$ $\qquad\qquad x_{1,2} = \pm\, \dfrac{\sqrt{5}}{\sqrt[4]{2}}.$

14.2 Die spezielle quadratische Gleichung
$ax^2 + bx = 0;\ a \neq 0$

In der speziellen quadratischen Gleichung

$$ax^2 + bx = 0, \quad a \neq 0$$

kann der Faktor x ausgeklammert werden. Dadurch geht die Gleichung über in die Produktdarstellung

$$ax^2 + bx = x \cdot (ax + b) = 0.$$

Ein Produkt ist genau dann gleich Null, wenn mindestens einer der Faktoren verschwindet. Damit besitzt diese Gleichung die beiden Lösungen

$$x_1 = 0 \quad \text{und} \quad x_2 = -\frac{b}{a}.$$

Die spezielle quadratische Gleichung **$ax^2 + bx = 0$**, $a \neq 0$ besitzt die beiden Lösungen

$$x_1 = 0 \quad \text{und} \quad x_2 = -\frac{b}{a}.$$

Beispiel 2:

a) $5x^2 + 3x = 0;$ $\qquad x \cdot (5x + 3) = 0;$ $\qquad x_1 = 0;$ $\qquad x_2 = -\dfrac{3}{5};$

b) $11x^2 - 9x = 0;$ $\qquad x \cdot (11x - 9) = 0;$ $\qquad x_1 = 0;$ $\qquad x_2 = \dfrac{9}{11};$

c) $\sqrt{8}\,x^2 + \sqrt{2}\,x = 0;$ $\quad \sqrt{2}x \cdot (2x + 1) = 0;$ $\quad x_1 = 0;$ $\qquad x_2 = -\dfrac{1}{2}.$

Vorsicht!

Häufig wird die Gleichung $ax^2 + bx = 0$ formal durch x dividiert, also

$$ax^2 + bx = 0 \quad | :x$$
$$ax + b = 0$$
$$x = -\frac{b}{a}.$$

Dadurch erhält man nur die von x = 0 verschiedene Lösung. Die Lösung x = 0 geht bei dieser Division verloren. Der Grund dafür liegt in der Tatsache, daß bei der Division durch x der Divisor x von Null verschieden sein muß, da durch 0 nicht dividiert werden darf. Für x = 0 wird aber durch 0 dividiert.

Durch das Ausklammern von x bleibt im Produkt

$$a^2x + bx = x \cdot (ax + b) = 0$$

jedoch der Faktor x stehen.

14.3 Die allgemeine quadratische Gleichung (quadratische Ergänzung)

Beispiel 3:

Gesucht sind die Lösungen der Gleichung

$$(x - 5)^2 - 4 = 0.$$

Lösung:

$$
\begin{aligned}
(x - 5)^2 - 4 &= 0 &&\quad |+4\\
(x - 5)^2 &= 4 &&\quad \text{(Wurzelziehen)}\\
x - 5 &= \pm\sqrt{4} = \pm 2 &&\quad |+5
\end{aligned}
$$

1. Lösung $x_1 = 5 + 2 = 7$ ⎫
2. Lösung $x_2 = 5 - 2 = 3$ ⎬ Kurzschreibweise $x_{1,2} = 5 \pm \sqrt{4} = 5 \pm 2$.

Beispiel 4 (quadratische Ergänzung):

$$x^2 + 12x + 9 = 0$$

Umformung $\quad x^2 + 12x \qquad = -9 \qquad |+(\frac{12}{2})^2 = 36$

Ergänzung $\quad x^2 + 12x + 36 = -9 + 36$

$$(x + 6)^2 = 27$$

Wurzelziehen $\quad (x + 6) = \pm\sqrt{27}$

$$x_1 = -6 + \sqrt{27}; \quad x_2 = -6 - \sqrt{27}.$$

Beispiel 5 (quadratische Ergänzung):

a) $\quad x^2 - 3x + 2 = 0$

Umformung: $\quad x^2 - 3x \qquad = -2 \qquad |+(\frac{3}{2})^2 = \frac{9}{4}$

Ergänzung $\quad x^2 - 3x + \dfrac{9}{4} \quad = -2 + \dfrac{9}{4}$

$$\left(x - \dfrac{3}{2}\right)^2 \quad = \dfrac{1}{4}$$

$$x - \dfrac{3}{2} \quad = \pm \sqrt{\dfrac{1}{4}} = \pm \dfrac{1}{2}$$

$$x_1 = \dfrac{3}{2} + \dfrac{1}{2} = 2; \quad x_2 = \dfrac{3}{2} - \dfrac{1}{2} = 1.$$

b) $\quad x^2 + 4x + 9 = 0$

$$x^2 + 4x \quad = -9 \qquad\qquad\qquad | +2^2$$

$$x^2 + 4x + 4 \quad = -9 + 4$$

$$\underbrace{(x + 2)^2}_{\geq 0} \quad = \quad \underbrace{-5}_{< 0} \qquad \Rightarrow \text{keine reelle Lösung.}$$

Jede **quadratische Gleichung** der Form

$$ax^2 + bx + c = 0; \quad a, b, c, \in \mathbb{R}, \ a \neq 0$$

kann durch Division durch a auf die **Normalform**

$$x^2 + px + q = 0; \quad p = \dfrac{b}{a}; q = \dfrac{c}{a}$$

gebracht werden.

Lösung der Normalform durch quadratische Ergänzung

$$x^2 + px + q \quad = 0 \qquad\qquad\qquad | -q$$

$$x^2 + px \quad = -q \qquad\qquad\qquad | + \left(\dfrac{p}{2}\right)^2$$

$$x^2 + px + \left(\dfrac{p}{2}\right)^2 \quad = -q + \left(\dfrac{p}{2}\right)^2 \qquad | \text{(Binom)}$$

$$\left(x + \dfrac{p}{2}\right)^2 \quad = \dfrac{p^2}{4} - q = \dfrac{p^2 - 4q}{4}.$$

Über die Lösungsmöglichkeiten entscheidet die sog.

Diskriminante $D = p^2 - 4q$,

aus der die Wurzel gezogen werden muß.

1. Fall: $D < 0$: die rechte Seite ist negativ, da links ein Quadrat steht, gibt es **keine reelle Lösung**.

2. Fall: $D = 0$: es gibt nur **eine Lösung** $\quad x = -\dfrac{p}{2}$.

3. Fall: $D > 0$: es gibt **zwei verschiedene Lösungen**

$$(x + \frac{p}{2}) = \pm \sqrt{\frac{p^2}{4} - q} = \pm \frac{\sqrt{p^2 - 4q}}{2}.$$

Lösungen der Normalform $x^2 + px + q = 0$ falls $\sqrt{p^2 - 4q} \geq 0$.

$$x_1 = -\frac{p}{2} + \sqrt{\frac{p^2}{4} - q} = \frac{-p + \sqrt{p^2 - 4q}}{2}$$

$$x_2 = -\frac{p}{2} - \sqrt{\frac{p^2}{4} - q} = \frac{-p - \sqrt{p^2 - 4q}}{2}$$

Die Lösungen der Ausgangsgleichung $ax^2 + bx + c = 0$ erhält man hieraus mit $p = \frac{b}{a}$ und $q = \frac{c}{a}$ als

$$x_1 = -\frac{b}{2a} + \sqrt{\frac{b^2}{4a^2} - \frac{c}{a}} = \frac{-b + \sqrt{b^2 - 4ac}}{2a}$$

$$x_2 = -\frac{b}{2a} - \sqrt{\frac{b^2}{4a^2} - \frac{c}{a}} = \frac{-b - \sqrt{b^2 - 4ac}}{2a}.$$

Damit erhält man allgemein die Lösungsmöglichkeiten

Normalform	allgemeine Form
$x^2 + px + q = 0$	$ax^2 + bx + c = 0, \quad a \neq 0$
$D = p^2 - 4q$	$D = b^2 - 4ac$
$D < 0$ keine reelle Lösung	$D < 0$ keine reelle Lösung
$D = 0$ genau eine Lösung $x = -\frac{p}{2}$	$D = 0$ genau eine Lösung $x = -\frac{b}{2a}$
$D > 0$ zwei verschiedene Lösungen $x_1 = -\frac{p}{2} + \sqrt{\frac{p^2}{4} - q} = \frac{-p + \sqrt{p^2 - 4q}}{2}$ $x_2 = -\frac{p}{2} - \sqrt{\frac{p^2}{4} - q} = \frac{-p - \sqrt{p^2 - 4q}}{2}$	$D > 0$ zwei verschiedene Lösungen $x_1 = -\frac{b}{2a} + \frac{\sqrt{b^2 - 4ac}}{2a}$ $x_2 = -\frac{b}{2a} - \frac{\sqrt{b^2 - 4ac}}{2a}$

Hinweise zum Lösen von quadratischen Gleichungen

1) Die quadratische Ergänzung oder Anwendung der Lösungsformeln (Mitternachtsformel) ist nur für die allgemeine Gleichung $ax^2 + bx + c = 0$ mit $b \neq 0$ und $c \neq 0$ sinnvoll.

Für $b = 0$ erhält man die Gleichung $x^2 = -\dfrac{c}{a}$ (s. Abschnitt 14.1).

Im Falle $c = 0$ wird x ausgeklammert, also

$$ax^2 + bx = x\,(ax + b) = 0 \quad \text{(s. Abschnitt 14.2)}.$$

Die Durchführung der quadratischen Ergänzung bzw. Anwendung der allgemeinen Lösungsformel wäre für diesen Spezialfall mit einem viel zu großen Rechenaufwand verbunden.

In Prüfungen muß man leider immer wieder feststellen, daß Gleichungen der Form

$$x \cdot (ax + b) = 0$$

zuerst ausmultipliziert werden, damit die allgemeine Lösungsformel benutzt werden kann. Falls dann keine Rechenfehler gemacht werden, erhält man zwar über diesen Umweg auch die Lösungen

$$x_1 = 0 \quad \text{und} \quad x_2 = -\frac{b}{a},$$

die man jedoch aus der Produktdarstellung unmittelbar ablesen kann.

2) Falls der bei x^2 stehende Koeffizient eine einfache reelle Zahl ist, z.B. $a = 5$, ist es ratsam, die Gleichung zuerst durch a zu dividieren. Dadurch erhält man die einfachere Normalform.

3) Wenn beim formalen Lösen einer quadratischen Gleichung Wurzeln mit negativen Radikanden auftreten, kann die Rechnung abgebrochen werden. Dann gibt es keine reelle Lösung.

Beispiel 6 (Anwendung der Lösungsformel für die Normalform):

a) $x^2 + 7x + 12{,}25 = 0.$

$$x_{1,2} = -\frac{7}{2} \pm \sqrt{\frac{49}{4} - 12{,}25} = -\frac{7}{2} \pm 0.$$

Es gibt nur eine Lösung $x = -\dfrac{7}{2}$. Dies wird sofort ersichtlich aus

$$x^2 + 7x + 12{,}25 = (x + \frac{7}{2})^2 = 0.$$

b) $x^2 - 4x + 5 = 0$

$$x_{1,2} = 2 \pm \sqrt{\underbrace{\frac{16}{4} - 5}_{< 0}} \; ; \text{keine reelle Lösung.}$$

c) $4x^2 + 12x - 3 = 0$ $\qquad$ $| :4$

$$x^2 + 3x - \frac{3}{4} = 0$$

$$x_{1,2} = -\frac{3}{2} \pm \sqrt{\frac{9}{4} + \frac{3}{4}}$$

$$x_1 = -\frac{3}{2} + \sqrt{3}; \; x_2 = -\frac{3}{2} - \sqrt{3}.$$

Beispiel 7:

$\sqrt{5}\,x^2 + \sqrt{7}\,x - 5 \cdot \sqrt{5} = 0$

Mit $a = \sqrt{5}; b = \sqrt{7}; c = -5 \cdot \sqrt{5}$ erhält man die Lösungen

$$x_{1,2} = \frac{-\sqrt{7} \pm \sqrt{7 + 4 \cdot 5 \cdot 5}}{2\sqrt{5}} = \frac{-\sqrt{7} \pm \sqrt{107}}{2\sqrt{5}}.$$

Erweitern mit $\sqrt{5}$ liefert

$$x_{1,2} = \frac{-\sqrt{35} \pm \sqrt{535}}{10} \; ;$$

$$x_1 = \frac{-\sqrt{35} + \sqrt{535}}{10} \; ; \; x_2 = \frac{-\sqrt{35} - \sqrt{535}}{10}.$$

14.4 Der Satz von Vieta

Beispiel 8:

Die in Produktform gegebene Gleichung

$$(x - 5) \cdot (x - 7) = 0$$

besitzt die beiden Lösungen

$$x_1 = 5 \quad (1. \text{Faktor } x - 5 = 0)$$
$$x_2 = 7 \quad (2. \text{Faktor } x - 7 = 0).$$

Ausmultiplizieren ergibt

$$(x - 5) \cdot (x - 7) = x^2 - 7x - 5x + 35 = x^2 - 12x + 35 = 0 \; (\text{Normalform}).$$

Die Summe der beiden Lösungen

$$x_1 + x_2 = 12$$

stellt in der Normalform der quadratischen Gleichung $x^2 - 12x + 35 = 0$ die Gegenzahl des Koeffizienten von x dar, während das Produkt

$$x_1 \cdot x_2 = 35$$

gleich dem konstanten (x-freien) Glied ist.

Diese Eigenschaft gilt allgemein:

Satz von Vieta (1540-1603)

Die Normalform

$$x^2 + px + q = 0$$

besitze die beiden Lösungen x_1 und x_2. Dann gilt

$$x_1 + x_2 = -p \quad \text{und} \quad x_1 \cdot x_2 = q..$$

Der Koeffizient p von x stellt also die negative Summe der Lösungen dar, während das konstante Glied q gleich dem Produkt der beiden Lösungen ist.

Beweis: Die quadratische Gleichung besitze die Lösungen x_1 und x_2. Für diese Lösungen gilt dann

$$x_1 = -\frac{p}{2} + \sqrt{\frac{p^2}{4} - q}$$

$$x_2 = -\frac{p}{2} - \sqrt{\frac{p^2}{4} - q}$$

Hieraus folgt

$$x_1 + x_2 = -\frac{p}{2} + \sqrt{\frac{p^2}{4} - q} - \frac{p}{2} - \sqrt{\frac{p^2}{4} - q} = -p;$$

$$x_1 \cdot x_2 = \left(-\frac{p}{2} + \sqrt{\frac{p^2}{4} - q}\right) \cdot \left(-\frac{p}{2} - \sqrt{\frac{p^2}{4} - q}\right)$$

$$= \left(-\frac{p}{2}\right)^2 - \left(\sqrt{\frac{p^2}{4} - q}\right)^2$$

$$= \frac{p^2}{4} - \left(\frac{p^2}{4} - q\right) = \frac{p^2}{4} - \frac{p^2}{4} + q = q \qquad \text{q.e.d.}$$

Anwendung des Satzes von Vieta

1) Mit Hilfe des Satzes von Vieta lassen sich quadratische Gleichungen in Normalform angeben ,die zwei vorgegebene Lösungen x_1 und x_2 besitzen, nämlich

$$(x - x_1) \cdot (x - x_2) = x^2 - (x_1 + x_2) \cdot x + x_1 \cdot x_2 = 0.$$

2) Über $-p = x_1 + x_2$ und $q = x_1 \cdot x_2$ kann bequem nachgeprüft werden, ob zwei berechnete Werte x_1 und x_2 tatsächlich Lösungen sind (auf das Vorzeichen achten!).

3) Mit Hilfe zweier Lösungen x_1, x_2 kann eine Normalform als Produkt geschrieben werden

$$x^2 + px + q = (x - x_1) \cdot (x - x_2) = 0.$$

4) Aus $x_1 + x_2 = -p$ kann aus einer Lösung bequem die zweite Lösung berechnet werden.

Beispiel 9:

Gesucht ist die Normalform der quadratischen Gleichung, welche die folgenden Lösungen besitzt:

a) $x_1 = 2; x_2 = -5;\ p = -(2 - 5) = 3;\ q = 2 \cdot (-5) = -10;$
   $(x - 2)(x + 5) = x^2 + 3x - 10 = 0;$

b) $x_1 = 2; x_2 = -2;\ (x - 2)(x + 2) = x^2 - 4 = 0;$

c) $x_1 = 0; x_2 = 4;\ x^2 - 4x = 0;$

d) $x_1 = 1 + \sqrt{2}; x_2 = 1 - \sqrt{2};\ x_1 + x_2 = 2;\ x_1 \cdot x_2 = 1 - 2 = -1;\ x^2 - 2x - 1 = 0;$

e) $x_1 = \sqrt{3};\ x_2 = \sqrt{6}; x^2 - (\sqrt{3} + \sqrt{6})x + \sqrt{18} = 0.$

Achtung!

> Der Satz von Vieta gilt nur für quadratische Gleichungen in Normalform
> $x^2 + px + q = 0$.

14.5 Berechnung der zweiten Lösung aus einer Lösung

Falls eine Lösung der Normalform $x^2 + px + q = 0$ bekannt ist, muß zur Berechnung der zweiten Lösung nicht mehr die (gesamte) quadratische Gleichung gelöst werden. Nach der Formel von Vieta

$$-p = x_1 + x_2$$

erhält man aus x_1 die zweite Lösung

$$x_2 = -p - x_1.$$

Beispiel 10:

a) Die Gleichung $x^2 + x - 2 = 0$ besitzt die Lösung $x_1 = 1$. Dann lautet die zweite Lösung $x_2 = -1 - 1 = -2$.

b) Die Gleichung $9x^2 + 3x - 2 = 0$ besitzt die Lösung $x_1 = \dfrac{1}{3}$.

Aus der Normalform

$$x^2 + \frac{1}{3}x - \frac{2}{9} = 0$$

erhält man die zweite Lösung $x_2 = -\dfrac{1}{3} - \dfrac{1}{3} = -\dfrac{2}{3}$.

14.6 Polynomdivision bei einer vorgegebenen Lösung

Aus

$$x^2 + px + q = (x - x_1) \cdot (x - x_2) = 0$$

folgt dann durch Division durch $(x - x_1)$

$$\boxed{(x^2 + px + q) : (x - x_1) = x - x_2 = 0}$$

Diese Division geht ohne Rest auf und ergibt unmittelbar die zweite Lösung. Dazu das

Beispiel 11:

a) Die Gleichung $x^2 + x - 2 = 0$ besitzt die Lösung $x_1 = 1$. Division durch $x - x_1$ ergibt

$$-\left\{\begin{array}{l} (x^2 + x - 2) : (x - 1) = x + 2 = 0. \\ \underline{x^2 - x} \\ \quad\; 2x - 2 \\ \quad\; \underline{2x - 2} \end{array}\right. \qquad x_2 = -2 \text{ ist die zweite Lösung.}$$

b) Die quadratische Gleichung $2x^2 + 4x + 2 = 0$ besitzt die Lösung $x_1 = -1$. Division durch $x - x_1 = x + 1$ ergibt

$$(2x^2 + 4x + 2) : (x + 1) = 2x + 2 = 0 \Rightarrow x_2 = -1$$
$$\underline{2x^2 + 2x}$$
$$\qquad 2x + 2$$
$$\qquad \underline{2x + 2}$$

Beide Lösungen stimmen überein. Durch den Übergang zur Normalform

$$
\begin{aligned}
2x^2 + 4x + 2 &= 0 \qquad &| :2 \\
x^2 + 2x + 1 &= 0 \qquad &| \text{(binomische Formel)} \\
(x + 1)^2 &= 0
\end{aligned}
$$

hätte man dies sofort erkennen können.

c) Die quadratische Gleichung $5x^2 - 8x - 4 = 0$ besitzt die Lösung $x_1 = 2$. Division durch $(x - 2)$ ergibt

$$
-\left\{\begin{array}{l}
5x^2 - 8x - 4 : (x - 2) = 5x + 2 = 0 \\
\underline{5x^2 - 10x}
\end{array}\right.
$$

$$
\left.\begin{array}{l}
2x - 4 \\
\underline{2x - 4}
\end{array}\right\}- \qquad x_2 = -\frac{2}{5} \text{ ist die zweite Lösung.}
$$

d) $x^2 - 1 = 0$ besitzt die Lösung $x_1 = 1$.

$$
\left\{\begin{array}{l}
x^2 - 1 \quad : (x - 1) = x + 1 = 0 \Rightarrow x_2 = -1. \\
\underline{x^2 - x}
\end{array}\right.
$$

$$
\left.\begin{array}{l}
x - 1 \\
\underline{x - 1}
\end{array}\right\}-
$$

14.7 Wurzelgleichungen, die auf quadratische Gleichungen führen

Beispiel 12:

Gesucht sind alle reellen Lösungen der Gleichung

$$
4 - \sqrt{6 - x} = x.
$$

Lösung:

$$
\begin{aligned}
4 - x &= \sqrt{6 - x} \qquad &\text{(Wurzel auf eine Seite)} \\
(4 - x)^2 &= 6 - x \qquad &\text{(quadrieren)} \\
16 - 8x + x^2 &= 6 - x \qquad &| -6 + x \\
x^2 - 7x + 10 &= 0 \qquad &\text{(quadratische Gleichung)}
\end{aligned}
$$

Lösungen der quadratischen Gleichung

$$
x_{1,2} = \frac{7}{2} \pm \sqrt{\frac{49}{4} - 10}
$$

$$
x_1 = \frac{7}{2} + \frac{3}{2} = 5; \quad x_2 = \frac{7}{2} - \frac{3}{2} = 2.
$$

Probe: $x_1 = 5$ erfüllt die Ausgangsgleichung nicht.
  $x_2 = 2$ erfüllt die Ausgangsgleichung.

Damit besitzt die Ausgangsgleichung **nur die Lösung x = 2**.
Lösungsmenge $L = \{2\}$.

Beispiel 13:

Gesucht sind die Lösungen von

$$\sqrt{1 + x} - 1 \quad = x$$

Lösung: $\sqrt{1 + x} \quad = x + 1$

quadrieren $\Rightarrow$ $1 + x = (x + 1)^2 = x^2 + 2x + 1$

quadratische Gleichung $x^2 + x = 0$

Lösungen der quadratischen Gleichung $x_1 = 0; x_2 = -1$.

Beide Werte erfüllen die Ausgangsgleichung.
Lösungsmenge $L = \{-1; 0\}$.

Gleichungen mit Wurzeln, in deren Radikanden die Unbekannte x vorkommt, heißen **Wurzelgleichungen.** Falls nur eine Wurzel der Form $\sqrt{ax^2 + bx + c}$ auftritt und außerhalb der Wurzel die Unbekannte x nur linear vorkommt, bietet sich folgender Lösungsweg an

1. Man bringe die Wurzel alleine auf eine Seite.
2. Man quadriere diese ungeformte Gleichung.
3. Man löse die entstehende Gleichung.
4. Man überprüfe, welche dieser Lösungen die Ausgangsgleichung tatsächlich erfüllt.

Achtung:

> Durch das Quadrieren einer Wurzelgleichung kann sich die Anzahl der Lösungen vergrößern. Daher muß unbedingt die Probe durchgeführt werden, damit Lösungen der quadrierten Gleichung, welche die Wurzelgleichung nicht erfüllen, ausgesondert werden können.
>
> Das **Quadrieren** stellt also **keine äquivalente Umformung** einer Gleichung dar.

Beispiel 14:

Umformung
$$14 - \sqrt{x^2 + x - 14} = 2x$$
$$-\sqrt{x^2 + x - 14} = 2x - 14 \qquad \text{(Quadrieren)}$$
$$x^2 + x - 14 = (2x - 14)^2 = 4x^2 - 56x + 196$$
$$3x^2 - 57x + 210 = 0 \quad | :3$$

quadratische Gleichung:
$$x^2 - 19x + 70 = 0$$

Lösungen
$$x_{1,2} = \frac{19}{2} \pm \sqrt{\frac{19^2}{4} - 70} = \frac{19}{2} \pm \sqrt{\frac{81}{4}} = \frac{19}{2} \pm \frac{9}{2}$$

$x_1 = 14; \quad x_2 = 5;$
$x_1 = 14$ erfüllt die Wurzelgleichung nicht;
$x_2 = 5$ erfüllt die Wurzelgleichung.
Lösungsmenge $L = \{5\}$.

Beispiel 15:

$$1 - x = \sqrt{5x - 11}$$
$$(1 - x)^2 = 5x - 11$$
$$1 - 2x + x^2 = 5x - 11$$
$$x^2 - 7x + 12 = 0$$
$$x_{1,2} = \frac{7}{2} \pm \sqrt{\frac{49}{4} - 12} = \frac{7}{2} \pm \frac{1}{2}$$
$$x_1 = 4; \quad x_2 = 3$$

Keiner dieser beiden Werte erfüllt die Wurzelgleichung. Die Wurzelgleichung besitzt somit keine reelle Lösung. Lösungsmenge $L = \emptyset$.

Beispiel 16:

$$1 + \sqrt{x^2 - 5x + 13} = x$$
$$\sqrt{x^2 - 5x + 13} = (x - 1)$$
$$x^2 - 5x + 13 = (x - 1)^2 = x^2 - 2x + 1$$
$$-3x + 12 = 0 \qquad \text{(Lineare Gleichung!)}$$

$x = 4$ ist Lösung der Wurzelgleichung.

Beispiel 17 (doppeltes Quadrieren bei Wurzelgleichungen):

$$\sqrt{x + 5} - 2\sqrt{x - 3} = 1 \qquad \text{(quadrieren)}$$
$$x + 5 - 4\sqrt{x + 5} \cdot \sqrt{x - 3} + 4(x - 3) = 1$$
$$x + 5 - 4\sqrt{(x + 5) \cdot (x - 3)} + 4x - 12 = 1 \qquad (\sqrt{} \text{ auf eine Seite})$$
$$-4\sqrt{x^2 + 2x - 15} = 8 - 5x \qquad \text{(quadrieren)}$$
$$16(x^2 + 2x - 15) = (8 - 5x)^2$$
$$16x^2 + 32x - 240 = 64 - 80x + 25x^2$$
$$-9x^2 + 112x - 304 = 0 \qquad | \cdot (-1)$$
$$9x^2 - 112x + 304 = 0$$
$$x_{1,2} = \frac{112 \pm \sqrt{112^2 - 4 \cdot 9 \cdot 304}}{18} = \frac{112 \pm \sqrt{1600}}{18}$$
$$= \frac{112 \pm 40}{18}$$
$$x_1 = \frac{76}{9}; \quad x_2 = 4 \text{ (Lösungen der quadratischen Gleichung)}$$

$x_1 = \dfrac{76}{9}$ erfüllt die Wurzelgleichung nicht.

$x_2 = 4$ erfüllt die Wurzelgleichung.

Lösungsmenge $L = \{4\}$.

Bemerkung: Bei manchen Wurzelgleichungen muß zur Beseitigung der Wurzel öfters quadriert werden (s. Beispiel 17). Falls in Beispiel 17 auf der rechten Seite x linear stehen würde, so ergäbe das zweimalige Quadrieren eine Gleichung 4. Grades. Die rechte Seite $\sqrt{2x + 5}$ würde jedoch wieder eine quadratische Gleichung liefern.

14.8 Gleichungen, die durch Substitution auf quadratische Gleichungen führen

1. Substitutionsmethode

Für eine vorgegebene Funktion f (x) soll die Gleichung

$$a \cdot (f(x))^2 + b \cdot f(x) + c = 0$$

gelöst werden. Durch die

Substitution $u = f(x)$

geht diese Gleichung über in

$$au^2 + bu + c = 0,$$

also in eine **quadratische Gleichung** in der Unbekannten u. Falls diese Gleichung die Lösungen u_1 und u_2 besitzt, erhält man die Lösungen x der Ausgangsgleichung als Lösungen der Gleichungen

$$f(x) = u_1 \quad \text{und} \quad f(x) = u_2.$$

Beispiel 18:

Gesucht sind alle Lösungen der Gleichung

$$x^6 - 35x^3 + 216 = 0.$$

Durch die Substitution $x^3 = u$ geht diese Gleichung über in

$$u^2 - 35\,u + 216 = 0$$

mit den Lösungen

$$u_{1,2} = \frac{35}{2} \pm \sqrt{\frac{35^2}{4} - 216} = \frac{35}{2} \pm \sqrt{\frac{361}{4}}$$
$$= \frac{35}{2} \pm \frac{19}{2}.$$
$$u_1 = 27; \ u_2 = 8.$$

Aus $x^3 = 27$ erhält man die Lösung $x_1 = \sqrt[3]{27} = 3$

$x^3 = 8$ ergibt die Lösung $x_2 = \sqrt[3]{8} = 2.$

Damit lautet die Lösungsmenge der Ausgangsgleichung $L = \{2; 3\}$.

Beispiel 19:

$$2x + \sqrt{x} - 6 = 0$$

Substitution $\sqrt{x} = u \Longleftrightarrow x = u^2$

$$2u^2 + u - 6 = 0$$

$$u_{1,2} = \frac{-1 \pm \sqrt{1 + 48}}{4} = \frac{-1 \pm 7}{4}$$

$$u_1 = \frac{3}{2} \; ; u_2 = -2;$$

$$x_1 = (\frac{3}{2})^2 = \frac{9}{4} \; ; \quad x_2 = (-2)^2 = 4.$$

$x_1 = \dfrac{9}{4}$ ist Lösung der Ausgangsgleichung; $x_2 = 4$ ist keine Lösung der Ausgangsgleichung. Der Grund dafür liegt im Quadrieren $x = u^2$.

Lösungsmenge $L = \{\dfrac{9}{4}\}$.

Beispiel 20:

$$(\frac{x+1}{x-2})^2 - 3 \cdot \frac{x+1}{x-2} - 4 = 0.$$

Substitution: $\qquad \dfrac{x+1}{x-2} = u$

$$u^2 - 3u - 4 = 0.$$

$$u_{1,2} = \frac{3}{2} \pm \sqrt{\frac{9}{4} + 4} = \frac{3}{2} \pm \sqrt{\frac{25}{4}} = \frac{3}{2} \pm \frac{5}{2}$$

$$u_1 = 4; \quad u_2 = -1.$$

Rücktransformation

$$\frac{x+1}{x-2} = u; \quad x + 1 = u \cdot (x - 2); \quad x + 1 = u \cdot x - 2u$$

$$x - ux = -1 - 2u$$

$$x(1 - u) = -(1 + 2u)$$

$$x = -\frac{1 + 2u}{1 - u} = \frac{1 + 2u}{u - 1}.$$

$$x_1 = \frac{1 + 2 \cdot 4}{4 - 1} = 3; \quad x_2 = \frac{1 - 2}{-2} = \frac{1}{2}.$$

Lösungsmenge $L = \{3; \dfrac{1}{2}\}$.

Beispiel 21:

$$x^2 + 5x - 6 - 2 \cdot \sqrt{x^2 + 5x + 2} = 0$$

Substitution $\quad \sqrt{x^2 + 5x + 2} = u$

$$x^2 + 5x + 2 = u^2$$
$$x^2 + 5x - 6 = u^2 - 8$$

$$u^2 - 8 - 2u = 0$$
$$u^2 - 2u - 8 = 0$$
$$u_{1,2} = 1 \pm \sqrt{1 + 8}; \quad u_1 = 4; \quad u_2 = -2$$
$$x^2 + 5x + 2 = u_1^2 = 16$$
$$x^2 + 5x - 14 = 0$$
$$x_{1,2} = -\frac{5}{2} \pm \sqrt{\frac{25}{4} + 14} = -\frac{5}{2} \pm \sqrt{\frac{81}{4}} = -\frac{5}{2} \pm \frac{9}{2}$$

$x_1 = 2$ ist Lösung der Ausgangsgleichung
$x_2 = -7$ ist Lösung der Ausgangsgleichung

$$x^2 + 5x + 2 = u_2^2 = 4$$
$$x^2 + 5x - 2 = 0$$
$$x_{3,4} = -\frac{5}{2} \pm \sqrt{\frac{25}{4} + 2} = -\frac{5}{2} \pm \sqrt{\frac{33}{4}}$$

$x_3 = -\dfrac{5}{2} + \dfrac{\sqrt{33}}{2}$ ist keine Lösung der Ausgangsgleichung

$x_4 = -\dfrac{5}{2} - \dfrac{\sqrt{33}}{2}$ ist keine Lösung der Ausgangsgleichung;

Lösungsmenge $L = \{-7; 2\}$.

2. Biquadratische Gleichungen

Gleichungen der Form

$$ax^4 + bx^2 + c = 0, a \neq 0$$

heißen **biquadratische Gleichungen**. Durch die Substitution $x^2 = u$ geht die biquadratische Gleichung über in

$$au^2 + bu + c = 0,$$

also in eine quadratische Gleichung in u.

Beispiel 22:

$$2x^4 - x^2 - 15 = 0.$$

Substitution $\qquad\qquad x^2 = u$
quadratische Gleichung $\quad 2u^2 - u - 15 = 0$

$$u_{1,2} = \frac{1}{4} \pm \frac{\sqrt{1 + 120}}{4} = \frac{1}{4} \pm \frac{11}{4}$$

$$u_1 = 3; \quad u_2 = -\frac{5}{2}.$$

Rücktransformation: $x^2 = u_1 = 3;\quad x_1 = \sqrt{3};\quad x_2 = -\sqrt{3}$

$$x^2 = u_2 = -\frac{5}{2} \text{ hat keine reelle Lösung.}$$

Lösungsmenge $L = \{\sqrt{3}; -\sqrt{3}\}$.

Beispiel 23:

$$x^4 + 5x^2 + 6 = 0.$$

Substitution $x^2 = u$
quadratische Gleichung $u^2 + 5u + 6 = 0$

$$u_{1,2} = -\frac{5}{2} \pm \sqrt{\frac{25}{4} - 6} = -\frac{5}{2} \pm \frac{1}{2}\,;$$

$$u_1 = -2;\, u_2 = -3;$$

$x^2 = -2$ und $x^2 = -3$ besitzen keine reellen Lösungen.

Lösungsmenge $L = \emptyset$.

Eine **biquadratische Gleichung** $ax^4 + bx^2 + c = 0$, $a \neq 0$ kann folgendermaßen gelöst werden:

1) Substitution $x^2 = u$.
2) Lösung der quadratischen Gleichung $au^2 + bu + c = 0$.

1. Fall: Die quadratische Gleichung besitzt keine nichtnegative Lösung. Dann besitzt die biquadratische Gleichung keine reelle Lösung.

2. Fall: Die quadratische Gleichung besitze die nichtnegativen Lösungen $u_1 \geq 0$, $u_2 \geq 0$ ($u_1 = u_2$ ist dabei möglich). Dann besitzt die biquadratische Gleichung die Lösungen $\pm\sqrt{u_1}$, $\pm\sqrt{u_2}$.

Die Anzahl der reellen Lösungen einer biquadratischen Gleichung liegt zwischen Null und vier, die Grenzen mit eingeschlossen.

14.9 Gleichungen mit Brüchen mit Unbekannten im Nenner

Beispiel 24:

Gesucht sind alle Lösungen der Gleichung

$$\frac{2x + 7}{4x - 3} = \frac{x - 10}{4x - 5}.$$

Lösung

$$\frac{2x + 7}{4x - 3} = \frac{x - 10}{4x - 5} \quad | \cdot (4x - 3) \cdot (4x - 5) \, (= \text{Hauptnenner})$$

$(2x + 7) \cdot (4x - 5) = (x - 10) \cdot (4x - 3)$ (Klammern auflösen)

$8x^2 - 10x + 28x - 35 = 4x^2 - 3x - 40x + 30$ (Zusammenfassen)

$4x^2 + 61x - 65 = 0$

$$x_{1,2} = -\frac{61}{8} \pm \frac{\sqrt{61^2 + 4 \cdot 4 \cdot 65}}{8} = -\frac{61}{8} \pm \frac{69}{8}$$

$$x_1 = 1; \, x_2 = -\frac{65}{4}.$$

Probe: $x_1 = 1$ $\dfrac{2 + 7}{1} = \dfrac{1 - 10}{-1} = 9;$

$$x_2 = -\frac{65}{4} \quad \text{linke Seite} \quad \frac{-2 \cdot \dfrac{65}{4} + 7}{-4 \cdot \dfrac{65}{4} - 3} = \frac{-\dfrac{51}{2}}{-68} = \frac{51}{136} = \frac{3}{8};$$

$$\text{rechte Seite} \quad \frac{-\dfrac{65}{4} - 10}{-65 - 5} \quad \frac{-\dfrac{105}{4}}{-70} = \frac{3}{8}.$$

Lösungsmenge $L = \{\, 1; -\dfrac{65}{4} \,\}.$

Beispiel 25:

$$\frac{3}{x - 1} + \frac{4}{x - 2} - \frac{1}{x - 3} = 0 \quad | \cdot (x - 1)(x - 2)(x - 3)$$

$3(x - 2)(x - 3) + 4(x - 1)(x - 3) - (x - 1)(x - 2) = 0$

$3x^2 - 15x + 18 + 4x^2 - 16x + 12 - x^2 + 3x - 2 = 0$

$6x^2 - 28x + 28 = 0 \quad | : 2$

$3x^2 - 14x + 14 = 0$

$$x_{1,2} = \frac{14}{6} \pm \frac{\sqrt{14^2 - 4 \cdot 3 \cdot 14}}{6} = \frac{7}{3} \pm \frac{\sqrt{28}}{6} = \frac{7}{3} \pm \frac{\sqrt{7}}{3}$$

$$x_1 = \frac{1}{3}(7 + \sqrt{7}); \quad x_2 = \frac{1}{3}(7 - \sqrt{7}).$$

Lösungsmenge $L = \{\, \dfrac{1}{3} \cdot (7 + \sqrt{7}); \dfrac{1}{3}(7 - \sqrt{7}) \,\}.$

Probe für $x_1 = \dfrac{7}{3} + \dfrac{\sqrt{7}}{3}$

$$\frac{3}{\dfrac{7}{3} + \dfrac{\sqrt{7}}{3} - 1} + \frac{4}{\dfrac{7}{3} + \dfrac{\sqrt{7}}{3} - 2} - \frac{1}{\dfrac{7}{3} + \dfrac{\sqrt{7}}{3} - 3} = \frac{3 \cdot 3}{4 + \sqrt{7}} + \frac{3 \cdot 4}{1 + \sqrt{7}} - \frac{3}{-2 + \sqrt{7}}$$

$$= \frac{9 \cdot (4 - \sqrt{7})}{(4 + \sqrt{7}) \cdot (4 - \sqrt{7})} + \frac{12 \cdot (1 - \sqrt{7})}{(1 + \sqrt{7})(1 - \sqrt{7})} + \frac{3(2 + \sqrt{7})}{(2 - \sqrt{7})(2 + \sqrt{7})}$$

$$= \frac{36 - 9\sqrt{7}}{16 - 7} + \frac{12 - 12\sqrt{7}}{1 - 7} + \frac{6 + 3 \cdot \sqrt{7}}{4 - 7}$$

$$= 4 - \sqrt{7} - 2 + 2\sqrt{7} - 2 - \sqrt{7} = 0.$$

Beispiel 26:

$$\frac{2x + 1}{x - 3} + \frac{3x - 5}{x + 3} = \frac{2x^2 + 2x + 18}{x^2 - 9} \qquad | \cdot (x - 3)(x + 3) = x^2 - 9$$

$$(2x + 1)(x + 3) + (3x - 5)(x - 3) \qquad = 2x^2 + 2x + 18$$

$$2x^2 + 6x + x + 3 + 3x^2 - 9x - 5x + 15 = 2x^2 + 2x + 18$$

$$3x^2 - 9x \qquad\qquad\qquad\qquad = 0 \qquad | : 3$$

$$x^2 - 3x \qquad\qquad\qquad\qquad = 0$$

$$x(x - 3) \qquad\qquad\qquad\qquad = 0$$

$x_1 = 0$ ist Lösung der Ausgangsgleichung.

$x_2 = 3$ ist keine Lösung, da für $x = 3$ die beiden Nenner $x - 3$ und $x^2 - 9$ verschwinden und somit die Brüche nicht definiert sind.

Lösungsmenge $L = \{0\}$.

Manche Gleichungen mit Brüchen, deren Nenner die Unbekannte x enthalten, können durch **Multiplikation mit dem Hauptnenner** in eine quadratische Gleichung in x übergeführt werden. Eine Lösung dieser quadratischen Gleichung ist jedoch nur dann Lösung der Ausgangsgleichung, falls für diesen Wert keiner der Nenner verschwindet.

Beispiel 27:

$$\frac{1}{x + 2} + \frac{2}{x - 2} = \frac{x^2 + 3x - 2}{x^2 - 4} \qquad | \cdot (x + 2)(x - 2)$$

$$x - 2 + 2 \cdot (x + 2) = x^2 + 3x - 2$$

$$x - 2 + 2x + 4 \quad = x^2 + 3x - 2$$

$$0 \qquad\qquad\qquad = x^2 - 4$$

$$x_1 = 2; \quad x_2 = -2.$$

Da weder für $x = 2$ noch für $x = -2$ alle Brüche definiert sind (Nenner $= 0$), besitzt die Ausgangsgleichung keine Lösung, also

$$L = \emptyset.$$

Beispiel 28:

$$\frac{x-1}{x+2} + \frac{3}{x+3} = 1 - \frac{3}{(x+2)(x+3)} \quad | \cdot (x+2)(x+3)$$

$$(x-1)(x+3) + 3 \cdot (x+2) = (x+2)(x+3) - 3$$

$$x^2 + 2x - 3 + 3x + 6 \qquad = x^2 + 5x + 6 - 3$$

$$x^2 + 5x + 3 \qquad\qquad = x^2 + 5x + 3$$

Diese Gleichung ist für alle x erfüllt. Da die Nenner von 0 verschieden sein müssen, ist jedes $x \in \mathbb{R}$ mit $x \neq -2$ und $x \neq -3$ Lösung.

Lösungsmenge $L = \{x \in \mathbb{R} | x \neq -2; x \neq -3\}$.

14.10 Aufgaben

A14.1 Bestimmen Sie alle Lösungen der Gleichungen

a) $16x^2 - 81 = 0$;

b) $5x^2 - 17 = 0$;

c) $7x^2 = 0$;

d) $3x^2 + 4 = 0$;

e) $x^2 + 5x = 0$;

f) $\frac{2}{3} x^2 + \frac{4}{5} x = 0$.

A14.2 Lösen Sie die Gleichungen

a) $x^2 - x - 6 = 0$;

b) $4x^2 + 12x + 9 = 0$;

c) $x^2 - 4x + 1 = 0$;

d) $4x^2 + 12x + 14 = 0$;

e) $x^2 - 0{,}1x - 1{,}32 = 0$;

f) $100x^2 - 40x - 357 = 0$;

g) $x^2 - 6{,}4x + 15{,}24 = 0$;

h) $16x^2 - 40x - 55 = 0$;

i) $4x^2 + 12x + 7 = 0$;

j) $3x^2 - 18x + 26 = 0$.

A14.3 Stellen Sie quadratische Gleichungen auf mit folgenden Lösungen

a) $x_1 = 3; x_2 = 5$;

b) $x_1 = -2; x_2 = 7$;

c) $x_1 = 0; x_2 = \frac{3}{2}$;

d) $x_1 = 2 + \sqrt{2}; x_2 = 2 - \sqrt{2}$;

e) $x_1 = \sqrt{5}; x_2 = -\sqrt{5}$;

f) $x_1 = -\frac{3}{2} + \frac{\sqrt{5}}{4}; x_2 = -\frac{3}{2} - \frac{\sqrt{5}}{4}$.

A14.4 Stellen Sie folgende Gleichungen als Produkt $(x - a) \cdot (x - b)$ dar

a) $x^2 - 5x + 6$;

b) $x^2 - x - 20$;

c) $x^2 - 6x + 7$;

d) $x^2 - 2x - 6$;

e) $x^2 + 6x + 12$;

f) $x^2 - 3x + \frac{9}{4}$.

A14.5 Von den nachfolgenden Gleichungen ist jeweils eine Lösung x_1 gegeben. Geben Sie die zweite Lösung an, ohne die quadratische Gleichung zu lösen:

a) $x^2 - 6x + 5 = 0;$ $x_1 = 1;$

b) $x^2 + 7x + 10 = 0;$ $x_1 = -2;$

c) $2x^2 + 7x + 6 = 0;$ $x_1 = -\dfrac{3}{2};$

d) $5x^2 - 2x = 0;$ $x_1 = 0.$

A14.6 Bestimmen Sie alle Lösungen der folgenden Gleichungen. Machen Sie für jeden gefundenen Wert die Probe

a) $\sqrt{8x - 7} + 3 = 2x;$

b) $4 - \sqrt{4 - 2x} = 2x;$

c) $x - \sqrt{6 - 2x} = 3;$

d) $\sqrt{5x - 1} + 2x = 7;$

e) $\sqrt{x + 7 - \sqrt{8 \cdot (x - 3)}} = 2 \cdot \sqrt{2};$

f) $\sqrt{x + 2} - \sqrt{x - 6} = 2;$

g) $\sqrt{2x + 3} + \sqrt{x + 1} = 1.$

A14.7 Bestimmen Sie durch eine geeignete Substitution alle Lösungen der Gleichungen

a) $x - \sqrt{x} - 6 = 0;$

b) $x - 2\sqrt{x} - 1 = 0;$

c) $2 \cdot \sqrt[3]{x^2} + 3 \cdot \sqrt[3]{x} - 2 = 0;$

d) $\left(\dfrac{x + 3}{2x - 6}\right)^2 - 2 \cdot \dfrac{x + 3}{2x - 6} - 3 = 0;$

e) $4x^4 + 5x^2 - 6 = 0;$

f) $x^4 - 13x^2 + 36 = 0;$

g) $x^4 - 6x^2 + 7 = 0;$

i) $x^4 + 5x^2 + 6 = 0;$

j) $x^6 + 19x^3 - 216 = 0;$

k) $x^8 - 3x^4 - 10 = 0.$

A14.8 Lösen Sie

a) $\dfrac{2x + 8}{2x - 4} = \dfrac{7x + 4}{4x - 2};$

b) $\dfrac{4}{x - 6} + \dfrac{16}{x + 8} = 3;$

c) $\dfrac{x + 1}{x - 2} + \dfrac{x - 1}{x + 2} = \dfrac{3x^2 - 5x + 10}{x^2 - 4};$

d) $\dfrac{x + 1}{x - 2} - \dfrac{2x + 4}{x + 3} = -2 + \dfrac{x^2 + 6x - 1}{(x - 2) \cdot (x + 3)}.$

Kapitel 15:
Parabeln

15.1 Nach oben geöffnete Normalparabeln

Der Graph der Funktion

$$y = x^2$$

stellt eine nach oben geöffnete **Normalparabel** dar, deren **Scheitel** (Tiefpunkt) S im **Koordinatenursprung** (Nullpunkt) liegt. Die y-Achse ist Symmetrieachse.

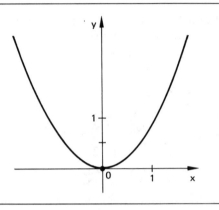

Diese Standard-Normalparabel werde parallel zu den beiden Koordinatenachsen verschoben und zwar um x_0 Einheiten in x-Richtung und y_0 Einheiten in y-Richtung. x_0 und y_0 sind dann die Koordinaten des Scheitels S. Die Funktion besitzt die Darstellung

$$y - y_0 = (x - x_0)^2, \text{ d.h. } y = y_0 + (x - x_0)^2.$$

Der Graph der Funktion

$$y = y_0 + (x - x_0)^2$$

stellt eine **nach oben geöffnete Normalparabel** dar. Der **Scheitelpunkt S(x_0, y_0)** besitzt die Koordinaten x_0 und y_0. Die Parallele zur y-Achse durch den Scheitel S ist Symmetrie-Achse.

Für x_0 (y_0) > 0 wird die Standard-Normalparabel nach rechts (oben) verschoben, für x_0 (y_0) < 0 nach links (unten).

Beispiel 1:

Gesucht sind die Gleichungen der nach oben geöffneten Normalparablen mit den angegebenen Scheitelpunkten

a) $S(0; 1{,}5)$; $y = 1{,}5 + x^2$;

b) $S(3; 0)$; $y = (x - 3)^2$;

c) $S(-1{,}5; -2)$; $y = -2 + (x + 1{,}5)^2$

d) $S(2; -2)$; $y = -2 + (x - 2)^2$.

Diese Parabeln sind in der nachfolgenden Abbildung skizziert.

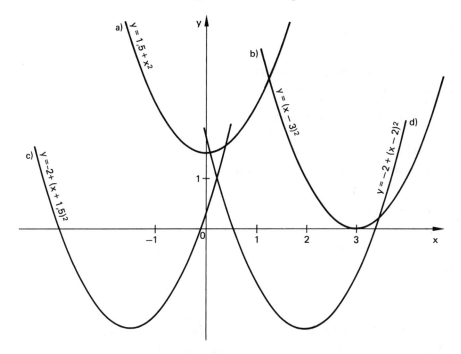

Jede Funktion

$$y = x^2 + px + q$$

stellt eine nach oben geöffnete Normalparabel dar. Die Koordinaten des Scheitels S erhält man durch die

quadratische Ergänzung. Aus

$$(x + \frac{p}{2})^2 = x^2 + px + \frac{p^2}{4} \;\; ; \;\; x^2 + px = (x + \frac{p}{2})^2 - \frac{p^2}{4}$$

folgt

$$y = x^2 + px + q = (x + \frac{p}{2})^2 - \frac{p^2}{4} + q.$$

Der Scheitel S besitzt die Koordinaten

$$x_0 = - \frac{p}{2} \;\; ; \;\; y_0 = q - \frac{p^2}{4} \; .$$

Die Funktion

$$y = x^2 + px + q = (x + \frac{p}{2})^2 + q - \frac{p^2}{4}$$

stellt eine **nach oben geöffnete Normalparabel** mit dem Scheitel
$S\,(x_0 = -\frac{p}{2}\,; y_0 = q - \frac{p^2}{4})$ dar.
Zur Umformung wird die quadratische Ergänzung benutzt.

Beispiel 2:

Gesucht sind die Scheitelpunkte der folgenden Normalparabeln

a) $y = x^2 - 4x + 4$;

b) $y = x^2 - 2$;

c) $y = x^2 + 3x + \frac{7}{4}$;

d) $y = x^2 - \frac{2}{3}\,x - \frac{31}{45}$.

Lösung

a) $y = (x - 2)^2$; $S\,(x_0 = 2; y_0 = 0)$ liegt auf der x-Achse;

b) $y = x^2 - 2$; $S\,(x_0 = 0; y_0 = -2)$ liegt auf der y-Achse;

c) $y = (x + \frac{3}{2})^2 - \frac{9}{4} + \frac{7}{4} = (x + \frac{3}{2})^2 - \frac{1}{2}$; $S\,(x_0 = -\frac{3}{2}\,; y_0 = -\frac{1}{2}$);

d) $y = (x - \frac{1}{3})^2 - \frac{1}{9} - \frac{31}{45} = (x - \frac{1}{3})^2 - \frac{4}{5}$; $S\,(x_0 = +\frac{1}{3}\,; y_0 = -\frac{4}{5}$).

15.2 Nach unten geöffnete (gespiegelte) Normalparabeln

Durch Spiegelung an der x-Achse geht die Normalparabel $y = x^2$ über in

$$y = -x^2.$$

Der Graph dieser Funktion ist eine **nach unten geöffnete Normalparabel** mit dem
Scheitel im Koordinatenursprung.

Parallelverschiebung ergibt die allgemeine Darstellung.

Der Graph der Funktion

$$y = y_0 - (x - x_0)^2$$

stellt eine **nach unten geöffnete Normalparabel** dar. Der Scheitelpunkt
$S\,(x_0, y_0)$ besitzt die Koordinaten x_0 und y_0.

Beispiel 3:

Folgende Parabeln sollen skizziert werden

a) $y = -x^2$;
b) $y = 1 - (x - 3)^2$

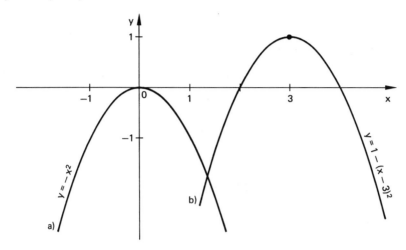

Quadratische Ergänzung ergibt

$$\begin{aligned} y &= -x^2 + px + q \\ &= -(x^2 - px) + q \\ &= -\left(x - \frac{p}{2}\right)^2 + \frac{p^2}{4} + q. \end{aligned}$$

Der Graph der Funktion

$$y = -x^2 + px + q = -\left(x - \frac{p}{2}\right)^2 + q + \frac{p^2}{4}$$

stellt eine **nach unten geöffnete Normalparabel** dar mit dem Scheitel
$S\left(x_0 = \frac{p}{2} \; ; y_0 = q + \frac{p^2}{4}\right).$

Beispiel 4:

Gesucht sind die Scheitelpunkte der folgenden nach unten geöffneten Normalparabeln:

a) $y = -x^2 + 4x - 3$;
b) $y = -x^2 - 3x + 3$;
c) $y = -x^2 + 4x$;
d) $y = -x^2 - 5x - 7$.

Lösung:

a) $y = -(x^2 - 4x) - 3 = -(x - 2)^2 + 4 - 3 = -(x - 2)^2 + 1; S(x_0 = 2; y_0 = 1);$

b) $y = -(x^2 + 3x) + 3 = -(x + \frac{3}{2})^2 + \frac{9}{4} + 3 = -(x + \frac{3}{2})^2 + \frac{21}{4};$

   $S(x_0 = -\frac{3}{2}; y_0 = \frac{21}{4});$

c) $y = -(x^2 - 4x) = -(x - 2)^2 + 4; S(x_0 = 2; y_0 = 4);$

d) $y = -(x^2 + 5x) - 7 = -(x + \frac{5}{2})^2 + \frac{25}{4} - 7 = -(x + \frac{5}{2})^2 - \frac{3}{4};$

   $S(x_0 = -\frac{5}{2}; y_0 = -\frac{3}{4}).$

15.3 Allgemeine Parabeln

Die Funktionsgleichung

$$y = ax^2, a \in \mathbb{R}, a \neq 0$$

ist für $a > 1$ eine in y-Richtung **gestreckte**, für $0 < a < 1$ eine in y-Richtung **gestauchte** Normalparabel. Das Streckungsverhältnis lautet a : 1 für a > 1.

Für $a < 0$ kommt zur Streckung oder Stauchung im Verhältnis |a| : 1 (|a| = Betrag von a) noch eine Spiegelung an der x-Achse hinzu.

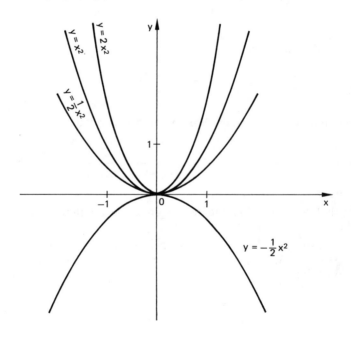

Parallelverschiebung in den Achsenrichtungen von $y = ax^2$ liefert die allgemeine Parabel.

Die Funktionsgleichung

$$y = y_0 + a(x - x_0)^2, \quad a \neq 0$$

stellt eine **allgemeine Parabel** dar mit dem Scheitelpunkt S (x_0, y_0).

Für $a > 0$ ist die Parabel nach oben, für $a < 0$ nach unten geöffnet. Diese Parabel geht aus der entsprechenden Standardparabel durch Streckung in y-Richtung im Verhältnis $|a| : 1$ hervor. Dabei ist $|a|$ der Betrag von a mit

$$|a| = \left\{ \begin{array}{l} a \text{ für } a \geq 0; \\ -a \text{ für } a < 0. \end{array} \right.$$

Jede Funktionsgleichung

$$y = ax^2 + bx + c, \quad a \neq 0$$

stellt eine Parabel dar. Die Koordinaten des Scheitels erhält man durch folgende Umformung

$$
\begin{aligned}
y &= ax^2 + bx + c \quad (a \neq 0) \\
&= a\left(x^2 + \frac{b}{a}x\right) + c && \text{(ausklammern)} \\
&= a\left[\left(x + \frac{b}{2a}\right)^2 - \frac{b^2}{4a^2}\right] + c && \text{(quadratische Ergänzung)} \\
&= a \cdot \left(x + \frac{b}{2a}\right)^2 - \frac{b^2}{4a} + c; && \text{(zusammenfassen)}
\end{aligned}
$$

$$x_0 = -\frac{b}{2a}; \quad y_0 = c - \frac{b^2}{4a}.$$

$$
\begin{aligned}
y &= ax^2 + bx + c \\
&= a\left(x + \frac{b}{2a}\right)^2 + c - \frac{b^2}{4a}; \quad a \neq 0
\end{aligned}
$$

stellt eine **allgemeine Parabel** dar mit dem Scheitel

$$S\left(x_0 = -\frac{b}{2a}; \quad y_0 = c - \frac{b^2}{4a}\right).$$

Beispiel 5:

Von folgenden Parabeln sollen Scheitelpunkt und Nullstellen (= Schnittpunkte mit der x-Achse) bestimmt und eine Skizze angefertigt werden.

a) $y = 2x^2 + 8x + 5$;

b) $y = -\dfrac{1}{2}x^2 + 3x - 2;$

c) $y = \dfrac{1}{2}x^2 - x + 2.$

Lösung

a) $y = 2(x^2 + 4x) + 5$
$\quad = 2\left((x+2)^2 - 4\right) + 5$
$\quad = 2(x+2)^2 - 3;$ Scheitel $S\,(x_0 = -2;\, y_0 = -3);$

Nullstellen:

$\quad y = 0;\ \ (x+2)^2 = \dfrac{3}{2}\ ;\ \ x_{1,2} = -2 \pm \sqrt{\dfrac{3}{2}}\,.$

$\quad x_1 = -2 + \sqrt{\dfrac{3}{2}}\ ;\ x_2 = -2 - \sqrt{\dfrac{3}{2}}\ ;$

b) $y = -\dfrac{1}{2} \cdot (x^2 - 6x) - 2$

$\quad = -\dfrac{1}{2} \cdot \left((x-3)^2 - 9\right) - 2$

$\quad = -\dfrac{1}{2} \cdot (x-3)^2 + 2{,}5;$ Scheitel $S\,(x_0 = 3;\, y_0 = 2{,}5);$

Nullstellen:

$\quad y = 0;\ \ (x-3)^2 = 5;\ \ x_1 = 3 + \sqrt{5};\, x_2 = 3 - \sqrt{5};$

c) $y = \dfrac{1}{2}(x^2 - 2x) + 2$

$\quad = \dfrac{1}{2}\left((x-1)^2 - 1\right) + 2$

$\quad = \dfrac{1}{2}(x-1)^2 + \dfrac{3}{2}\ ;$ Scheitel $S\,(x_0 = 1;\, y_0 = \dfrac{3}{2}\,);$

Nullstellen:

$\quad y = 0;\ \ (x-1)^2 = -3$ hat keine reelle Lösung. Die Parabel besitzt also keine
Nullstellen.

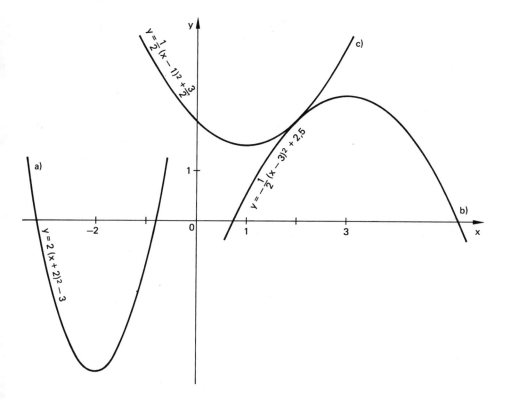

15.4 Nullstellen von Parabeln – quadratische Gleichungen

Die Nullstellen, also diejenigen Stellen, an denen die Parabel

$$y = ax^2 + bx + c$$

die x-Achse schneidet, erhält man als Lösungen der quadratischen Gleichung $(y = 0)$

$$ax^2 + bx + c = 0.$$

Diese Gleichung geht über in

$$a\left(x^2 + \frac{b}{a}\, x\right) + c = a\left[\left(x + \frac{b}{2a}\right)^2 - \frac{b^2}{4a^2}\right] + c$$

$$= a \cdot \left(x + \frac{b}{2a}\right)^2 + c - \frac{b^2}{4a} = 0$$

$$a \cdot \left(x + \frac{b}{2a}\right)^2 = -c + \frac{b^2}{4a} = -y_0.$$

Auf der rechten Seite steht der negative Wert der y-Koordinate des Scheitel-
punkts der Parabel. Division durch a liefert

$$(x + \frac{b}{2a})^2 = \frac{b^2 - 4ac}{4a^2}.$$

Falls der Scheitel einer nach oben geöffneten Parabel oberhalb der x-Achse bzw.
einer nach unten geöffneten Parabel unterhalb der x-Achse liegt, gibt es keine
reellen Nullstellen. In diesem Fall ist die rechte Seite der vorangehenden Gleichung negativ, sie hat also keine Lösung. Andernfalls lauten die Lösungen

$$x_{1,2} = -\frac{b}{2a} \pm \frac{\sqrt{b^2 - 4ac}}{2a}.$$

Dabei stellt $-\dfrac{b}{2a}$ die x-Koordinate des Scheitels S der Parabel dar. Symmetrisch
dazu liegen im Falle der Existenz die beiden Nullstellen.

15.5 Schnitt einer Parabel mit einer Geraden

Beispiel 6:

Gegeben ist die Parabel $y = -\dfrac{1}{2} x^2 + 5x - \dfrac{19}{2}$ sowie die beiden Geraden

$g_1: y = \dfrac{1}{2} x - \dfrac{1}{2}$; $g_2: y = \dfrac{1}{3} x + 2$.

a) Die Scheitelgleichung der Parabel erhält man als

$$y = -\frac{1}{2}(x^2 - 10x) - \frac{19}{2} = -\frac{1}{2}((x-5)^2 - 25) - \frac{19}{2} = -\frac{1}{2}(x-5)^2 + 3.$$

Die Parabel ist nach unten geöffnet mit dem Scheitel S (5; 3) und in der nachfolgenden Abbildung dargestellt.

b) Gesucht sind die Schnittpunkte der Geraden g_1 mit der Parabel. Gleichsetzen
der beiden Funktionsgleichungen ergibt

$$-\frac{1}{2} x^2 + 5x - \frac{19}{2} = \frac{1}{2} x - \frac{1}{2}$$

$$0 = \frac{1}{2} x^2 - \frac{9}{2} x + 9 \qquad | \cdot 2$$

$$x^2 - 9x + 18 = 0; x_{1,2} = \frac{9}{2} \pm \sqrt{\frac{81}{4} - 18}$$

$$x_1 = 3; x_2 = 6;$$

$$y_1 = \frac{1}{2} \cdot 3 - \frac{1}{2} = 1; y_2 = \frac{1}{2} \cdot 6 - \frac{1}{2} = \frac{5}{2}.$$

Schnittpunkte $P_1 (3; 1)$; $P_2 (6; \dfrac{5}{2})$.

c) Die Gerade g_2 schneidet die Parabel nicht, denn

$$-\frac{1}{2}x^2 + 5x - \frac{19}{2} = \frac{1}{3}x + 2$$

$$0 = \frac{1}{2}x^2 - \frac{14}{3}x + \frac{23}{2}$$

$$x^2 - \frac{28}{3}x + 23 = 0$$

$$x_{1,2} = \frac{14}{3} \pm \sqrt{\underbrace{\frac{28^2}{9 \cdot 4} - 23}_{<0}}$$

besitzt keine reelle Lösung.

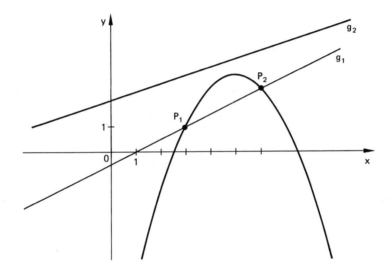

Die Berechnung der **Schnittpunkte** der **Parabel** $y = ax^2 + bx + c$ mit der **Geraden** $y = mx + b$ erfolgt durch Gleichsetzen

$$ax^2 + bx + c = mx + b.$$

Falls diese Gleichung keine Lösung besitzt, gibt es keinen Schnittpunkt, sonst liefern die Lösungen x_1 und x_2 die x-Koordinaten der Schnittpunkte

$$P_1(x_1; mx_1 + b); \quad P_2(x_2; mx_2 + b).$$

Beispiel 7:

Gesucht sind die Schnittpunkte der Parabel $y = 2x^2 - 3x + 5$ und der Geraden $y = 5x - 3$.

$$\begin{aligned}
2x^2 - 3x + 5 &= 5x - 3 \\
2x^2 - 8x + 8 &= 0 \qquad |:2 \\
x^2 - 4x + 4 &= 0; \\
(x - 2)^2 &= 0
\end{aligned}$$

besitzt nur die einzige Lösung $x = 2$.

Die Gerade berührt somit die Parabel im Punkt P $(2; 7)$, sie ist also Tangente in diesem Punkt.

15.6 Schnitt zweier Parabeln

Beispiel 8:

Gegeben sind die Gleichungen der drei Parabeln

$$p_1:\ y = -\frac{x^2}{2} + 5x - \frac{17}{2} = -\frac{1}{2}(x-5)^2 + 4;$$

$$p_2:\ y = \frac{x^2}{4} - 2x + 2 = \frac{1}{4}(x-4)^2 - 2;$$

$$p_3:\ y = \frac{x^2}{2} + x - \frac{1}{2} = \frac{1}{2}(x+1)^2 - 1.$$

a) x-Werte der Schnittpunkte von p_1 und p_2

$$-\frac{x^2}{2} + 5x - \frac{17}{2} = \frac{x^2}{4} - 2x + 2$$

$$0 = \frac{3}{4}x^2 - 7x + \frac{21}{2} \qquad |\cdot 4$$

$$3x^2 - 28x + 42 = 0$$

$$x_{1,2} = \frac{28}{6} \pm \frac{\sqrt{28^2 - 4\cdot 3\cdot 42}}{6} = \frac{14}{3} \pm \frac{\sqrt{70}}{3}$$

$$x_1 = \frac{1}{3}(14 + \sqrt{70}); \quad x_2 = \frac{1}{3}(14 - \sqrt{70});$$

b) p_1 und p_3 besitzen keinen Schnittpunkt.

c) x-Werte der Schnittpunkte von p_2 und p_3:

$$\frac{x^2}{4} - 2x + 2 = \frac{x^2}{2} + x - \frac{1}{2}$$

$$\frac{x^2}{4} + 3x - \frac{5}{2} = 0 \quad | \cdot 4$$

$$x^2 + 12x - 10 = 0$$

$$x_{3,4} = -6 \pm \sqrt{\frac{144}{4} + 10}$$

$$x_3 = -6 + \sqrt{46}; \quad x_4 = -6 - \sqrt{46}.$$

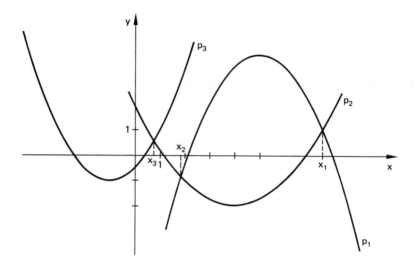

Die Berechnung der **Schnittpunkte der beiden Parabeln**

$$p_1: \; y = a_1 x^2 + b_1 x + c_1; \quad p_2: \; y = a_2 x^2 + b_2 x + c_2$$

erfolgt durch Gleichsetzen

$$a_1 x^2 + b_1 x + c_1 = a_2 x^2 + b_2 x + c_2.$$

Falls diese Gleichung keine Lösung besitzt, schneiden sich die beiden Parabeln nicht, sonst liefern die Lösungen dieser (quadratischen) Gleichung die x-Koordinaten der Schnittpunkte. Im Falle $a_1 = a_2$ entsteht eine lineare Gleichung mit genau einer Lösung für $b_1 \neq b_2$.

Die y-Koordinaten der Schnittpunkte erhält man durch Einsetzen der x-Koordinaten in eine der beiden Parabelgleichungen.

15.7 Aufgaben

A15.1 Bestimmen Sie die Koordinaten des Scheitels und eventuelle Nullstellen der folgenden Parabeln

a) $y = x^2 - x - \dfrac{7}{4}$;

b) $y = -x^2 + 2x - 3$;

c) $y = 3x^2 - 12x - 15$;

d) $y = -0{,}5x^2 + 4x + 10$.

A15.2 Bestimmen Sie die Schnittpunkte der Geraden g mit der Parabel p

a) p: $y = 2x^2 - 4x + 6$;   g: $y = 2x + 3$;

b) p: $y = -3x^2 + 4x + 3$;   g: $y = -2x + 6$;

c) p: $y = -2x^2 - 8x - 7$;   g: $y = -1{,}5x + 5$.

A15.3 Bestimmen Sie beide Koordinaten der Schnittpunkte der Parabel p_1 mit p_2

a) p_1: $y = 4x^2 + 2x + 8$; p_2: $y = 5x^2 + x + 2$;

b) p_1: $y = \dfrac{3}{2}x^2 - x + 1$; p_2: $y = -\dfrac{1}{2}x^2 + 3x + 3$;

c) p_1: $y = x^2 + 2x - 10$; p_2: $y = 2x^2 - 4x + 1$.

Kapitel 16:
Ungleichungen und Beträge

16.1 Das Rechnen mit Ungleichungen

Zwischen zwei beliebigen reellen Zahlen a und b besteht genau eine der drei Beziehungen

a < b   (a ist **kleiner** als b)

a = b   (a ist **gleich** b)

a > b   (a ist **größer** als b)

Wegen

$$a > b \iff b < a$$

könnte man auf das Größerzeichen zwar prinzipiell verzichten, doch ist die Benutzung beider Zeichen <, > vorteilhaft.

a ≠ b (a **ungleich** b) bedeutet entweder a < b oder a > b. Die Bezeichnung a ≦ b bzw. a ≤ b (a **kleiner gleich** b) besagt, daß a entweder kleiner oder gleich b, also nicht größer als b ist. Von den beiden Beziehungen a < b oder a = b kann höchstens eine richtig sein. Es gilt

$$a \leq b \iff a \ngtr b.$$

Beziehungen der Art a < b, a > b, a ≤ b, a ≥ b heißen **Ungleichungen.**

Für das Rechnen mit Ungleichungen gelten folgende Eigenschaften

Aus a < b und b < c folgt a < c.

Aus a < b folgt a + c < b + c   für beliebiges c.

Aus a < b folgt a · c < b · c   für beliebiges c > 0;

a · c > b · c   für beliebiges c < 0.

Aus a < b und c < d folgt a + c < b + d.

Beispiel 1:

a) $\begin{aligned} 2 &< 5 \quad | \cdot 4 \\ \Rightarrow 8 &< 20 \end{aligned}$

b) $\begin{aligned} 2 &< 5 \quad | \cdot (-4) \\ \Rightarrow -8 &> -20 \end{aligned}$

c) $\begin{aligned} 4 &< 7 \quad | \cdot (-1) \\ \Rightarrow -4 &> -7 \end{aligned}$

d) $\begin{aligned} -a &< -2 \quad | \cdot (-1) \\ \Rightarrow a &> 2. \end{aligned}$

Achtung

> Bei der Multiplikation einer Ungleichung mit einer negativen Zahl c < 0 geht
> das < Zeichen in > über und umgekehrt. Das Ungleichheitszeichen muß also
> bei der Multiplikation mit einer negativen Zahl umgekehrt werden.

Für a < b und b < c schreibt man abkürzend a < b < c (Doppelungleichung).

Bei solchen **doppelten Ungleichungen** müssen **gleichzeitig beide Ungleichungen**
a < b und b < c erfüllt sein. b liegt dann echt zwischen a und c.

Beispiel 2:

a) $2 < a - 5 < 7$ $| + 5$
   $\Rightarrow 7 < a < 12$

b) $2 < -b < 5$ $| \cdot (-1)$
   $\Rightarrow -2 > b > -5;$

c) $-2 < -x < -1$ $| \cdot (-1)$
   $\Rightarrow 2 > x > 1.$

16.2 Intervalle

Zweiseitig begrenzte Intervalle bestehen aus allen reellen Zahlen, die zwischen
den beiden Grenzen liegen. Dabei können die Randpunkte (Grenzen) dazuge-
nommen oder weggelassen werden. Für a < b gibt es folgende Intervalle

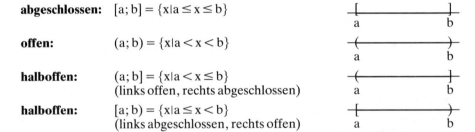

abgeschlossen: $[a; b] = \{x | a \le x \le b\}$

offen: $(a; b) = \{x | a < x < b\}$

halboffen: $(a; b] = \{x | a < x \le b\}$
(links offen, rechts abgeschlossen)

halboffen: $[a; b) = \{x | a \le x < b\}$
(links abgeschlossen, rechts offen)

Die eckigen Klammern [,] bedeuten, daß die Intervallgrenzen zum Intervall gehören, bei runden Klammern (,) gehören die Intervallgrenzen nicht dazu.

Zweiseitig begrenzte Intervalle werden also durch doppelte Ungleichungen beschrieben.

Einseitig begrenzte Intervalle werden durch eine einzige Ungleichung beschreiben, z.B.

$$(-\infty, a) = \{x | x < a\} \quad \text{offen, nach oben begrenzt;}$$
$$(-\infty, a] = \{x | x \le a\} \quad \text{abgeschlossen, nach oben begrenzt;}$$
$$(a, +\infty) = \{x | x > a\} \quad \text{offen, nach unten begrenzt;}$$
$$[a, +\infty) = \{x | x \ge a\} \quad \text{abgeschlossen, nach unten begrenzt.}$$

Bei (halb-)offenen Intervallen werden häufig auch folgende Bezeichnungen benutzt

$$(a, b) =]a, b[; (a, b] =]a, b]; [a, b) = [a, b[.$$

Intervalle treten z.B. als Lösungsmengen linearer oder quadratischer Ungleichungen auf (Abschnitte 16.3 bis 16.5).

16.3 Lineare Ungleichungen mit einer Variablen

Beispiel 3:

Gesucht sind die Lösungsmengen der folgenden Ungleichungen

a) $3x < 9$
$\quad 3x < 9 \quad | :3$ (Division beider Seiten)
$\quad x < 3; \quad L = \{x | x < 3\} = (-\infty, 3)$ (Intervall).

b) $2x + 4 \quad < 3x + 5$
$\quad 2x + 4 \quad\quad < 3x + 5 \quad\quad\quad | -3x$ (Subtraktion auf beiden Seiten)
$\quad 2x - 3x + 4 < 3x - 3x + 5$
$\quad -x + 4 \quad\quad < 5 \quad\quad\quad\quad | -4$ (Subtraktion)
$\quad\quad -x \quad\quad < 1 \quad\quad\quad\quad\quad | \cdot (-1)$
$\quad\quad\quad x \quad\quad > -1; \quad L = \{x | x > -1\} = (-1, +\infty).$

c) $2x - 5 \quad\quad \geq \dfrac{5}{2}x + 8$

$\quad 2x - 5 \quad\quad \geq \dfrac{5}{2}x + 8 \quad\quad | -\dfrac{5}{2}x$

$\quad -\dfrac{1}{2}x - 5 \geq 8 \quad\quad\quad | +5$

$\quad -\dfrac{1}{2}x \quad\quad \geq 13 \quad\quad\quad | \cdot (-2)$

$\quad\quad x \quad\quad \leq -26.$

Durch die Multiplikation mit -2 geht $\geq$ in $\leq$ über.

Lösungsmenge $L = \{x | x \leq -26\} = (-\infty; 26].$

Falls in einer Ungleichung die Variable x nur in der ersten Potenz vorkommt, handelt es sich um eine **lineare Ungleichung**, z.B. $ax + b < c$.

Zur Bestimmung der Lösungsmenge L wird die Ungleichung durch wiederholte Addition und Multiplikation so umgeformt, daß x isoliert auf einer Seite steht. Dabei ändert eine Addition und die Multiplikation mit einer positiven Zahl die Ungleichung nicht, während bei der Multiplikation mit $c < 0$ das Zeichen $>$ in $<$ übergeht und umgekehrt. Die Ungleichheitszeichen kehren sich in diesem Fall um.

Beispiel 4:

Gesucht ist die Lösungsmenge der Ungleichung

$$\frac{x+1}{x-2} > \frac{1}{3} \; ; \quad x \neq 2.$$

Diese Ungleichung darf nicht ohne weiteres mit $x - 2$ durchmultipliziert werden, da der Nenner $x - 2$ in Abhängigkeit von x positiv oder negativ sein kann. Bei negativem Nenner $x - 2 < 0$ muß bei der Multiplikation mit $x - 2$ das Zeichen $>$ durch $<$ ersetzt werden. Damit sind Fallunterscheidungen notwendig.

1. Fall: $x - 2 > 0$, d.h. $\underline{x > 2}$

$$\frac{x+1}{x-2} > \frac{1}{3} \qquad | \cdot (x-2) \qquad \text{(Multiplikation)}$$

$$x+1 > \frac{1}{3}(x-2) \quad | \cdot 3 \qquad \text{(Multiplikation)}$$

$$3x + 3 > x - 2 \qquad | -x \qquad \text{(Subtraktion)}$$

$$2x + 3 > -2 \qquad | -3$$

$$2x \;\; > -5 \qquad | : 2$$

$$x \;\; > -\frac{5}{2}.$$

Beide Ungleichungen $x > -\dfrac{5}{2}$ und $x > 2$ sind für $x > 2$ erfüllt. Damit erhält man die erste Lösungsteilmenge $L_1 = \{x | x > 2\} = (2; +\infty)$.

2. Fall: $x - 2 < 0$, d.h. $\underline{x < 2}$.

$$\frac{x+1}{x-2} > \frac{1}{3} \qquad | \cdot (x-2) \qquad \text{(negativ)}$$

$$x+1 < \frac{1}{3}(x-2) \quad | \cdot 3$$

$$3x + 3 < x - 2 \qquad | -x$$

$$2x + 3 < -2 \qquad | -3$$

$$2x \;\; < -5 \qquad | : 2$$

$$x \;\; < -\frac{5}{2}.$$

Beide Ungleichungen $x < 2$ und $x < -\dfrac{5}{2}$ sind für $x < -\dfrac{5}{2}$ erfüllt. Damit lautet die zweite Lösungsteilmenge

$$L_2 = \{x | x < -\frac{5}{2}\} = (-\infty; -\frac{5}{2}).$$

Als Lösungsmenge L der Ungleichung erhält man die Vereinigung

$$L = L_1 \cup L_2 = \{x | x > 2 \text{ oder } x < -\frac{5}{2}\} = (-\infty; -\frac{5}{2}) \cup (2; \infty)$$

(Vereinigung von Intervallen).

Falls in einer Ungleichung ein Bruch vorkommt, dessen **Nenner** die Variable x enthält, wird dieser Nenner dadurch beseitigt, daß die Ungleichung mit dem Nenner durchmultipliziert wird.

Dabei müssen für den Nenner Fallunterscheidungen gemacht werden. **Bei positivem Nenner bleibt das Ungleichheitszeichen** erhalten, während es *bei der Multiplikation mit einem negativen Nenner umgekehrt* werden muß.

Beispiel 5:

Gesucht ist die Lösungsmenge von

$$\frac{5 + 2x}{2 + 3x} < -2. \qquad | \cdot (2 + 3x)$$

1. Fall: $2 + 3x > 0; \quad 3x > -2; \qquad \underline{x > -\frac{2}{3}}$

$$5 + 2x < -2(2 + 3x)$$
$$5 + 2x < -4 - 6x \qquad | + 6x - 5$$
$$8x < -9$$
$$x < -\frac{9}{8}.$$

Da nicht gleichzeitig $x < -\frac{9}{8}$ und $x > -\frac{2}{3}$ sein kann, gibt es für diesen Fall keine Lösung, d.h. $L_1 = \emptyset$.

2. Fall: $2 + 3x < 0; \qquad\qquad \underline{x < -\frac{2}{3}}$

$$\Rightarrow \quad 5 + 2x > -2(2 + 3x)$$
$$5 + 2x > -4 - 6x$$
$$8x > -9$$
$$\underline{x > -\frac{9}{8}}.$$

$$L_2 = \{x | -\frac{9}{8} < x < -\frac{2}{3}\} = (-\frac{9}{8}; -\frac{2}{3}).$$

Lösungsmenge $L = L_1 \cup L_2 = L_2 = \{x | -\frac{9}{8} < x < -\frac{2}{3}\} = (-\frac{9}{8}; -\frac{2}{3}).$

16.4 Beträge und Abstände. Ungleichungen mit Beträgen

Der **Betrag** einer Zahl a

$$|a| = \begin{cases} a \text{ für } a \geq 0 \\ -a \text{ für } a < 0 \end{cases}$$

kann als **Abstand** dieser Zahl vom **Nullpunkt** auf dem Zahlenstrahl erklärt werden

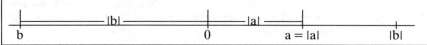

Für a > 0 gilt somit   a = |a|
und für b < 0   b = -|b|.

Bei der Berechnung von Beträgen fest vorgegebener reeller Zahlen gibt es im allgemeinen keine Probleme. So ist z.B.

$$|5| = 5; \quad |-7| = 7; \quad |0| = 0; \quad |-1| = 1$$

unmittelbar plausibel. Beim Buchstabenrechnen ist jedoch nicht unmittelbar ersichtlich, ob die entsprechende Zahl positiv oder negativ ist. Dann müssen zur Beseitigung des Betragszeichens Fallunterscheidungen gemacht werden.

Eigenschaften der Beträge

$|-a| = |a|$

$|a \cdot b| = |a| \cdot |b|$

$-|a| \leq a \leq |a|$ (folgt aus a = |a| für a > 0, a = -|a| für a < 0)

$|a + b| \leq |a| + |b|$ (Dreiecksungleichung).

Der Betrag |a - b| stellt den **Abstand** zwischen a und b dar.

Alle reellen Zahlen x, welche bei vorgegebenem x_0 die Ungleichung

$$|x - x_0| \leq d$$

erfüllen, dürfen von x_0 höchstens den Abstand d haben. Die Lösungsmenge dieser Betragsungleichung ist somit das **abgeschlossene Intervall**

$$[x_0 - d; x_0 + d] = \{x \mid x_0 - d \leq x \leq x_0 + d\}.$$

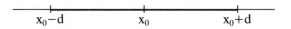

Beispiel 6:

Gesucht ist die Lösungsmenge der Ungleichung

$$|x - 10| \leq 0{,}5x.$$

Zur Lösung müssen die Betragszeichen beseitigt werden. Dazu sind zwei Fallunterscheidungen notwendig.

1. Fall: $x - 10 \geq 0$, d.h. $\underline{x \geq 10}$.

Für $x - 10 \geq 0$ geht wegen $|x - 10| = x - 10$ die Ungleichung über in

$$
\begin{array}{lll}
x - 10 & \leq 0{,}5\,x & \quad |+10-0{,}5x \\
0{,}5\,x & \leq 10 & \quad |\cdot 2 \\
x & \leq 20. &
\end{array}
$$

Für diesen Fall lautet die Lösungsteilmenge

$$L_1 = \{x | 10 \leq x \leq 20\} = [10; 20].$$

2. Fall: $x - 10 < 0$, d.h. $\underline{x < 10}$.

Aus $x - 10 < 0$ folgt $|x - 10| = -(x - 10)$. Damit geht die Ungleichung über in

$$
\begin{array}{lll}
-(x - 10) & \leq 0{,}5x & \\
-x + 10 & \leq 0{,}5x & \quad |+x \\
10 & \leq \dfrac{3}{2}\,x & \quad |\ \cdot \dfrac{2}{3} \\
\dfrac{20}{3} & \leq x. &
\end{array}
$$

Dieser Fall liefert die Lösungsteilmenge

$$L_2 = \{x | \frac{20}{3} \leq x < 10\} = [\frac{20}{3}; 10).$$

Die gesamte Lösungsmenge ist die Vereinigung

$$L = L_1 \cup L_2 = \{x | \frac{20}{3} \leq x \leq 20\} = [\frac{20}{3}; 20].$$

Bei Ungleichungen mit Beträgen müssen zur Beseitigung der Betragszeichen wegen

$$|a| = \left\{ \begin{array}{l} a \text{ für } a \geq 0 \\ -a \text{ für } a < 0 \end{array} \right.$$

die beiden Fallunterscheidungen $a \geq 0$ und $a < 0$ gemacht werden.

Beispiel 7:

Gesucht ist die Lösungsmenge von

$$|5 - 2x| \geq x + 1.$$

1. Fall: $5 - 2x \geq 0; \ 5 \geq 2x; \ x \leq \dfrac{5}{2}$.

$$|5 - 2x| = 5 - 2x \geq x + 1 \qquad\qquad | +2x-1$$
$$4 \quad \geq 3x \qquad\qquad | :3$$
$$\frac{4}{3} \quad \geq x.$$

$$L_1 = \{x | x \leq \frac{4}{3} \} = (-\infty; \frac{4}{3}].$$

2. Fall: $5 - 2x < 0; \ 5 < 2x; \ x > \dfrac{5}{2}$

$$|5 - 2x| = - (5 - 2x)$$
$$-5 + 2x \geq x + 1 \quad | +5-x$$
$$x \geq 6.$$
$$L_2 = \{x | x \geq 6\} = [6; \infty).$$

Lösungsmenge $L = L_1 \cup L_2 = \{x | x \leq \dfrac{4}{3} \text{ oder } x \geq 6\} = (-\infty; \dfrac{4}{3}] \cup [6; \infty).$

16.5 Quadratische Ungleichungen

Ungleichungen, bei denen eine Variable nur in der zweiten und evtl. in der ersten Potenz vorkommt, heißen **quadratische Ungleichungen**.

16.5.1 Reinquadratische Ungleichungen

Ungleichungen der Art

$$x^2 < a; \ x^2 \leq a; \ x^2 > a; \ x^2 \geq a$$

heißen **reinquadratische Ungleichungen**.

Die Ungleichung $x^2 < a$ besitzt für $a \leq 0$ keine Lösung, da Quadrate nicht negativ sein können. Für $a > 0$ folgt aus $x^2 = |x|^2$

$$|x|^2 < a \Longleftrightarrow |x| < \sqrt{a}$$

mit der Lösungsmenge

$$L = \{x | -\sqrt{a} < x < \sqrt{a}\} = (-\sqrt{a}; \sqrt{a}).$$

Die **reinquadratische Ungleichung** $x^2 < a$ besitzt für $a \leq 0$ keine reelle Lösung
($L = \emptyset$) und für $a > 0$ die Lösungsmenge

$L = \{x | -\sqrt{a} < x < \sqrt{a}\} = (-\sqrt{a}; \sqrt{a})$ (offenes Intervall).

Die Ungleichung $x^2 > a$ ist für alle $x \in \mathbb{R}$ erfüllt, falls a negativ ist.

Für $a \geq 0$ gilt $x^2 > a \Longleftrightarrow |x|^2 > a \Longleftrightarrow |x| > \sqrt{a}$ mit der Lösungsmenge

$L = \{x | x < -\sqrt{a} \text{ oder } x > \sqrt{a}\} = (-\infty; -\sqrt{a}) \cup (\sqrt{a}; +\infty)$.

Die **reinquadratische Ungleichung** $x^2 > a$ besitzt für

$a < 0$ die Lösungsmenge $L = \mathbb{R}$ (alle reellen Zahlen) und für

$a \geq 0$ die Lösungsmenge $L = \{x | x < -\sqrt{a} \text{ oder } x > \sqrt{a}\} = (-\infty; -\sqrt{a}) \cup (\sqrt{a}; +\infty)$.

Bei den Ungleichungen $x^2 \leq a$ und $x^2 \geq a$ gehören die **Randpunkte** zur Lösungsmenge.

Beispiel 8:

a) $x^2 < 25$; $L = \{x | -5 < x < 5\} = (-5; 5)$;

b) $x^2 \geq 2$; $L = \{x | x \leq -\sqrt{2} \text{ oder } x \geq \sqrt{2}\} = (-\infty; -\sqrt{2}] \cup [\sqrt{2}, \infty)$;

c) $x^2 \leq 0$;   nur $x = 0$ erfüllt diese Ungleichung; $L = \{0\}$;

d) $x^2 < -1$ keine reelle Lösung; $L = \emptyset$ (leere Menge);

e) $x^2 \geq -5$ jedes $x \in \mathbb{R}$ erfüllt diese Ungleichung; $L = \mathbb{R}$.

16.5.2 Allgemeine quadratische Ungleichungen

Ungleichungen der Form

$$ax^2 + bx + c > 0 \quad \text{bzw.} \quad ax^2 + bx + c \geq 0$$

$$\text{bzw.} \quad ax^2 + bx + c < 0 \quad \text{bzw.} \quad ax^2 + bx + c \leq 0$$

heißen **quadratische Ungleichungen.**

a) Lösungen über die Nullstellen von Parabeln

Da die Funktion

$$y = ax^2 + bx + c$$

für $a \neq 0$ eine Parabel darstellt, besteht die Lösungsmenge der quadratischen Ungleichung

$$ax^2 + bx + c > 0 \quad (< 0)$$

aus denjenigen Stellen x, an denen die Parabel oberhalb (unterhalb) der x-Achse liegt. Bei Ungleichungen der Gestalt

$$ax^2 + bx + c \geq 0 \quad (\leq 0)$$

gehören auch noch die Nullstellen der Parabel zur Lösungsmenge.

Bei der Lösung quadratischer Ungleichungen spielen daher die **Lösungen der** entsprechenden **quadratischen Gleichungen** eine entscheidende Rolle. Dazu das

Beispiel 9:

a) Gesucht ist die Lösungsmenge der Ungleichung

$$x^2 - 6x + 7 < 0.$$

1. Schritt: (Bestimmung der Nullstellen)

$$x^2 - 6x + 7 = 0$$

$$x_{1,2} = 3 \pm \sqrt{\frac{36}{4} - 7} = 3 \pm \sqrt{2};$$

$$x_1 = 3 - \sqrt{2}; \quad x_2 = 3 + \sqrt{2}.$$

2. Schritt: Da die Parabel nach oben geöffnet ist, sind die Funktionswerte innerhalb der Nullstellen negativ.

Damit lautet die Lösungsmenge

$$L = \{x \mid 3 - \sqrt{2} < x < 3 + \sqrt{2}\} = (3 - \sqrt{2}; 3 + \sqrt{2}) \quad \text{(offenes Intervall)}.$$

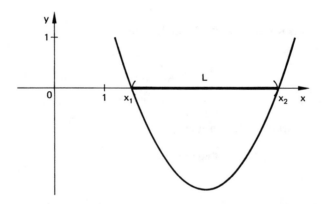

b) Die Ungleichung

$$x^2 - 6x + 7 > 0$$

besitzt die Lösungsmenge (außerhalb der Nullstellen)

$$L = \{x \mid x < 3 - \sqrt{2} \text{ oder } x > 3 + \sqrt{2}\} = (-\infty; 3 - \sqrt{2}) \cup (3 + \sqrt{2}, \infty)$$

(Vereinigung zweier einseitig begrenzter Intervalle).

Beispiel 10:

$$y = -0,5x^2 + 5x - 10 = -0,5(x - 5)^2 + 2,5$$

stellt eine nach unten geöffnete Parabel dar mit den Nullstellen

$$x_1 = 5 - \sqrt{5}; \quad x_2 = 5 + \sqrt{5}.$$

a) Die Ungleichung $-0,5x^2 + 5x - 10 \geq 0$ besitzt die Lösungsmenge
$$L_a = \{x \mid 5 - \sqrt{5} \leq x \leq 5 + \sqrt{5}\} = [5 - \sqrt{5}; 5 + \sqrt{5}].$$

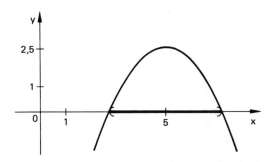

b) Die Lösungsmenge der Ungleichung

$$-0,5x^2 + 5x - 10 < 0$$

ist die Komplementärmenge von L_a, also
$$L_b = \{x \mid x \notin L_a\} = \{x \mid x < 5 - \sqrt{5} \text{ oder } x > 5 + \sqrt{5}\}$$
$$= (-\infty; 5 - \sqrt{5}) \cup (5 + \sqrt{5}; \infty).$$

c) Die Ungleichung

$$-0,5x^2 + 5x - 10 < 5 \quad | -5$$
$$-0,5x^2 + 5x - 15 < 0$$

ist für jedes $x \in \mathbb{R}$ erfüllt, da die gesamte Parabel unterhalb von $y = 5$ liegt. Die Lösungsmenge lautet

$$L_c = \mathbb{R}.$$

Die zugehörige Gleichung

$$-0,5x^2 + 5x - 15 = 0$$

besitzt keine reelle Lösung, d.h. die Parabel

$$y = -0,5x^2 + 5x - 15$$

besitzt keine Nullstelle. Wegen $y(0) = f(0) = -15$ liegt sie unterhalb der x-Achse, was ebenfalls die Lösungsmenge $L_c = \mathbb{R}$ liefert.

d) Die Ungleichung

$$-0{,}5x^2 + 5x - 15 > 0$$

besitzt nach c) keine reelle Lösung. Die Parabel liegt unterhalb der x-Achse. Die Ungleichung ist für kein $x \in \mathbb{R}$ erfüllt, also $L_d = \varnothing$.

Bestimmung der Lösungsmenge der quadratischen Ungleichungen
$f(x) = \mathbf{ax^2 + bx + c < 0}$ bzw. $\mathbf{ax^2 + bx + c > 0}$ für $a \neq 0$.

1. Man löse die quadratische Gleichung

$$f(x) = ax^2 + bx + c = 0.$$

1. Fall: die quadratische Gleichung besitzt **keine Lösung**. Dann besitzt die Parabel $y = ax^2 + bx + c$ keine Nullstellen. Für $a > 0$ liegt sie oberhalb, für $a < 0$ unterhalb der x-Achse.

Falls für $x = 0$ die entsprechende Ungleichung erfüllt ist, ist jedes $x \in \mathbb{R}$ Lösung der entsprechenden Ungleichung, d.h. $L = \mathbb{R}$. Andernfalls gibt es keine Lösung, d.h. $L = \varnothing$.

2. Fall: die quadratische Gleichung besitze die beiden Lösungen

$$x_{1,2} = -\frac{b}{2a} \mp \frac{\sqrt{b^2 - 4ac}}{2a}.$$

Dabei seien die Vorzeichen so gewählt, daß $x_1 \leq x_2$ ist (der Fall $x_1 = x_2$ ist dabei zugelassen).

Für $a > 0$ ist die Parabel nach oben geöffnet. Dann gilt

$$x_1 < x < x_2 \qquad\qquad \Longleftrightarrow ax^2 + bx + c < 0 \text{ für } a > 0;$$
$$x < x_1 \text{ oder } x > x_2 \qquad \Longleftrightarrow ax^2 + bx + c > 0 \text{ für } a > 0.$$

Für $a < 0$ ist die Parabel nach unten geöffnet. Dann gilt

$$x_1 < x < x_2 \qquad\qquad \Longleftrightarrow ax^2 + bx + c > 0 \text{ für } a < 0;$$
$$x < x_1 \text{ oder } x > x_2 \qquad \Longleftrightarrow ax^2 + bx + c < 0 \text{ für } a < 0.$$

Beispiel 11:

Gesucht sind alle Punkte auf der Parabel

$$y = 0{,}25x^2 - 2{,}5x + 4{,}75 = 0{,}25\,(x - 5)^2 - 1{,}5,$$

die unterhalb der Geraden g: $y = 3 - 0{,}25x$ liegen.

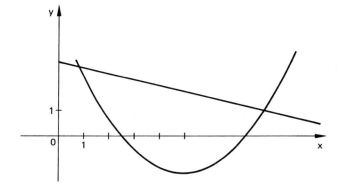

Gesucht ist also die Lösungsmenge der Ungleichung

$$0{,}25x^2 - 2{,}5x + 4{,}75 < 3 - 0{,}25\,x \qquad |-3 + 0{,}25x$$
$$0{,}25x^2 - 2{,}25x + 1{,}75 < 0 \qquad\qquad |\cdot 4$$
$$\phantom{0{,}25}x^2 - 9x + 7 < 0.$$

Quadratische Gleichung

$$x^2 - 9x + 7 = 0$$
$$x_{1,2} = \frac{9}{2} \pm \sqrt{\frac{81}{4} - 7}; \; x_1 = \frac{9}{2} - \frac{\sqrt{53}}{2}; \; x_2 = \frac{9}{2} + \frac{\sqrt{53}}{2}.$$

Da die Parabel nach oben geöffnet ist, lautet die Lösungsmenge

$$L = \{x|\; \frac{9 - \sqrt{53}}{2} < x < \frac{9 + \sqrt{53}}{2}\} = (\; \frac{9 - \sqrt{53}}{2}; \frac{9 + \sqrt{53}}{2}).$$

Beispiel 12:

Gesucht ist die Lösungsmenge der Ungleichung

$$0{,}2x^2 \le |x - 2|.$$

1. Fall: $x - 2 \ge 0; \; x \ge 2.$
$$0{,}2x^2 \le x - 2 \qquad\qquad |\cdot 5$$
$$x^2 \le 5x - 10 \qquad\qquad |-5x + 10$$
$$x^2 - 5x + 10 \le 0.$$

Nullstellen: $x^2 - 5x + 10 = 0$
$$x_{1,2} = \frac{5}{2} \pm \sqrt{\frac{25}{4} - 10}; \; \text{keine Nullstellen.}$$

Wegen $f(0) = 10 > 0$ ist die Ungleichung für kein x erfüllt, also $L_1 = \varnothing$.

2. Fall: $x - 2 < 0;\ x < 2$

$$0{,}2x^2 \leq -(x-2) = -x + 2 \qquad |\cdot 5$$
$$x^2 \leq -5x + 10 \qquad\qquad |+5x-10$$
$$x^2 + 5x - 10 \leq 0.$$

Nullstellen $x_{1,2} = -\dfrac{5}{2} \pm \sqrt{\dfrac{25}{4} + 10} = -\dfrac{5}{2} \pm \sqrt{\dfrac{65}{4}}$

$$x_1 = -\dfrac{5}{2} - \dfrac{\sqrt{65}}{2};\ \ x_2 = -\dfrac{5}{2} + \dfrac{\sqrt{65}}{2} < 2.$$

$$L_2 = \{x| -\dfrac{5}{2} - \dfrac{\sqrt{65}}{2} \leq x \leq -\dfrac{5}{2} + \dfrac{\sqrt{65}}{2}\};$$

Lösung: $L = L_2 = [-\dfrac{5 + \sqrt{65}}{2}\ ;\ \dfrac{\sqrt{65} - 5}{2}]$ (abgeschlossenes Intervall).

b) Lösungen mit Hilfe von Beträgen (quadratische Ergänzung)

Über die Division durch a können **alle quadratischen Ungleichungen übergeführt** werden **in die Normalform**

$$x^2 + px + q\ \underset{(=)}{>}\ 0 \quad \text{bzw.} \quad x^2 + px + q\ \underset{(=)}{<}\ 0.$$

Bei der Division durch ein negatives a < 0 ist darauf zu achten, daß die Ungleichheitszeichen > und < umgekehrt werden.

Die Lösungsmengen dieser Ungleichungen können mit Hilfe der **quadratischen Ergänzung** bestimmt werden. Diese quadratische Ergänzung ist unabhängig vom Ungleichheitszeichen. Sie wird daher nur für > durchgeführt.

$$x^2 + px + q\ > 0 \qquad\qquad |-q$$
$$x^2 + px\ \ \ \ \ > -q \qquad\qquad |+\dfrac{p^2}{4}$$
$$x^2 + px + \dfrac{p^2}{4} > \dfrac{p^2}{4} - q$$
$$(x + \dfrac{p}{2})^2 > \dfrac{p^2}{4} - q$$
$$|x + \dfrac{p}{2}|^2 > \dfrac{p^2}{4} - q.$$

1. Fall: $\dfrac{p^2}{4} - q < 0.$ Dann ist die Ungleichung für jedes $x \in \mathbb{R}$ erfüllt, d.h. $L = \mathbb{R}$.

2. Fall: $\dfrac{p^2}{4} - q \geq 0 \Rightarrow |x + \dfrac{p}{2}| > \sqrt{\dfrac{p^2}{4} - q}$.

$|x + \dfrac{p}{2}| = |x - (- \dfrac{p}{2})|$ stellt den Abstand des Punktes x von $- \dfrac{p}{2}$ auf

der Zahlengeraden dar. Dieser Abstand muß größer als $\sqrt{\dfrac{p^2}{4} - q}$ sein.

Für $x \in L$ (Lösungsmenge) muß also gelten

$$x < - \frac{p}{2} - \sqrt{\frac{p^2}{4} - q} = x_1 \text{ oder } x > - \frac{p}{2} + \sqrt{\frac{p^2}{4} - q} = x_2.$$

Dabei sind x_1 und x_2 die Lösungen der quadratischen Gleichung $x^2 + px + q = 0$.
Die Lösungsmenge ist symmetrisch zum Scheitelwert $x_0 = - \dfrac{p}{2}$.

Lösungsmenge der quadratischen Ungleichung $x^2 + px + q > 0$.

1. Fall: die quadratische Gleichung $x^2 + px + q = 0$ besitzt keine Lösung
$\Longleftrightarrow \dfrac{p^2}{4} - q < 0$.

Lösungsmenge $L = \mathbb{R}$, d.h. die Ungleichung ist für jedes $x \in \mathbb{R}$ erfüllt.

2. Fall: die quadratische Gleichung besitzt die Lösungen

$$x_1 = - \frac{p}{2} - \sqrt{\frac{p^2}{4} - q}; \; x_2 = - \frac{p}{2} + \sqrt{\frac{p^2}{4} - q} \; (x_1 = x_2 \text{ ist möglich}).$$

Lösungsmenge $L = \{x| x < x_1 \text{ oder } x > x_2\} = (-\infty, x_1) \cup (x_2, +\infty)$.

Für die Ungleichung $x^2 + px + q \geq 0$ sind die Abgrenzungspunkte
(= Nullstellen) x_1 und x_2 hinzuzunehmen.

Aus

$$x^2 + px + q < 0$$

$$\Longleftrightarrow |x + \frac{p}{2}|^2 < \frac{p^2}{4} - q$$

folgt

Lösungsmenge der quadratischen Ungleichung $x^2 + px + q < 0$.

1. Fall: die quadratische Gleichung $x^2 + px + q = 0$ besitzt nicht zwei verschiedene Lösungen $\Longleftrightarrow \dfrac{p^2}{4} - q \leq 0$.

Lösungsmenge $L = \varnothing$ (keine reelle Lösung).

2. Fall: $x^2 + px + q = 0$ besitzt die beiden verschiedenen Lösungen

$$x_1 = -\frac{p}{2} - \sqrt{\frac{p^2}{4} - q}; \ x_2 = -\frac{p}{2} + \sqrt{\frac{p^2}{4} - q} \ \ (x_1 \neq x_2)$$

Lösungsmenge $L = \{x | x_1 < x < x_2\} = \left(-\frac{p}{2} - \sqrt{\frac{p^2}{4} - q}; -\frac{p}{2} + \sqrt{\frac{p^2}{4} - q}\right).$

Beispiel 13:

Gesucht sind die Lösungsmengen der Ungleichungen

a) $-12x^2 + 2x + 2 > 0$;

b) $-12x^2 + 2x + 2 < 0$.

Durch Division durch -12 gehen die Ungleichungen über in

a) $x^2 - \dfrac{1}{6}x - \dfrac{1}{6} < 0$;

b) $x^2 - \dfrac{1}{6}x - \dfrac{1}{6} > 0$.

Bestimmung der Nullstellen von $x^2 - \dfrac{1}{6}x - \dfrac{1}{6} = 0$.

$$x_{1,2} = \frac{1}{12} \mp \sqrt{\frac{1}{36 \cdot 4} + \frac{1}{6}} = \frac{1}{12} \mp \sqrt{\frac{25}{144}} = \frac{1}{12} \mp \frac{5}{12}$$

$$x_1 = -\frac{1}{3}; \ x_2 = \frac{1}{2}.$$

a) Lösungsmenge $L_a = \{x | -\dfrac{1}{3} < x < \dfrac{1}{2}\} = (-\dfrac{1}{3}; \dfrac{1}{2})$.

b) Lösungsmenge $L_b = \{x | x < -\dfrac{1}{3} \text{ oder } x > \dfrac{1}{2}\} = (-\infty, -\dfrac{1}{3}) \cup (\dfrac{1}{2}; +\infty)$.

Beispiel 14:

Gesucht ist die Lösungsmenge von

$$0{,}25x^2 + x + 2{,}5 > 0 \qquad | \cdot 4$$
$$x^2 + 4x + 10 > 0$$

Die Gleichung

$$x^2 + 4x + 10 = 0$$

besitzt wegen $\frac{p^2}{4} - q = 4 - 10 = -6 < 0$ keine reelle Lösung. Da die Ungleichung für $x = 0$ erfüllt ist, liegt die Parabel oberhalb der x-Achse. Die Ungleichung ist somit für alle $x \in \mathbb{R}$ erfüllt, also $L = \mathbb{R}$.

16.6 Aufgaben

A16.1 Bestimmen Sie die Lösungsmengen der folgenden Ungleichungen

a) $5x - 4 < 3x - 1$;

b) $-\frac{3}{2}(x - 5) < 7$;

c) $-3 < 2x - 4 < 5$;

d) $2x - 4 < 10 \leq x + 5$;

e) $6 \cdot (x + 1) < 15 < 5x + 4$.

A16.2 Bestimmen Sie die Lösungsmengen der Ungleichungen

a) $\frac{1}{x} \leq 3$;

b) $\frac{2 - 3x}{4x + 5} > 0{,}5$;

c) $\frac{5x + 2}{3x} < \frac{2 + 4x}{5x} + 1$;

d) $\frac{5x + 2}{3x - 7} \geq 2$;

e) $\frac{2x - 4}{x + 5} < 1$.

A16.3 Bestimmen Sie die Lösungsmengen der Ungleichungen

a) $|x - 5| \leq 2$;

b) $|x + 100| > 200$;

c) $|2x + 3| < 5$;

d) $|2x - 10| \leq x$;

e) $|4 - 3x| > 2x + 10$;

f) $\frac{2x + 3}{|4x - 6|} > 2$.

A16.4 Bestimmen Sie die Lösungsmengen der Ungleichungen

a) $x^2 \leq 100$;

b) $2x^2 - 18 > 0$;

c) $x^2 - 2 < 0$;

d) $2x^2 + 3 < 0$;

e) $4x^2 + 1 \geq 0$;

f) $2x^2 + 3x - 2 \geq 0$;

g) $-0{,}5x^2 + x + 4 > 0$;

h) $x^2 - 2x + 3 \geq 0$;

i) $-\frac{x^2}{8} + \frac{3}{8}x - \frac{10}{32} > 0$;

j) $4x^2 - 12x + 9 \leq 0$.

A16.5 Bestimmen Sie die Lösungsmengen der Ungleichungen

a) $\dfrac{1}{x} < x$;

b) $\dfrac{2x+3}{x-2} > x + 1$.

Kapitel 17:
Gleichungen höherer Ordnung –
Polynomdivision

Bisher wurden nur lineare und quadratische Gleichungen betrachtet sowie solche Gleichungen, die sich darauf zurückführen lassen. Lineare Gleichungen besitzen immer eine Lösung, quadratische Gleichungen müssen nicht unbedingt lösbar sein. Falls jedoch Lösungen existieren, können sie mit Hilfe einer geschlossenen Formel berechnet werden.

In einer **Gleichung n-ten Grades** kommen von x nur Potenzen bis zum n-ten Grad vor, also

$$a_n x^n + a_{n-1} x^{n-1} + a_{n-2} x^{n-2} + \ldots + a_2 x^2 + a_1 x + a_0 = 0.$$

Auf der linken Seite steht ein Polynom n-ten Grades. Dabei sind die Koeffizienten $a_0, a_1, \ldots, a_n$ reelle Zahlen. Für dieses **Polynom** n-ten Grades schreibt man abkürzend $P_n(x) = \sum\limits_{k=0}^{n} a_k \cdot x^k$.

Die Lösungen der Gleichung n-ten Grades stellen also die **Nullstellen des Polynoms** n-ten Grades dar.

Beispiel 1:

a) $5x^3 - 4x^2 + 8x + 5 = 0$ ist eine Gleichung 3. Grades;

b) $-2x^5 + 0{,}8x^4 - 0{,}3x^3 + 5x^2 + 3x + 5 = 0$ ist eine Gleichung 5. Grades.

Für $n \geq 3$ sind die Gleichungen n-ten Grades im allgemeinen nicht mit elementaren Methoden lösbar. Man benötigt dazu meistens numerische Methoden, die mit einem enormen Rechenaufwand verbunden sind. Aus diesem Grund betrachten wir hier nur spezielle Gleichungen, die lösbar sind.

17.1 Ausklammern einer Potenz von x

Beispiel 2:

$$x^5 - x^4 - 6x^3 = 0.$$

Durch Ausklammern von x^3 geht die Gleichung über in

$$x^3 \cdot (x^2 - x - 6) = 0.$$

Ein Produkt verschwindet, wenn einer der Faktoren gleich Null ist. Die Gleichung ist somit erfüllt für

$$x^3 = 0 \quad \text{und für} \ x^2 - x - 6 = 0.$$

$x^3 = 0$ besitzt nur die Lösung $x_1 = 0$. Die Lösungen der quadratischen Gleichung
$x^2 - x - 6 = 0$ sind

$$x_{2,3} = \frac{1}{2} \pm \sqrt{\frac{1}{4} + 6} = \frac{1}{2} \pm \frac{5}{2} \; ; \; x_2 = -2; \; x_3 = 3.$$

Die Lösungsmenge der Gleichung 5. Grades lautet somit $L = \{-2; 0; 3\}$.

Beispiel 3:

$\quad x^6 - 6x^5 + 11x^4 = 0.$

Ausklammern von x^4 ergibt

$\quad x^4 \cdot (x^2 - 6x + 11) = 0.$

a) $x^4 = 0 \Rightarrow x_1 = 0.$

b) $x^2 - 6x + 11 = 0$; diese quadratische Gleichung besitzt wegen $\dfrac{p^2}{4} - q = -2 < 0$

$\quad$ keine reelle Lösung.

Die Gleichung 6. Grades besitzt nur die Lösung $x = 0$, also $L = \{0\}$.

Beispiel 4:

$\quad 2x^{11} + 3x^{10} = 0$

$\quad x^{10} \cdot (2x + 3) = 0$

a) $x^{10} = 0 \quad \Rightarrow \quad x_1 = 0;$

b) $2x + 3 = 0 \quad \Rightarrow \quad x_2 = -1,5.$

Lösungsmenge $L = \{0; -1,5\}$.

In den Beispielen 2 und 3 erhält man durch das Ausklammern der niedrigsten Potenz von x ein Produkt, wobei der eine Faktor eine Potenz von x darstellt. Diese Potenz verschwindet nur für $x = 0$. Nullsetzen des anderen Faktors ergibt eine **quadratische Gleichung**. In Beispiel 4 liefert das Nullsetzen des zweiten Faktors eine **lineare Gleichung**.

Diese Ausklammerungsmethode ist nur dann anwendbar, wenn in der Gleichung **kein konstantes** (x-freies) **Glied** vorkommt. Falls sich die Exponenten der höchsten und niedrigsten Potenz nur um zwei (eins) unterscheidet, entsteht eine quadratische (lineare) Gleichung.

Allgemein führt dieses Verfahren nur dann zur Lösung, falls in der Gleichung n-ten Grades das konstante Glied fehlt und die niedrigste Potenz von x mindestens gleich $n - 2$ ist.

Lösung der Gleichung $\quad ax^n + bx^{n-1} = 0;\ n \geq 2; a \neq 0$

Ausklammern von x^{n-1} ergibt

$$x^{n-1} \cdot (ax + b) = 0.$$

Nullsetzen des Faktors

$$x^{n-1} = 0 \Rightarrow x_1 = 0.$$

$$ax + b = 0 \Rightarrow x = -\frac{b}{a}\ ; \quad \text{Lösungsmenge } L = \{-\frac{b}{a}\ ;0\}.$$

Lösung der Gleichung $ax^n + bx^{n-1} + cx^{n-2} = 0,\ n \geq 3;\ a \neq 0$

Ausklammern von x^{n-2} ergibt

$$x^{n-2} \cdot (ax^2 + bx + c) = 0.$$

Nullsetzen der beiden Faktoren

$$x^{n-2} = 0 \Rightarrow x_1 = 0 \text{ für } n \geq 3.$$

$ax^2 + bx + c = 0$. Die Lösungen dieser quadratischen Gleichung sind auch Lösungen der Ausgangsgleichung. Dadurch erhält man alle Lösungen.

Vorsicht: Häufig wird zur Bestimmung der Lösung einer Gleichung vom Typ

$$x^{n-2} \cdot (ax^2 + bx + c) = 0, \quad n > 2$$

diese Gleichung durch x^{n-2} durchdividiert. Dadurch entsteht zwar die quadratische Gleichung

$$ax^2 + bx + c = 0$$

(Nullsetzen des zweiten Faktors), während die Lösung $x_1 = 0$ für $x^{n-2} = 0, n > 2$ „verlorengeht". Diese muß zusätzlich berücksichtigt werden. Der Grund für diese Tatsache liegt darin, daß bei der Division durch x^{n-2} die Variable x von Null verschieden sein muß, da durch Null nicht dividiert werden darf.

17.2 Vorgabe einer Lösung (Polynomdivision)

Beispiel 5:

Die Gleichung 3. Grades

$$x^3 - 6x^2 + 11x - 6 = 0$$

besitzt die Lösung $x_1 = 1$. Dann kann aus dem Polynom 3. Grades der Faktor

$x - x_1 = x - 1$ ausgeklammert werden. Den zweiten Faktor erhält man aus der
Polynomdivision:

$$
-\left\{\begin{array}{l} x^3 - 6x^2 + 11x - 6 \qquad : (x - 1) = x^2 - 5x + 6 \\ \underline{x^3 - \ \ x^2} \ (= x^2 \cdot (x - 1)) \end{array}\right.
$$

$$
-\left\{\begin{array}{l} -5x^2 + 11x \\ \underline{-5x^2 + \ \ 5x} = -5x \,(x - 1) \end{array}\right.
$$

$$
\begin{array}{l} 6x - 6 \\ \underline{6x - 6} \end{array}
$$

$$
\qquad\qquad 6 = 6x : x
$$
$$
-5x = -5x^2 : x
$$

Damit geht die Ausgangsgleichung über in

$$x^3 - 6x^2 + 11x - 6 = (x - 1) \cdot (x^2 - 5x + 6) = 0.$$

Nullsetzen des zweiten Faktors ergibt die quadratische Gleichung

$$x^2 - 5x + 6 = 0$$

mit den Lösungen

$$x_{2,3} = \frac{5}{2} \pm \sqrt{\frac{25}{4} - 6} = \frac{5}{2} \pm \frac{1}{2} \ ; \ x_2 = 2; \ x_3 = 3.$$

Damit lautet die Lösungsmenge der Gleichung 3. Grades $L = \{1; 2; 3\}$.

Wegen $x^2 - 5x + 6 = (x - 2) \cdot (x - 3)$ gilt für die Ausgangsgleichung

$$x^3 - 6x^2 + 11x - 6 = (x - 1) \cdot (x - 2) \cdot (x - 3) = 0.$$

Aus dieser Produktdarstellung werden die Lösungen sofort ersichtlich.

Beispiel 6:

Die Gleichung 3. Grades

$$x^3 - 3x^2 + 4 = 0$$

besitzt die Lösung $x_1 = -1$.

Division durch $(x - x_1) = (x + 1)$ ergibt

$$
-\left\{\begin{array}{l} x^3 - 3x^2 + 0 \cdot x + 4 \quad : (x + 1) = x^2 - 4x + 4 \\ \underline{x^3 + \ \ x^2} \ (= x^2 \cdot (x - 1)) \end{array}\right.
$$

$$
-\left\{\begin{array}{l} -4x^2 + 0 \cdot x \\ \underline{-4x^2 - 4x} \end{array}\right.
$$

$$
\begin{array}{l} 4x + 4 \\ \underline{4x + 4} \end{array}
$$

Daraus folgt

$$x^3 - 3x^2 + 4 = (x + 1) \cdot (x^2 - 4x + 4) = 0.$$

2. Faktor $x^2 - 4x + 4 = (x - 2)^2 = 0$; Lösung $x_2 = 2$ (nur eine Lösung);
Lösungsmenge $L = \{-1; 2\}$.
Hier gilt

$$x^3 - 3x^2 + 4 = (x + 1) \cdot (x - 2)^2 = 0.$$

Falls eine Gleichung n-ten Grades die Lösung $x = x_1$ besitzt, kann der **Faktor**
$(x - x_1)$ ausgeklammert werden. Über die Division der linken Seite durch
$(x - x_1)$ (Polynomdivision) erhält man als zweiten Faktor ein **Polynom**
$(n - 1)$-ten Grades.

Falls von einer Gleichung dritten Grades eine Lösung $x = x_1$ bekannt ist, erhält
man mit Hilfe der Division des Ausgangspolynoms durch $x - x_1$ als zweiten Faktor ein Polynom zweiten Grades. Nullsetzen dieses Faktors ergibt eine quadratische Gleichung, deren Lösungen die weiteren Lösungen der Ausgangsgleichung sind.

Falls bei einer Gleichung 4. Grades eine Lösung x_1 bekannt ist, ergibt die Division durch $(x - x_1)$ eine Gleichung 3. Grades. Ist noch eine zweite Lösung $x = x_2$ bekannt, so kann auch noch der Faktor $(x - x_2)$ ausgeklammert werden. Division der Gleichung 3. Grades durch $(x - x_2)$ ergibt dann eine quadratische Gleichung.

Anstelle dieser zweimaligen Division kann die Ausgangsgleichung 4. Grades direkt durch

$$(x - x_1) \cdot (x - x_2) = x^2 - (x_1 + x_2) \cdot x + x_1 \cdot x_2$$

dividiert werden. Dann entsteht sofort eine Gleichung 2. Grades.

Beispiel 7:
Die Gleichung 4. Grades

$$x^4 - 10x^3 + 35x^2 - 50x + 24 = 0$$

besitzt die Lösungen $x_1 = 1$ und $x_2 = 2$.
Polynomdivision durch $(x - 1) \cdot (x - 2) = x^2 - 3x + 2$ ergibt

$$-\left\{\begin{array}{l} x^4 - 10x^3 + 35x^2 - \underline{50x} + \underline{24} : (x^2 - 3x + 2) = x^2 - 7x + 12 \\ \underline{x^4 - \ 3x^3 + \ 2x^2} \end{array}\right.$$

$$\left.\begin{array}{l} -7x^3 + 33x^2 - \underline{50x} \\ \underline{-7x^3 + 21x^2 - 14x} \end{array}\right\}-$$

$$\left.\begin{array}{l} 12x^2 - 36x + \underline{24} \\ \underline{12x^2 - 36x + 24} \end{array}\right\}-$$

$$- \quad - \quad -$$

Die Ausgangsgleichung ist darstellbar als

$$x^4 - 10x^3 + 35x^2 - 50x + 24 = (x - 1) \cdot (x - 2) \cdot (x^2 - 7x + 12) = 0.$$

Nullsetzen des letzten Faktors liefert die quadratische Gleichung

$$x^2 - 7x + 12 = 0$$

mit den Lösungen

$$x_{3,4} = \frac{7}{2} \pm \sqrt{\frac{49}{4} - 12} = \frac{7}{2} \pm \frac{1}{2} \, ; \; x_3 = 3; \; x_4 = 4.$$

Aus $x_2 - 7x + 12 = (x - 3) \cdot (x - 4)$ erhält man die Darstellung

$$x^4 - 10x^3 + 35x^2 - 50x + 24 = (x - 1) \cdot (x - 2) \cdot (x - 3) \cdot (x - 4) = 0.$$

Die Ausgangsgleichung besitzt die Lösungsmenge $L = \{1; 2; 3; 4\}$.

Beispiel 8:

Die Gleichung

$$x^4 - 3x^3 + 4x^2 - 2x = 0$$

besitzt die Lösungen $x_1 = 0$ und $x_2 = 1$.
Division durch $(x - x_1) \cdot (x - x_2) = x \cdot (x - 1) = x^2 - x$ ergibt

$$
-\left\{
\begin{array}{l}
x^4 - 3x^3 + 4x^2 - 2x \quad : \quad (x^2 - x) = x^2 - 2x + 2 \\
\underline{x^4 - \ x^3} \\
\quad - 2x^3 + 4x^2 \\
\quad \underline{- 2x^3 + 2x^2}
\end{array}
\right.
\begin{array}{l}
\\
\\
\Big\} \, _- \\
\end{array}
$$

$$
\begin{array}{l}
\quad\quad\quad 2x^2 - 2x \\
\quad\quad\quad \underline{2x^2 - 2x}
\end{array}
\Big\} \, _-
$$

$$-$$

Die quadratische Gleichung $x^2 - 2x + 2$ besitzt wegen $\frac{p^2}{4} - q = 1 - 2 < 0$ keine reelle Lösung. Damit ist $x^2 - 2x + 2$ nicht als Produkt darstellbar.

Die Ausgangsgleichung kann nur zerlegt werden in

$$x^4 - 3x^3 + 4x^2 - 2x = x \cdot (x - 1) \cdot \underbrace{(x^2 - 2x + 2)}_{\text{unzerlegbar}} = 0$$

mit der Lösungsmenge $L = \{0; 1\}$.

Bemerkung:

Die Division eines Polynoms n-ten Grades durch $(x - x_1)$ geht nur dann ohne Rest auf, wenn x_1 eine Nullstelle des Polynoms, also eine Lösung der entsprechenden Gleichung n-ten Grades ist.

17.3 Aufgaben

A17.1 Bestimmen Sie alle Lösungen der folgenden Gleichungen

a) $2x^3 - 5x^2 = 0$;

b) $3x^5 - x^4 - 2x^3 = 0$;

c) $x^3 - 2x^2 - x = 0$;

d) $16x^5 - 8x^4 + 9x^3 = 0$.

A17.2 Bestimmen Sie alle Lösungen der nachfolgenden Gleichungen mit der vorgegebenen Lösung

a) $x^3 + 6x^2 + 11x + 6 = 0$; $x_1 = -1$;

b) $x^3 - 3x^2 + 2 = 0$; $x_1 = 1$;

c) $12x^3 + 16x^2 - 13x + 6 = 0$; $x_1 = -2$.

A17.3 Die Gleichung

$$x^4 + 5x^3 - 19x^2 - 65x + 150 = 0$$

hat die Lösungen $x_1 = 2$; $x_2 = -5$.

Berechnen Sie alle Lösungen der Gleichung.

A17.4 Die Gleichung

$$x^4 - x^3 - 7x^2 + x + 6 = 0$$

besitzt die beiden Lösungen $x_1 = 1$ und $x_2 = -1$. Berechnen Sie alle Lösungen der Gleichung.

Kapitel 18:
Lineare Gleichungssysteme

Eine Gleichung mit mehreren Unbekannten (Variablen) heißt **linear**, wenn die Unbekannten nur in der ersten Potenz vorkommen, z.B.

$$5x + 4y - 3z = 38.$$

Die Unbekannten dürfen also nur mit reellen Zahlen multipliziert und anschließend addiert werden. In linearen Gleichungen dürfen die Variablen weder mit sich selbst noch mit anderen Variablen multipliziert werden.

Ein **lineares Gleichungssystem** besteht aus mehreren linearen Gleichungen, die gleichzeitig erfüllt sein müssen.

18.1 Lineare Gleichungssysteme mit zwei Unbekannten

Eine Gleichung der Form

$$a_1 x + a_2 y = b, \quad a_1, a_2, b \in \mathbb{R}; \quad a_1, a_2 \text{ nicht beide gleich Null,}$$

ist eine **lineare Gleichung** in x und y.

Alle Punkte P (x, y), deren Koordinaten diese lineare Gleichung erfüllen, liegen auf einer **Geraden** in der Zahlenebene.

Für $a_2 \neq 0$ geht diese Gleichung nach Division durch a_2 über in

$$y = -\frac{a_1}{a_2} x + \frac{b}{a_2} \quad \text{für } a_2 \neq 0.$$

$m = -\dfrac{a_1}{a_2}$ ist die Steigung und $\dfrac{b}{a_2}$ der Abschnitt auf der y-Achse.

Falls a_2 verschwindet und a_1 von Null verschieden ist, gilt $a_1 x = b \Rightarrow x = \dfrac{b}{a_1}$. Da alle x-Werte konstant sind, handelt es sich um eine Gerade, die parallel zur y-Achse verläuft.

Beispiel 1:

Die Geraden, die durch folgende Gleichungen beschrieben werden, sollen skizziert werden.

a) g_1: $3x + 4y = 12$;

b) g_2: $-2x + 4y = 10$;

c) g_3: $5x = -20$;

d) g_4: $3y = -6$;

e) g_5: $2x - y = 0$.

Lösung:

a) $x = 0 \Rightarrow y = 3; y = 0 \Rightarrow x = 4;$ (Achsenabschnitte);

b) $x = 0 \Rightarrow y = 2{,}5; y = 0 \Rightarrow x = -5;$ (Achsenabschnitte);

c) $x \equiv -4$ für alle y; Parallele zur y-Achse;

d) $y \equiv -2$ für alle x; Parallele zur x-Achse;

e) $y = 2x;$ Gerade durch den Koordinatenursprung mit der Steigung $m = 2$.

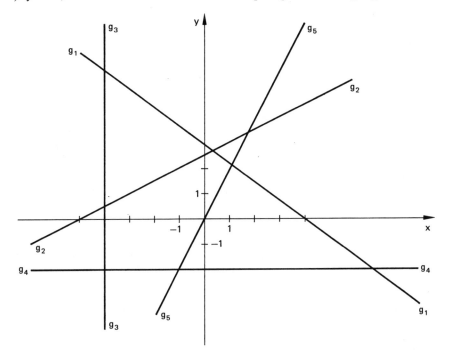

Wir beschränken uns auf die Behandlung zweier Gleichungen mit zwei Unbekannten

$$a_{11}x + a_{12}y = b_1$$
$$a_{21}x + a_{22}y = b_2.$$

Dabei sind die Koeffizienten $a_{11}, a_{12}, a_{21}, a_{22}$ und die rechten Seiten b_1, b_2 vorgegebene reelle Zahlen. Lösungen dieses Gleichungssystems (x, y) sind alle Zahlenpaare, die beide Gleichungen gleichzeitig erfüllen. Geometrisch sind also alle Punkte P (x, y) zu bestimmen, die gleichzeitig auf beiden Geraden liegen. Dabei gibt es folgende

Lösungsmöglichkeiten

1) Es gibt **genau eine Lösung**, d.h. die Geraden schneiden sich in genau einem Punkt.
2) Es gibt **mehrere Lösungen**, d.h. die beiden Geraden sind identisch (fallen zusammen).

3) Es gibt **keine Lösung**, d.h. die beiden Geraden sind parallel und voneinander verschieden.

1. Die Einsetzungsmethode

Beispiel 2:

Gesucht sind die Lösungen des Gleichungssystems

(1) $2x + 3y = 7$
(2) $3x - 2y = 4$

Lösung:

Aus (1) folgt $\underline{x = 3,5 - 1,5y}$. Dieses x in (2) eingesetzt ergibt

$$
\begin{aligned}
3 \cdot (3,5 - 1,5\,y) - 2y &= 4 \\
10,5 - 4,5y - 2y &= 4 \\
6,5 &= 6,5\,y \Rightarrow \underline{y = 1}.
\end{aligned}
$$

$x = 3,5 - 1,5y$ ergibt $x = 3,5 - 1,5 = 2 \Rightarrow \underline{x = 2}$.

Probe: $2x + 3y = 2 \cdot 2 + 3 \cdot 1 = 7$; $3x - 2y = 3 \cdot 2 - 2 \cdot 1 = 4$.

Beispiel 3:

(1) $2x - 4y = 10$
(2) $-3x + 6y = -15$

$(1) \Rightarrow x = 2y + 5$ in (2) eingesetzt ergibt

$$
\begin{aligned}
-3\,(2y + 5) + 6y &= -15 \\
-6y - 15 + 6y &= -15 \\
-15 &= -15 \quad \text{oder} \quad 0 = 0.
\end{aligned}
$$

Diese Gleichung ist für jedes y erfüllt.

Lösung: y beliebig $\Rightarrow x = 2y + 5$.

Beide Gleichungen stellen dieselbe Gerade dar.

Beispiel 4:

(1) $4x - 6y = 7$
(2) $-x + 1,5y = 2$

$(2) \Rightarrow x = 1,5y - 2$ in (1) eingesetzt ergibt

$$
\begin{aligned}
4 \cdot (1,5y - 2) - 6y &= 7 \\
6y - 8 - 6y &= 7; \quad \text{diese Gleichung besitzt keine Lösung} \\
-8 &= 7; \quad \text{(Widerspruch)}.
\end{aligned}
$$

Es kann keine Lösung geben, da sonst $-8 = 7$ sein müßte (Widerspruch). Beide Geraden sind parallel und voneinander verschieden.

Einsetzungsmethode

1. Auflösen einer der beiden Gleichungen nach einer Unbekannten.
2. Einsetzen des für diese Unbekannte erhaltenen Ausdrucks in die andere Gleichung.
3. Auflösung dieser Gleichung nach der (verbliebenen) einzigen Unbekannten.
4. Einsetzen dieser Unbekannten in 1). Dadurch erhält man die Lösung für die zweite Unbekannte.

Falls in 3) ein Widerspruch entsteht, gibt es keine Lösung.

Falls in 3) eine Identität, z.B. $5x + 7 = 5x + 7$ oder $5 = 5$ entsteht, gibt es unendlich viele Lösungen.

2. Die Gleichsetzungsmethode

Beispiel 5:

(1) $3x - 4y = 5$
(2) $9x + 3y = 6$

$(1) \Rightarrow y = \dfrac{3}{4}x - \dfrac{5}{4}$ $(1')$
$(2) \Rightarrow y = -3x + 2$ $(2')$ $\Big\}$ Gleichsetzen ergibt

$$\frac{3}{4}x - \frac{5}{4} = -3x + 2$$

$$\frac{15}{4}x = \frac{13}{4} \Rightarrow x = \frac{13}{15}$$

$$(2') \Rightarrow y = -\frac{39}{15} + 2 = -\frac{3}{5} \; ; \; y = -\frac{3}{5} \; ;$$

Lösung: $x = \dfrac{13}{15} \; ; y = -\dfrac{3}{5} \; .$

Beispiel 6:

(1) $-3x + 6y = 10$
(2) $2x - 4y = 8$

$(1) \Rightarrow x = 2y - \dfrac{10}{3}$ $\Big\}$ Gleichsetzen
$(2) \Rightarrow x = 2y + 4$

$$2y - \frac{10}{3} = 2y + 4 \qquad | -2y$$

$$-\frac{10}{3} = 4 \qquad \text{Widerspruch; \textbf{keine Lösung}}.$$

Beispiel 7:

(1) $3x - 6y = 12$
(2) $-4x + 8y = -16$

(1) $\Rightarrow$ $x = 2y + 4$ ⎫
(2) $\Rightarrow$ $x = 2y + 4$ ⎬ $2y + 4 = 2y + 4$ ist für alle y erfüllt.
                          ⎭

Lösung: y beliebig; $x = 2y + 4$ oder x beliebig und $y = 0{,}5x - 2$.

Bei der **Additionsmethode** werden beide Gleichungen so durchmultipliziert,
daß bei der Addition (Subtraktion) dieser multiplizierten Gleichungen eine
Unbekannte wegfällt. Dadurch entsteht eine Gleichung für eine Unbekannte.
Aus einer der beiden Ausgangsgleichungen erhält man dann die Lösung für
die andere Unbekannte.

---

3. Die Additionsmethode

Beispiel 8:

(1) $2x - 3y = -4$ $| \cdot 3$
(2) $3x + 5y = 13$ $| \cdot (-2)$

$(1') = 3 \times (1)$ $6x - 9y = -12$ ⎫
$(2') = -2 \times (2)$ $-6x - 10y = -26$ ⎬ $+$
                                          ⎭
                              $-19y = -38;$ $y = 2;$

$(1) \Rightarrow x = \dfrac{3}{2} y - 2 = 1.$

Lösung: $x = 1; y = 2$.

Bei der **Additionsmethode** werden beide Gleichungen so durchmultipliziert,
daß bei der Addition (Subtraktion) dieser multiplizieren Gleichungen eine
Unbekannte wegfällt. Dadurch entsteht eine Gleichung für eine Unbekannte.
Aus einer der beiden Ausgangsgleichungen erhält man dann die Lösung für
die andere Unbekannte.

Beispiel 9:

       $2x + 4y = 3$ $| \cdot 3$
       $1{,}5x + 3y = 2$ $| \cdot (-4)$

       $6x + 12y = 9$ ⎫
       $-6x - 12y = -8$ ⎬ $+$
                          ⎭
          $0 = 1$ Widerspruch; keine Lösung.

Beispiel 10:

$$5x - 7y = 2 \qquad |\cdot 6$$
$$6x - 8{,}4y = 2{,}4 \qquad |\cdot(-5)$$

$$\left.\begin{array}{r} 30x - 42y = 12 \\ -30x + 42y = -12 \end{array}\right\} +$$

$$- \qquad 0 = 0 \qquad \text{ist für alle y erfüllt.}$$

Lösung: y beliebig; $x = 1{,}4y + 0{,}4$.

18.2 Lineare Gleichungen mit drei Unbekannten

Wir betrachten hier nur drei lineare Gleichungen mit drei Unbekannten.

> Bei drei linearen Gleichungen mit drei Unbekannten wird aus einer Gleichung eine Unbekannte durch die beiden anderen **eliminiert**. Dieser Ausdruck wird in die beiden anderen Gleichungen eingesetzt. Dadurch entstehen zwei lineare Gleichungen mit zwei Unbekannten.

Beispiel 11:

$$x + 2y + z = 8 \qquad (1)$$
$$x - y + 2z = 5 \qquad (2)$$
$$2x + 3y - 3z = -1 \qquad (3)$$

Aus (1) folgt $x = 8 - 2y - z$

$(2) \Rightarrow \quad (8 - 2y - z) - y + 2z = 5$
$(3) \Rightarrow \quad 2 \cdot (8 - 2y - z) + 3y - 3z = -1$

Damit entsteht das Gleichungssystem

$(2')$ $\quad -3y + z \quad = -3$
$(3')$ $\quad - y - 5z \quad = -17 \qquad |\cdot(-3)$

$$\left.\begin{array}{r} -3y + z \quad = -3 \\ 3y + 15z \quad = 51 \end{array}\right\} +$$

$$16z = 48; \quad z = 3;$$

$(3') \Rightarrow \quad y = 17 - 5z = 2; \quad y = 2;$
$(1) \Rightarrow \quad x = 8 - 2y - z = 1; \quad x = 1;$

Lösung: $x = 1; y = 2; z = 3$.

> Durch die Einsetzungs-, Gleichsetzungs- und Additionsmethode wird die **Lösungsmenge** eines linearen Gleichungssystems **nicht verändert**.
>
> Falls dabei eine nicht lösbare Gleichung oder ein Widerspruch entsteht, ist das lineare Gleichungssystem nicht lösbar.

Beispiel 12:

$$
\begin{aligned}
(1) \quad -x - 3y + 4z &= 8 \\
(2) \quad 2x + y - 3z &= 5 \\
(3) \quad 4x - 3y - z &= 10
\end{aligned}
$$

$$
\begin{aligned}
(1) &\Rightarrow x = -3y + 4z - 8 \\
(2) &\Rightarrow 2(-3y + 4z - 8) + y - 3z = 5 \\
(3) &\Rightarrow 4(-3y + 4z - 8) - 3y - z = 10
\end{aligned}
$$

Damit entsteht das Gleichungssystem

$$
\begin{aligned}
(1') \quad -5y + 5z &= 21 \\
(2') \quad -15y + 15z &= 42
\end{aligned}
$$

$(2') - 3 \times (1') \Rightarrow 0 = -21 \Rightarrow$ **keine Lösung.**

Die Lösung eines linearen Gleichungssystems mit mehr als drei Unbekannten erfordert einen großen Rechenaufwand. Aus diesem Grund sollen solche Gleichungssysteme hier nicht behandelt werden. Zur praktischen Berechnung ist der **Gaußsche Algorithmus** geeignet. Dieser Algorithmus erniedrigt sukzessive die Anzahl der Unbekannten. Er wird meistens in den entsprechenden Vorlesungen behandelt.

Falls ein lineares Gleichungssystem eine einzige Lösung liefert, sollte diese Lösung durch Einsetzen in **alle** gegebenen Gleichungen überprüft werden. Es genügt nicht, die **Probe** mit einer einzigen Gleichung durchzuführen. Wenn zum Beispiel bei zwei Gleichungen für zwei Unbekannte mit einem falschen y-Wert der x-Wert aus der ersten Gleichung berechnet wird, so stimmt die Probe für diese Gleichung, obwohl y und vermutlich auch x falsch sind. Der Fehler wird erst bei der Probe mit der zweiten Gleichung erkennbar.

Für eine Kurzprobe können alle Gleichungen addiert werden. Dann wird ein Fehler zwar nicht immer, jedoch in den meisten Fällen erkennbar.

18.3 Aufgaben

A18.1 Lösen Sie mit Hilfe der Einsetzungsmethode

a) $\begin{aligned} 2x + 3y &= 3 \\ 3x - 4y &= -4 \end{aligned}$

b) $\begin{aligned} 4x - 5y &= 8 \\ -5x + 6{,}25y &= 4 \end{aligned}$

c) $\begin{aligned} x - 2y &= 8 \\ -2x + 4y &= -16 \end{aligned}$

d) $\begin{aligned} x + y &= 3 \\ 2x - 2y &= 14. \end{aligned}$

A18.2 Lösen Sie mit Hilfe der Gleichsetzungsmethode

a) $3x + 4y = 6$
   $2x - 3y = 38$

b) $2x - 3y = -2$
   $x + 2y = 6$

c) $8x - 6y = 5$
   $10x - 7,5y = 8$

d) $4x + 6y = 8$
   $5x + 7,5y = 10.$

A18.3 Lösen Sie mit Hilfe der Additionsmethode

a) $x - 2y = 7$
   $2x + 2y = 2$

b) $2x + 3y = 1$
   $3x + 5y = 3.$

A18.4 Lösen Sie mit Hilfe einer geeigneten Methode

a) $2x + 5y = 2$
   $3x - 5y = 3$

b) $x + 2y = 8$
   $x - 3y = -7$

c) $5x + 10y = 15$
   $3x - 6y = 6.$

A18.5 Lösen Sie

a) $x + 2y - 2z = 5$
      $2x - 4y - 3z = 0$
      $-3x + 5y + 5z = -2.$

b) $x + 2y + 3z = 5$
      $2x + 3y - 5z = 4$
      $4x + 7y + z = 11$

c) $2x + 3y - z = 4$
      $-3x + 2y + 4z = 3$
      $7x + 4y - 6z = 5$

Kapitel 19:
Grundlagen der ebenen Geometrie

In diesem Kapitel sollen einige Grundbegriffe und Formeln aus der Geometrie der Ebene zusammengestellt werden.

19.1 Dreieck

In einem Dreieck beträgt die Summe der drei Winkel 180°, d.h. $\alpha + \beta + \gamma = 180°$.

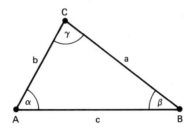

Für die Längen der drei Seiten gilt die

Dreiecksbedingung

Die Länge einer Seite ist kleiner als die Summe der Längen der beiden übrigen Seiten, also

$$a < b + c; \quad b < a + c; \quad c < a + b.$$

In einem beliebigen Dreieck schneiden sich die **Höhen**, **Seitenhalbierenden** und **Winkelhalbierenden** jeweils in einem Punkt.

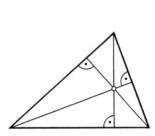

Höhen eines Dreiecks

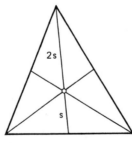

Seitenhalbierende

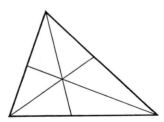

Winkelhalbierende

Der Schnittpunkt der Seitenhalbierenden teilt diese im Verhältnis 2:1, d.h. der an der Spitze liegende Teil der Seitenhalbierenden ist doppelt so lang wie der andere Teil.

Der Inhalt der Fläche des Dreiecks ist halb so groß wie der Inhalt des umschriebenen Rechtecks.

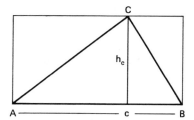

Damit gilt

Der **Flächeninhalt** eines Dreiecks ist gleich der Hälfte des Produkts einer Seitenlänge mit der Höhe (= $\frac{1}{2} \cdot$ Seite $\cdot$ Höhe).

$$F = \frac{1}{2} \, c \cdot h_c = \frac{1}{2} \, a \cdot h_a = \frac{1}{2} \cdot b \cdot h_b.$$

Satz von **Pythagoras**:

Im rechtwinkligen Dreieck ist die Summe der Quadrate der Längen der Katheten gleich dem Quadrat der Länge der Hypothenuse.

Für $\gamma = 90°$ gilt $a^2 + b^2 = c^2$.

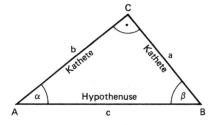

Zwei Dreiecke sind **ähnlich**, wenn sie in ihren Winkeln übereinstimmen.

Falls zwei Dreiecke in zwei Winkeln übereinstimmen, sind auch die 3. Winkel gleich. Diese Eigenschaft folgt aus der Winkelsumme

$$\alpha + \beta + \gamma = 180°; \quad \alpha' + \beta' + \gamma' = 180°.$$

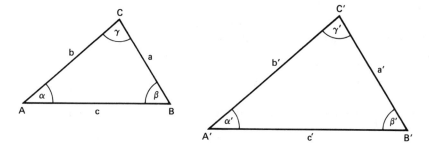

Wegen $\alpha = \alpha'$ und $\beta = \beta'$ (hieraus folgt $\gamma = \gamma'$) sind die beiden gezeichneten Dreiecke ähnlich.

In ähnlichen Dreiecken stimmen die **Verhältnisse der drei entsprechenden Seiten** überein, es gilt also

$$a' : a = b' : b = c' : c, \text{ d.h. } \frac{a'}{a} = \frac{b'}{b} = \frac{c'}{c}.$$

Hieraus folgt

$$\frac{a}{b} = \frac{a'}{b'}; \qquad \frac{a}{c} = \frac{a'}{c'}; \qquad \frac{b}{c} = \frac{b'}{c'};$$

die Verhältnisse der entsprechenden Seiten sind also gleich.

19.2 Strahlensätze

Legt man durch zwei Strahlen zwei parallele Geraden, so entstehen **ähnliche Dreiecke**.

Die Dreiecke ABC und AB′C′ sind ähnlich, da sie in ihren Winkeln übereinstimmen.

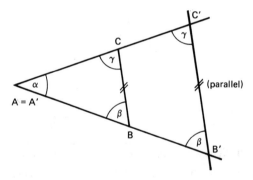

Strahlensätze

In den ähnlichen Dreiecken ABC und AB′C′ stimmen die Verhältnisse entsprechender Seiten überein.

Bezeichnet man allgemein mit $\overline{PQ}$ die Länge der Verbindungsstrecke vom Punkt P zum Punkt Q, so gilt mit den obigen Bezeichnungen:

$$\overline{AB} : \overline{AC} = \overline{AB'} : \overline{AC'}$$
$$\overline{AB} : \overline{AB'} = \overline{AC} : \overline{AC'} = \overline{BC} : \overline{B'C'}.$$

Diese Gleichungen gelten sowohl für die obere, als auch die nachfolgende Zeichnung.

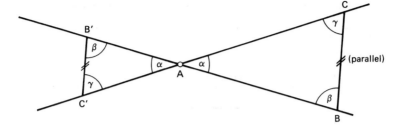

Die Dreiecke ABC und AB'C' sind ähnlich.

19.3 Viereck

In einem Viereck beträgt die Winkelsumme 360°, d.h.

$\alpha + \beta + \gamma + \delta = 360°.$

Durch jede der beiden Diagonalen kann ein Viereck in zwei Dreiecke zerlegt werden.

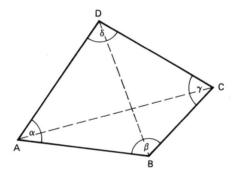

Falls jeweils die beiden gegenüberliegenden Seiten parallel sind, heißt das Viereck **Parallelogramm**.

Parallelogramm:
Umfang $U = 2a + 2b$
Flächeninhalt $F = a \cdot h_a$ (Seitenlänge mal Höhe).

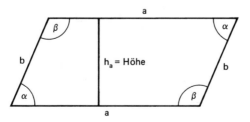

Ein Viereck (Parallelogramm) mit vier rechten Winkeln ist ein **Rechteck**.

Rechteck:

> **Umfang** $U = 2a + 2b$
>
> **Flächeninhalt** $F = a \cdot b$ (Länge mal Breite).

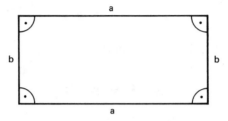

Ein Rechteck mit gleichen Seitenlängen ist ein **Quadrat**.

Quadrat:

> **Umfang** $U = 4a$
>
> **Flächeninhalt** $F = a^2$.

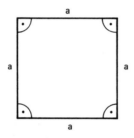

Ein Viereck mit zwei parallelen Seiten ist ein **Trapez**

Flächeninhalt eines Trapezes

$$F = \frac{1}{2} \cdot (a + c) \cdot h$$

a = Länge der Grundseite
c = Länge der Deckseite
h = Höhe

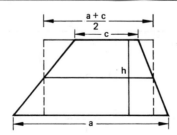

Das eingezeichnete Rechteck mit den Seitenlängen h und $\frac{a+c}{2}$ besitzt den gleichen Flächeninhalt wie das Trapez.

19.4 Vieleck

Ein **n-Eck** (n ≥ 3) wird von einem geschlossenen Streckenzug, der n verschiedene in einer Ebene liegende Punkte (Eckpunkte) miteinander verbindet, gebildet. Dabei dürfen keine Überschneidungen auftreten und keine zwei aufeinanderfolgende Streckenzüge auf einer Geraden liegen.

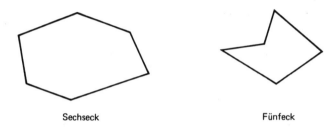

Sechseck   Fünfeck

Ein n-Eck heißt **regelmäßig** falls alle n Seiten gleich lang und alle n Innenwinkel gleich groß sein.

Alle n Eckpunkte eines regelmäßigen n-Ecks liegen auf dem Umkreis.

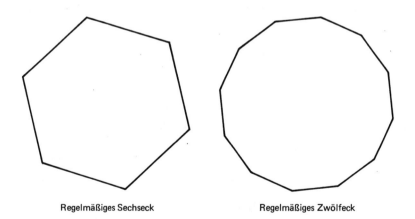

Regelmäßiges Sechseck   Regelmäßiges Zwölfeck

Die Winkelsumme im n-Eck beträgt (n − 2) · 180° für n ≥ 3.

Ein regelmäßiges Dreieck ist ein **gleichseitiges Dreieck**, ein regelmäßiges Viereck ein **Quadrat**.

19.5 Kreis

r = Radius   d = 2r = Durchmesser

Kreis mit dem Radius r

Flächeninhalt $F = \pi\,r^2$

Umfang $U = 2r\pi$

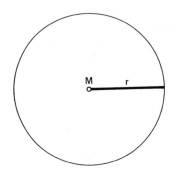
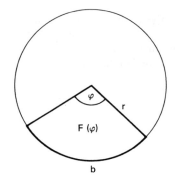

Kreisausschnitt

b = Länge des Kreisbogens mit dem Mittelpunktswinkel φ und dem Radius r.

$$\varphi : 360 \quad = b : U$$
$$= b : 2r\pi$$

$$b = 2r\pi \cdot \frac{\varphi}{360} = \text{Länge des \textbf{Kreisbogens} mit dem Mittelpunktswinkel }\varphi.$$

F (φ) = Flächeninhalt des Kreissektors

$$\varphi : 360 \ = F(\varphi) : F$$
$$= F(\varphi) : \pi r^2$$

$$F(\varphi) = \pi r^2 \cdot \frac{\varphi}{360} = \text{Flächeninhalt des \textbf{Kreissektors} mit dem Mittelpunkts-}$$

winkel φ.

19.6 Aufgaben

A19.1 Ein rechtwinkliges Dreieck besitzt folgende Katheten a und b. Berechnen Sie die Länge der Hypothenuse c und den Flächeninhalt F.
a) a = 5 cm; b = 8 cm;   b) a = 3 cm; b = 4cm.

A19.2 Berechnen Sie die Höhe und den Flächeninhalt eines gleichseitigen Dreiecks mit der Seitenlänge a.

A19.3 Berechnen Sie die Länge der Diagonalen eines Quadrats mit der Seitenlänge a.

A19.4 Bei einem gleichschenkligen Trapez seien die Grundseite 10 cm, die Deckseite 4 cm und die Schenkel 5 cm lang. Gesucht ist der Flächeninhalt.

A19.5 Gegeben ist ein Kreis mit dem Radius r = 20 cm.
a) Berechnen Sie Umfang und Flächeninhalt des Kreises.
b) Aus dem Kreis werde ein Sektor mit dem Mittelpunktswinkel φ = 45° ausgeschnitten. Berechnen Sie die Fläche des Kreissektors sowie Länge des zugehörigen Teilkreisbogens.

A19.6 Um die Erdkugel (Äquator) werde ein Kabel, das 5 m länger als der Erdumfang ist, aufgespannt und zwar so, daß alle Punkte des Kabels den gleichen Abstand von der Erdoberfläche haben. Berechnen Sie diesen Abstand für den Idealfall, daß die Erde eine Kugel ist.
Hinweis: Setzen Sie den Radius gleich R.

Kapitel 20:
Trigonometrische Funktionen
und Bogenmaß

Trigonometrische Funktionen können für Winkel zwischen 0 und 90° im rechtwinkligen Dreieck erklärt werden. Für beliebige Winkel wird i.a. der Einheitskreis benutzt, auf dem einem Winkel φ das zugehörige Bogenmaß x zugeordnet
wird.

20.1 Trigonometrische Funktionen im rechtwinkligen Dreieck

Wir betrachten ein rechtwinkliges Dreieck mit $\gamma = 90°$

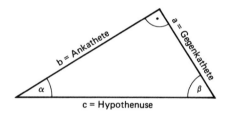

Im **rechtwinkligen Dreieck** gilt

$$\sin \alpha = \frac{a}{c} = \frac{\text{Gegenkathete}}{\text{Hypothenuse}} \; ; \quad \cos \alpha = \frac{b}{c} = \frac{\text{Ankathete}}{\text{Hypothenuse}} ;$$
(sinus) (cosinus)

$$\tan \alpha = \frac{a}{b} = \frac{\text{Gegenkathete}}{\text{Ankathete}} = \frac{\sin \alpha}{\cos \alpha} ;$$
(tangens)

$$\cot \alpha = \frac{b}{a} = \frac{\text{Ankathete}}{\text{Gegenkathete}} = \frac{\cos \alpha}{\sin \alpha} = \frac{1}{\tan \alpha} .$$
(cotangens)

20.2 Bogenmaß auf dem Einheitskreis

Ein **Einheitskreis** ist ein Kreis mit dem Radius $r = 1$. Sein Umfang ist $U = 2\pi$.

Im Einheitskreis kann jedem orientierten Winkel φ das (vorzeichenbehaftete)
Bogenmaß $x = x(\varphi)$ zugeordnet werden. Dabei läuft die mathematisch positive
Orientierung gegen die Uhrzeigerdrehung.

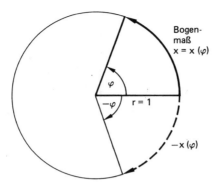

x verhält sich zum Gesamtumfang $U = 2\pi$ wie φ zum vollen Winkel 360°. Damit erhält man die

Umrechnungsformel vom Grad- ins Bogenmaß

$$\frac{x}{2\pi} = \frac{\varphi}{360} \quad \text{oder} \quad x = \frac{\pi}{180} \cdot \varphi.$$

Im Einheitskreis kann φ beliebig gewählt werden. Dem Winke $\varphi = 540°$ entsprechen $1\frac{1}{2}$ Kreisumfänge, also

$$x(540) = \frac{\pi}{180} \cdot 540 = 3\pi.$$

Winkel φ (in Grad)	Bogenmaß x (in Längeneinheiten)
1°	$\frac{\pi}{180}$
45°	$\frac{\pi}{4}$
90°	$\frac{\pi}{2}$
180°	π
270°	$\frac{3}{2}\pi$
360°	2π
−45°	$-\frac{\pi}{4}$

20.3 Sinus- und Kosinusfunktion

P sei ein beliebiger Punkt auf dem Einheitskreis mit dem Bogenmaß x. Das Bogenmaß x bestimmt also die Lage des Punktes P. Um Verwechslungen mit dem

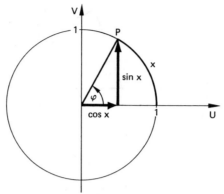

Bogenmaß x auszuschließen, werden die Koordinaten im eingezeichneten rechtwinkligen Koordinatensystem mit u und v bezeichnet.

Die (vorzeichenbehafteten) Koordinaten des Punktes P mit dem Bogenmaß x bezeichnet man mit

$$u = \cos x \quad (\text{consinus}); \quad v = \sin x \quad (\text{sinus}).$$

Aus dem Einheitskreis können unmittelbar folgende Werte abgelesen werden

φ (in Grad)	x (in Einheiten)	$\sin x$	$\cos x$
0°	0	0	1
90°	$\dfrac{\pi}{2}$	1	0
180°	π	0	−1
270°	$\dfrac{3}{2}\pi$	−1	0
360°	2π	0	1

Nach dem Satz von Pythagoras gilt

$$\sin^2 x + \cos^2 x = 1 \quad \text{für jedes } x.$$

Für $x = \dfrac{\pi}{4}$ ($\varphi = 45°$) entsteht ein gleichschenkliges rechtwinkliges Dreieck mit

$$\sin \frac{\pi}{4} = \cos \frac{\pi}{4} = z.$$

Aus dem Satz von Pythagoras folgt

$$1 = \sin^2 \frac{\pi}{4} + \cos^2 \frac{\pi}{4} = 2z^2 \Rightarrow z^2 = \frac{1}{2} \; ; z = \frac{\sqrt{2}}{2}.$$

Es ist also

$$\sin \frac{\pi}{4} = \cos \frac{\pi}{4} = \frac{\sqrt{2}}{2}.$$

Nach einer Kreisumdrehung (= 2π) „wiederholen" sich die alten Funktionswerte. Für

x   und   x + 2π

fallen die entsprechenden Punkte auf den Einheitskreis zusammen. Ihre Koordinaten stimmen somit überein. Es gilt also

$$\sin (x + 2\pi) = \sin x; \quad \cos (x + 2\pi) = \cos x.$$

Sinus und Kosinus sind also periodische Funktionen mit der **Periode 2π**.

In Abhängigkeit vom Bogenmaß x sind in der nachfolgenden Skizze die beiden Funktionen

y = sin x   und   y = cos x

graphisch dargestellt. Die Funktionswerte liegen zwischen −1 und +1, die Grenzen mit eingeschlossen.

Wegen sin (-x) = −sin x ist y = sin x eine **ungerade Funktion** (Punktsymmetrie zum Koordinatenursprung).

y = cos x ist wegen cos (−x) = cos x eine **gerade** Funktion (die y-Achse ist Symmetrie-Achse).

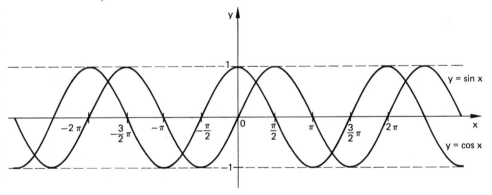

Mit

$$\sin x = \cos (x + \frac{\pi}{2}); \quad \cos x = \sin (x - \frac{\pi}{2})$$

läßt sich jede der beiden Funktionen aus der anderen durch Parallelverschiebung um $\frac{\pi}{2}$ bzw. $-\frac{\pi}{2}$ Einheiten in x-Richtung darstellen.

20.4 Tangens- und Kotangensfunktion

In der nachfolgenden Zeichnung sind die mit einem Vorzeichen versehenen Werte tan x (tangens) und cot x (cotangens) eingezeichnet. Ein nach oben (rechts) gerichteter Pfeil ist positiv, sonst negativ.

Nach dem Strahlensatz gilt

$$\sin x : \tan x = \cos x : 1.$$

Hieraus folgt

$$\tan x = \frac{\sin x}{\cos x}.$$

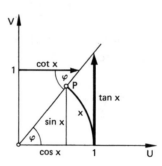

Aus den beiden ähnlichen Dreiecken ergibt sich

$$\cot x : 1 = 1 : \tan x, \text{ also}$$

$$\cot x = \frac{1}{\tan x} = \frac{\cos x}{\sin x}.$$

Während sin x und cos x beschränkte Funktionen sind, hat die Funktion y = tan x an den Stellen $x = (2k + 1) \cdot \dfrac{\pi}{2}$, k = 0, ± 1, ± 2, ... Polstellen. An diesen Stellen verschwindet der Nenner. Falls sich x von links einer Polstelle nähert, wachsen die Funktionswerte unbeschränkt gegen $+\infty$. Bei einer Annäherung von rechts gegen die Polstellen fallen die Funktionswerte gegen $-\infty$.

Die Funktion y = cot x hat an den Stellen x = kπ, k = 0, ± 1, ± 2, ... Polstellen.

Beide Funktionen sind **ungerade** und besitzen die **Periode** π, es gilt also

$$\tan(-x) = -\tan x; \ \cot(-x) = -\cot x;$$
$$\tan(x + \pi) = \tan x; \ \cot(x + \pi) = \cot x.$$

Wegen $\sin \dfrac{\pi}{4} = \cos \dfrac{\pi}{4} \ (= \dfrac{\sqrt{2}}{2})$ gilt

$$\tan \frac{\pi}{4} = \cot \frac{\pi}{4} = 1.$$

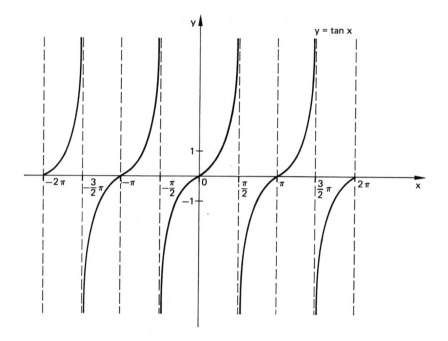

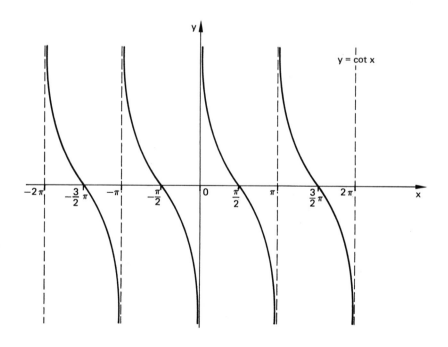

Für $0 \leq \varphi \leq 90°$ stimmen die Definitionen von sin φ und cos φ im rechtwinkligen Dreieck und Einheitskreis überein. ABC sei ein beliebiges rechtwinkliges Dreieck. Über den Einheitskreis entsteht ein Dreieck AP′P, das zu ABC ähnlich ist. In diesen ähnlichen Dreiecken (Strahlensatz) ist das Verhältnis entsprechender Seitenlängen konstant. Damit gilt

$$\frac{\sin \varphi}{a} = \frac{1}{c} \Rightarrow \sin \varphi = \frac{a}{c} = \frac{\text{Gegenkathete}}{\text{Hypothenuse}} \, ;$$

$$\frac{\cos \varphi}{b} = \frac{1}{c} \Rightarrow \cos \varphi = \frac{b}{c} = \frac{\text{Ankathete}}{\text{Hypothenuse}} \, .$$

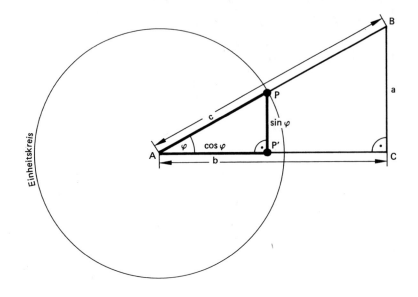

Kapitel 21:
Volumina und Oberflächen von Körpern

In diesem Abschnitt sollen Volumina und Oberflächen einiger Körper angegeben werden.

21.1 Quader

Ein **Quader** ist ein von sechs Rechtecken begrenzter Körper, wobei je zwei gegenüberliegende Rechtecke parallel und kongruent sind. Die Kanten stehen senkrecht auf den jeweiligen gegenüberliegenden Begrenzungsebenen.

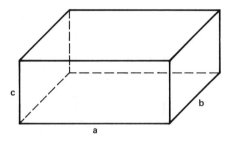

Quader mit der Länge a, der Breite b und der Höhe c

Volumen $V = a \cdot b \cdot c$ (= Grundfläche mal Höhe)

Oberfläche $O = 2ab + 2ac + 2bc$ (sechs Rechtecksflächen).

21.2 Würfel

Ein Würfel ist ein Quader, bei dem alle 12 Kanten gleich lang sind.

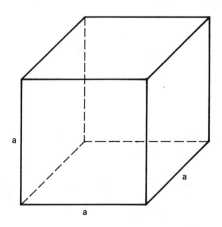

Würfel mit der Kantenlänge a
   Volumen $V = a^3$
   Oberfläche $O = 6a^2$.

21.3 Kreiszylinder

Bei einem Kreiszylinder sind Grund- und Deckfläche Kreise mit dem Radius r, auf denen die Mantellinien senkrecht stehen. Der Kreiszylinder ist bestimmt durch den Radius r und die Höhe h.

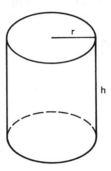

Der Zylindermantel (oben und unten offene Dose) kann längs einer Mantellinie aufgeschnitten und zu einem Rechteck abgewickelt werden. Dieses Rechteck besitzt die Seitenlängen $2\pi r$ (= Kreisumfang) und h (= Höhe des Kreiszylinders).

Kreiszylinder mit dem Radius r und der Höhe h

Volumen $V = \pi r^2 h$ (Grundfläche mal Höhe)

Mantelfläche $M = 2\pi rh$ (Fläche des abgewickelten Rechtecks)

Oberfläche $O = 2\pi rh + 2\pi r^2$ (Mantel + Boden + Deckel).

21.4 Prismen

Bei einem **Prisma** bestehen Grund- und Deckfläche aus zwei parallelen kongruenten n-Ecken. Die Verbindungslinien (Mantellinien) entsprechender Ecken müssen dabei parallel sein. Falls die beiden n-Ecke nicht übereinander liegen, sind die Mantellinien nicht vertikal, sondern schief. Ein solches Prisma heißt **schief**. Bei einem **geraden Prisma** liegen die n-Ecke übereinander, so daß die Mantellinien vertikal, also senkrecht auf der Grund- und Deckfläche stehen.

Bei einem schiefen Prisma mit n-eckiger Grundfläche besteht der **Mantel** aus n Parallelogrammen. Bei einem geraden Prisma gehen diese Parallelogramme in Rechtecke über. Die Höhe eines Prismas ist der Abstand der beiden n-Ecke. Nur bei geraden Prismen stimmt die Höhe mit der Länge der Mantellinien überein.

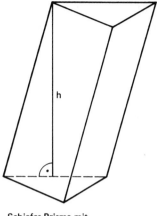

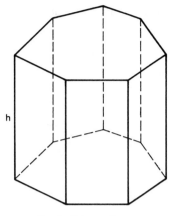

Schiefes Prisma mit
dreieckiger Grundfläche

Gerades Prisma mit
siebeneckiger Grundfläche

Prisma der Höhe h	
Volumen	$V = F \cdot h$; $F = $ Flächeninhalt des n-Ecks der Grundfläche
Mantelfläche	$M = U \cdot h$; $U = $ Umfang des n-Ecks
Oberfläche	$O = 2F + U \cdot h$ (Grund- u. Deckfläche + Mantel)

21.5 Kreiskegel

Bei einem **Kreiskegel (Kegel)** besteht die Grundfläche aus einem Kreis mit dem Radius r. Alle Punkte des Grundkreises werden mit der nicht in der Kreisebene liegenden Spitze verbunden. Bei einem **geraden Kegel** liegt die Spitze senkrecht über dem Kreismittelpunkt. Falls die Spitze nicht senkrecht über dem Kreismittelpunkt liegt, heißt der Kegel **schief**.

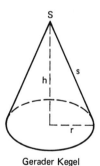

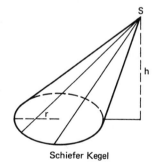

Gerader Kegel

Schiefer Kegel

Der **Mantel** eines geraden Kegels läßt sich in einen ebenen **Kreissektor** abwickeln. Der Radius dieses Kreissektors stimmt mit der Länge der Mantellinie $s = \sqrt{r^2 + h^2}$ überein, die zugehörige Bogenlänge b ist gleich dem Umfang des Grundkreises, d.h. $b = 2\pi r$.

Der volle Kreis mit dem Radius s besitzt den Umfang U = 2πs.

Der Kreisbogen b = 2πr verhält sich zu U wie φ zu 360, also

$$\frac{\varphi}{360} = \frac{2\pi r}{2\pi s} = \frac{r}{s}.$$

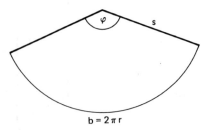

$$b = 2\pi r$$

Die gesuchte Mantelfläche M = Fläche des Kreissektors verhält sich zur gesamten Kreisfläche πs² wie φ zu 360. Damit gilt

$$\frac{M}{\pi s^2} = \frac{\varphi}{360} = \frac{r}{s}.$$

Hieraus erhält man die Mantelfläche $M = \pi rs = \pi r\sqrt{r^2 + h^2}$.

Volumen eines beliebigen Kegels $V = \frac{1}{3}\pi r^2 h$ (h = Höhe)

Mantelfläche eines geraden Kegels $M = \pi rs; s = \sqrt{r^2 + h^2}$

Oberfläche eines geraden Kegels $O = \pi r^2 + \pi rs = \pi r(r + s)$
                                    (Kreis + Mantel)

Beispiel 1:

Aus einem Kreis mit dem Radius 12 cm werde ein Kreisausschnitt mit dem Innenwinkel φ = 120° hergestellt. Aus diesem Kreisausschnitt werde der Mantel eines geraden Kegels hergestellt.

a) Mit s = 12 erhält man den Radius r des Kegelgrundkreises aus

$$\frac{r}{s} = \frac{\varphi}{360}; \qquad r = \frac{120}{360} \cdot 12 = 4 \text{ cm}.$$

b) Für die Höhe des Kegels gilt $h^2 + r^2 = s^2$, also

$$h = \sqrt{s^2 - r^2} = \sqrt{144 - 16} = 8 \cdot \sqrt{2} \text{ cm}.$$

c) Das Volumen des Kegels ist $V = \frac{1}{3}\pi r^2 h = \frac{128 \cdot \sqrt{2}}{3} \cdot \pi \text{ cm}^3.$

d) Die Mantelfläche ist $M = \pi rs = 48\pi \text{ cm}^2$.

21.6 Pyramiden

Bei einer **Pyramide** werden alle Eckpunkte eines in der Grundfläche liegenden n-Ecks mit der nicht in der Grundfläche liegenden **Spitze** S geradlinig verbunden. Diese Verbindungsstrecken sind die Kanten.

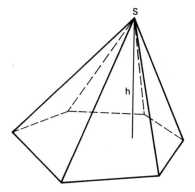

Pyramide mit einem Sechseck als Grundfläche

Eine Pyramide setzt sich aus einer n-eckigen Grundfläche und n Seitendreiecken zusammen.

Volumen einer Pyramide $V = \dfrac{1}{3} F \cdot h$

F = Grundfläche des n-Ecks; h = Höhe

Oberfläche O = Grundfläche + n Dreiecksflächen.

Beispiel 2:

Die Grundfläche einer Pyramide sei ein Rechteck mit den Seiten a = 10 m und b = 5m. Die Spitze S liege 18 m senkrecht über dem Rechtecksmittelpunkt.

a) Das Volumen der Pyramide beträgt

$$V = \frac{a \cdot b \cdot h}{3} = \frac{10 \cdot 5 \cdot 18}{3} = 300 \, m^3.$$

b) Die beiden gegenüberliegenden Manteldreiecke mit der Grundseitenlänge a besitzen die Höhe h_1.

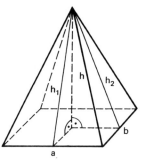

Aus dem gestrichelten rechtwinkligen Stützdreieck folgt

$$h_1^2 = h^2 + (\frac{b}{2})^2 = 18^2 + 2{,}5^2 = 330{,}25$$

$$h_1 = \sqrt{330{,}25}.$$

Für die Höhe h_2 der beiden anderen Manteldreiecke gilt

$$h_2^2 = h^2 + (\frac{a}{2})^2 = 18^2 + 5^2 = 349; \quad h_2 = \sqrt{349}.$$

Damit lautet die Oberfläche

$$O = a \cdot b + \frac{2a \cdot h_1}{2} + \frac{2b\,h_2}{2}$$

$$= 10 \cdot 5 + 10 \cdot \sqrt{330{,}25} + 5 \cdot \sqrt{349} \approx 325{,}136\,\text{m}^2.$$

21.7 Gerader Kegelstumpf

Bei einem geraden Kegelstumpf besitze der Grundkreis den Radius R und der Deckkreis den Radius $r < R$. Beide Kreise sind parallel, die Mittelpunkte liegen vertikal übereinander. die Höhe des Kegelstumpfes sei h.

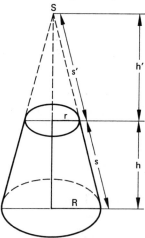

Zur Volumen- und Mantelflächenberechnung wird der Kegelstumpf zu einem geraden Kegel ergänzt.

Die Höhe h′ des fehlenden Kegels erhält man mit Hilfe des Strahlensatzes aus

$$\frac{h' + h}{h'} = \frac{R}{r} \; ; \; h' + h = h' \cdot \frac{R}{r} \; ; \; h = h' \cdot (\frac{R}{r} - 1) = h' \cdot \frac{R - r}{r} \; ;$$

$$h' = \frac{r}{R - r} \cdot h$$

Das Volumen des Kegelstumpfes erhält man als Differenz der Volumina des ganzen Kegels mit dem Radius R und der Höhe h + h' und des Ergänzungskegels mit dem Radius r und der Höhe h' als

$$V = \frac{1}{3}\,\pi\,R^2 \cdot (h + h') - \frac{1}{3}\,\pi\,r^2\,h'$$

$$= \frac{1}{3}\,\pi\,R^2\,h + \frac{1}{3}\,\pi \cdot (R^2 - r^2) \cdot h'$$

$$= \frac{1}{3}\,\pi\,R^2\,h + \frac{1}{3}\,\pi \cdot (R + r) \cdot \underbrace{(R - r) \cdot h'}_{= \,rh}$$

$$= \frac{1}{3}\,\pi\,R^2\,h + \frac{1}{3}\,\pi \cdot (R + r) \cdot rh$$

$$= \frac{1}{3}\,\pi\,h \cdot (R^2 + R \cdot r + r^2).$$

Als Differenz der Mantelflächen des ganzen Kegels und des Restkegels erhält man die Mantelfläche des Kegelstumpfes

$$M = \pi R \cdot (s + s') - \pi\,r\,s' = \pi\,R\,s + \pi\,(R - r)\,s'$$

Nach dem Strahlensatz gilt

$$\frac{s'}{s} = \frac{r}{R - r}, \text{ d.h. } (R - r)\,s' = sr. \text{ Damit erhält man}$$

$$M = \pi R \cdot s + \pi\,r\,s = \pi\,(R + r)\,s \quad \text{mit} \quad s^2 = h^2 + (R - r)^2.$$

Damit gilt

Gerader Kegelstumpf mit dem Grundkreisradius R, dem Deckkreisradius r < R und der Höhe h

Volumen $V = \dfrac{1}{3}\,\pi\,h \cdot (R^2 + R \cdot r + r^2)$

Mantelfläche $M = \pi\,(R + r) \cdot s = \pi \cdot (R + r)\,\sqrt{h^2 + (R - r)^2}$

Oberfläche $O = M + \pi\,R^2 + \pi\,r^2 \quad (M = \text{Mantelfläche})$

21.8 Kugeln

Für eine Kugel mit dem Radius r gilt

Oberfläche $O = 4\pi r^2$

Volumen $V = \dfrac{4}{3}\pi r^3$

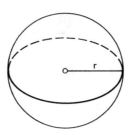

21.9 Aufgaben

A21.1 Berechnen Sie die Länge der Raumdiagonalen eines Würfels mit der Kantenlänge a.

A21.2 Auf einen Kreiszylinder mit dem Radius r = 9 cm und der Höhe h = 25 cm wird ein gerader Kreiskegel mit dem gleichen Radius und der Höhe 10 cm aufgesetzt. Berechnen Sie Volumen und Oberfläche des dadurch entstehenden Körpers.

A21.3 Auf einen Würfel mit der Kantenlänge a = 10 cm wird eine gerade Pyramide aufgesetzt.. Als Pyramidengrundfläche wird die Deckfläche des Würfels benutzt. Die Spitze der Pyramide liege 15 cm über dem Mittelpunkt des Quadrates der Würfeldeckfläche. Berechnen Sie von dem dadurch entstehenden Gesamtkörper
a) das Volumen;
b) die Oberfläche.

A21.4 Ein gerader Kreiskegel besitze den Radius R und die Höhe h.
In welcher Höhe h′ muß der Kegel horizontal durchgetrennt werden, damit der abgetrennte Restkegel und der verbleibende Kegelstumpf das gleiche Volumen besitzen?

Kapitel 22:
Folgen (reelle Zahlenfolgen) und spezielle Reihen

22.1 Definition einer Folge (reelle Zahlenfolge)

Jeder natürlichen Zahl n werde durch eine eindeutige Abbildungsvorschrift f genau eine reelle Zahl $f(n) = a_n$ zugeordnet. Dann heißt

$$a_1; a_2; a_3; ....; a_n; .... \text{ oder } (a_n), n = 1, 2, 3, ...$$

eine **Folge (Zahlenfolge)**. n heißt der **Index** der Zahl a_n; a_n ist das n-te **Folgenglied**.

Eine Zahlenfolge ist also eine Abbildung der Menge der natürlichen Zahlen in die Menge der reellen Zahlen.

Beispiel 1 (durch Rechenvorschriften bestimmte Folgen):

a) $a_n = \dfrac{1}{n}$ ergibt die Folge $1; \dfrac{1}{2}; \dfrac{1}{3}; \dfrac{1}{4}; \dfrac{1}{5}; \dfrac{1}{6}; ....$

b) $a_n = \dfrac{n}{n+1}$ liefert die Folge $\dfrac{1}{2}; \dfrac{2}{3}; \dfrac{3}{4}; \dfrac{4}{5}; \dfrac{5}{6}; \dfrac{6}{7}; ....$

c) $a_n = 2^{n-1}$ ist die Folge $1; 2; 4; 8; 16; 32; 64; ....$

Durch die vorgegebene Rechenvorschrift $a_n = f(n)$ läßt sich jedes beliebige Folgenglied a_n direkt berechnen.

Beispiel 2 (rekursiv definierte Zahlenfolge):

Durch die Rekursionsvorschrift $a_{n+2} = a_n + a_{n+1}$ für $n = 1, 2, ...$ ist die Folge noch nicht eindeutig bestimmt. Erst die beiden Anfangsglieder a_1 und a_2 legen die gesamte Folge fest. $a_1 = a_2 = 1$ ergibt die Folge der sog. Fibonaccischen Zahlen $1; 1; 2; 3; 5; 8; 13; 21; 34; 55; ....$

22.2 Monotone und beschränkte Folgen

Eine Zahlenfolge (a_n), $n = 1, 2, 3, ...$ heißt

monoton wachsend,	falls $a_n \leq a_{n+1}$ für alle n;
streng monoton wachsend,	falls $a_n < a_{n+1}$ für alle n;
monoton fallend,	falls $a_n \geq a_{n+1}$ für alle n;
streng monoton fallend,	falls $a_n > a_{n+1}$ für alle n.

Bemerkung: Bei monotonen Folgen läßt man auch zu, daß aufeinanderfolgende Glieder gleich sind. Um dies zum Ausdruck zu bringen, benutzt man für den Begriff monoton wachsend (fallend) auch die Bezeichnung **monoton nichtfallend (monoton nichtwachsend)**. Die Gleichheit aufeinanderfolgender Glieder wird bei der strengen Monotonie ausgeschlossen.

Beispiel 3:

a) Die Folge $a_n = \dfrac{1}{n}$ ist streng monoton fallend wegen $\dfrac{1}{n} > \dfrac{1}{n+1}$ für alle n.

b) Die Folge $a_n = \dfrac{n}{n+1}$ ist streng monoton wachsend wegen

$$a_{n+1} - a_n = \frac{n+1}{n+2} - \frac{n}{n+1} = \frac{(n+1)(n+1) - n(n+2)}{(n+2)(n+1)} = \frac{n^2 + 2n + 1 - n^2 - 2n}{(n+2)(n+1)}$$

$$= \frac{1}{(n+2)(n+1)} > 0 \; ; \text{daraus folgt } a_{n+1} > a_n \text{ für alle n.}$$

c) $a_n = (-1)^n \cdot 2^n$ ist die alternierende Folge $-2; 4; -8; 16; -32; \dots$. Sie ist weder monoton wachsend noch monoton fallend, also nicht monoton.

Eine Folge $(a_n), n = 1, 2, 3, \dots$ heißt

nach unten beschränkt, falls es eine Konstante c_1 gibt mit $a_n \geq c_1$ für alle n;

nach oben beschränkt, falls es eine Konstante c_2 gibt mit $a_n \leq c_2$ für alle n;

beschränkt, falls sie nach unten und oben beschränkt ist, d.h. wenn mit zwei Konstanten c_1 und c_2 gilt $c_1 \leq a_n \leq c_2$ für alle n.

Gleichwertig damit ist $|a_n| \leq K$, d.h. $-K \leq a_n \leq K$ für alle n mit einer Konstanten K (Beschränktheit der Beträge).

Beispiel 4:

a) Die Folge $a_n = 2^n$ ist wegen $2^n \geq 2$ nach unten, nicht jedoch nach oben beschränkt, da die Folgenglieder beliebig groß werden können.

b) $a_n = (-1)^n, n = 1, 2, 3, \dots$ stellt die alternierende Folge dar
$-1; 1; -1; 1; -1; 1; -1; \dots$

Wegen $|a_n| = 1$ ist die Folge beschränkt.

c) Die Folge $a_n = (-1)^n \cdot 5^n$ ist weder nach unten noch nach oben beschränkt. Für gerade Indizes n (positives Vorzeichen) werden die Glieder beliebig groß und für ungerade Indizes n (negatives Vorzeichen) beliebig klein.

22.3 Arithmetische Folge

Eine Folge heißt eine **arithmetische Folge**, wenn die Differenz zweier aufeinanderfolgender Glieder immer den gleichen Wert annimmt. Mit dem Anfangsglied $a_1 = a$ und der konstanten Differenz $a_{n+1} - a_n = d$ für alle n läßt sich die arithmetische Folge darstellen in der Form
$a; a+d; a+2d; a+3d; \dots; a + (n-1)d; \dots$
das n-te Glied lautet $a_n = a + (n-1)d$ für $n = 1, 2, 3, \dots$

Beispiel 5:

a) Die arithmetische Folge mit dem Anfangsglied $a_1 = 3$ und der Differenz $d = 2$
   lautet $3; 5; 7; 9; 11; 13; 15; 17; \ldots$

b) Die durch 7 teilbaren natürlichen Zahlen bilden eine arithmetische Folge, deren Anfangsglied und Differenz jeweils gleich 7 ist, also die Folge $7; 14; 21; 28;$
   $35; 42; 49; 56; 63; \ldots$

c) $a_1 = 2$ und $a_5 = 12$ seien Glieder einer arithmetischen Folge. Gesucht ist die
   Formel für das n-te Glied.

   Aus $10 = a_5 - a_1 = 4d$ folgt $d = 2{,}5$. Damit gilt $a_n = 2 + 2{,}5 \cdot (n-1)$.

Eigenschaft einer arithmetischen Folge:

Aus $a_n = a + (n-1)\, d$ und $a_{n+2} = a + (n+1)\, d$ folgt

$$a_n + a_{n+2} = 2a + 2nd = 2\,(a+nd) = 2a_{n+1}, \text{ also } a_{n+1} = \frac{1}{2}\,(a_n + a_{n+2}).$$

Bei einer arithmetischen Folge ist jedes Folgenglied mit $n \geq 2$ gleich dem arithmetischen Mittel seiner beiden benachbarten Folgenglieder.

Anwendungen:

1. Zinsrechnung ohne Zinseszins

Ein Kapital der Höhe K werden jährlich mit p % verzinst. Die Zinsen werden
nicht mehr weiterverzinst. Dann wächst das Kapital jährlich um den gleichen

Zinsbetrag $d = K \cdot \dfrac{p}{100}$. Der Kontostand nach n Jahren lautet dann

$K_n = K + n \cdot \dfrac{p}{100} \cdot K = K \cdot (1 + n \cdot \dfrac{p}{100})$. Die Kontostände nach jeweils einem Jahr

$K_1; K_2; K_3; \ldots; K_n; \ldots$ bilden eine arithmetische Folge mit $K_1 = a = K \cdot (1 + \dfrac{p}{100})$

und $\quad d = K_{n+1} - K_n = \dfrac{p}{100} \cdot K$.

2. Lineare Abschreibung

Ein bestimmtes Gut mit dem Anschaffungswert A werde in N gleichen Jahresra-
ten vollständig abgeschrieben. Die jährliche Abschreibungsrate beträgt damit $\dfrac{A}{N}$.

Dann lautet der Bilanzwert B_n am Ende des n-ten Jahres

$$B_n = A - n \cdot \frac{A}{N} = A \cdot (1 - \frac{n}{N}) \text{ für } n = 1, 2, \ldots, N \text{ mit } B_N = 0.$$

Die Bilanzwerte bilden den Anfang einer monoton fallenden arithmetischen Folge mit $a = B_1 = A \cdot (1 - \dfrac{1}{N})$ und der negativen Differenz $d = -\dfrac{A}{N}$.

22.4 Arithmetische Reihe

22.4.1 Die Summe der natürlichen Zahlen von 1 bis n

Gesucht ist die Summe der ersten n natürlichen Zahlen, also

$$x = 1 + 2 + 3 + \ldots + n = \sum_{i=1}^{n} i.$$

Schreibt man die Summe in der umgekehrten Reihenfolge unter die Ausgangs-summe, so erhält man durch gliedweise Addition

$$
\begin{aligned}
x &= 1 + &2 &+ 3 &+ \ldots &+ (n-2) + (n-1) + &n \\
x &= n + &(n-1) &+ (n-2) &+ \ldots &+ 3 + 2 + &1
\end{aligned} \Big] +
$$

$$2x = (n+1) + (n+1) + (n+1) + \ldots + (n+1) + (n+1) + (n+1) = n \cdot (n+1).$$

Jeweils übereinanderstehende Summanden bilden immer die gleiche Summe $n+1$. Insgesamt sind es n Stück. Summation ergibt damit $2x = n \cdot (n+1)$, also

$$
1 + 2 + 3 + \ldots + n = \sum_{i=1}^{n} i = \frac{n \cdot (n+1)}{2} \qquad
\begin{array}{l} \text{(letztes Glied mal Nachfolger} \\ \text{geteilt durch zwei)} \end{array}
$$

22.4.2 Die allgemeine arithmetische Reihe

Gesucht ist die Summe der ersten n Glieder einer arithmetischen Folge

$$a_i = a + (i-1)\,d, \text{ also } z = a_1 + a_2 + \ldots + a_n = \sum_{i=1}^{n} a_i.$$

Es gilt

$$z = a + a+d + a+2d + \ldots + a + (n-1)\,d = n \cdot a + d \cdot [1 + 2 + \ldots + (n-1)].$$

Wendet man die in 22.4.1 abgeleitete Summenformel anstatt für n auf $n-1$ Summanden an, so muß n durch $n-1$ ersetzt werden mit

$$1 + 2 + 3 + \ldots + n-1 = \frac{(n-1) \cdot n}{2}.$$

Damit erhält man mit $a = a_1$ und $a + (n-1)\,d = a_n$

$$z = n \cdot a + d \cdot \frac{(n-1) \cdot n}{2} = \frac{n}{2} \cdot [2a + (n-1)\,d] = \frac{n}{2} \cdot [a + a + (n-1)\,d]$$

$$= \frac{n}{2} \cdot [a_1 + a_n].$$

Damit gilt

Arithmetische Reihe = Summe der ersten n Glieder einer arithmetischen Fol-ge $a_i = a + (i-1)\,d$ für $i = 1, 2, \ldots, n$:

$$a_1 + a_2 + \ldots + a_n = \sum_{i=1}^{n} a_i = \frac{n}{2} \cdot [2a + (n-1)\,d] = \frac{n}{2} \cdot \underbrace{[a_1 + a_n]}.$$

$$\text{(erstes + letztes Glied)}$$

Beispiel 6:

Gesucht ist die Summe aller höchstens vierstelligen natürlichen Zahlen, welche durch 13 teilbar sind. Diese Zahlen bilden eine arithmetische Folge mit $a_1 = a = 13$ und $d = 13$. Betrachtet werden nur solche Zahlen, die kleiner als 10000 sind. Die gesuchte Anzahl n dieser Zahlen erhält man aus dem ganzzahligen Anteil (abgerundeter Wert) von $\dfrac{10\,000}{13}$ als $n = 769$. Die größte derartige Zahl lautet $a_{769} = 13 + 768 \cdot 13 = 769 \cdot 13 = 9\,997$.

Damit erhält man aus der obigen Summenformel die gesuchte Summe

$$z = \frac{769}{2} \cdot [13 + 9997] = 3\,848\,845.$$

Beispiel 7:

Im Jahre 1982 hat die deutsche Bundespost Überlegungen angestellt, Briefmarken von Automaten drucken zu lassen und zwar von 5 Pfg. an aufwärts bis zu 100 DM in Abständen von jeweils 5 Pfg. Insgesamt gäbe es dann $\dfrac{100}{0,05} = 2\,000$ verschiedene Briefmarken, deren Werte eine arithmetische Folge mit $a = d = 0,05$ bilden. Für den Erwerb aller solcher Briefmarken müßte ein Sammler insgesamt

$$\frac{2000}{2} \cdot [2 \cdot 0,05 + 1999 \cdot 0,05] = 100\,050 \,\text{DM}$$

aufbringen.

22.5 Geometrische Folge

Eine Folge heißt eine **geometrische Folge**, wenn der Quotient zweier aufeinanderfolgender Glieder immer den gleichen Wert annimmt.

Mit dem Anfangsglied $a_1 = a$ und dem konstanten Quotienten $q = \dfrac{a_{n+1}}{a_n}$ für alle n läßt sich die geometrische Folge darstellen in der Form

$\qquad a;\ aq;\ aq^2;\ aq^3;\ aq^4;\ \ldots\ldots;\ aq^{n-1};\ \ldots\ldots$

Das n-te Glied der Folge lautet $a_n = aq^{n-1}$ für $n = 1, 2, 3, \ldots$ mit $q^0 = 1$.

Beispiel 8:

a) Die geometrische Folge mit dem Anfangsglied $a = 5$ und dem konstanten Quotienten $q = 2$ lautet

$\qquad 5;\ 10;\ 20;\ 40;\ 80;\ 160;\ 320;\ \ldots\ldots$

b) $a = 2$ und $q = -3$ ergibt die geometrische Folge

$\qquad 2;\ -6;\ 18;\ -54;\ 162;\ -486;\ 1458;\ \ldots\ldots$

c) Von einer geometrischen Folge sei das zweite Glied gleich 40 und das sechste Glied gleich 2,5. Gesucht ist die allgemeine Formel für das n-te Glied.

Aus $a_2 = aq = 40$ und $a_6 = aq^5 = 2,5$ erhält man durch Division

$$q^4 = \frac{a_6}{a_2} = \frac{2,5}{40} = 0,0625; q = \sqrt[4]{0,0625} = 0,5.$$

$40 = a_2 = aq = 0,5a$ ergibt $a = 80$. Damit lautet das n-te Glied
$a_n = 80 \cdot 0,5^{n-1}$ für $n = 1, 2, 3, \ldots$

Eigenschaft einer geometrischen Folge

Aus $a_n \cdot a_{n+2} = aq^{n-1} \cdot aq^{n+1} = a^2 \cdot q^{2n}$ folgt

$\sqrt{|a_n \cdot a_{n+2}|} = \sqrt{a^2 \cdot q^{2n}} = |a \cdot q^n| = |a_{n+1}|.$

Der Betrag eines jeden Folgengliedes ist für $n \geq 2$ gleich dem geometrischen Mittel der Beträge (= Wurzel aus deren Produkt) der beiden benachbarten Folgenglieder.

Anwendungen:

1. Zinsrechnung mit Zinseszins

Ein Kapital K werden jährlich mit p % verzinst, wobei die Zinsen wieder verzinst werden. Dann lautet der Kontostand nach n Jahren

$$K_n = K \cdot \left(1 + \frac{p}{100}\right)^n \quad \text{für } n = 1, 2, 3, \ldots.$$

Die Kontostände nach jeweils einem Jahr bilden eine geometrische Folge mit

$$K_1 = a = K \cdot \left(1 + \frac{p}{100}\right) \text{ und } q = 1 + \frac{p}{100}.$$

2. Geometrisch-degressive Abschreibung

Bei der geometrisch degressiven Abschreibung wird in jedem Jahr p % vom Restwert aus dem Vorjahr abgeschrieben. Mit dem Anschaffungswert A lautet der Restwert nach n Jahren (Abschreibungen) $R_n = A \cdot \left(1 - \frac{p}{100}\right)^n$ für $n = 1, 2, \ldots$

Auch hier handelt es sich um eine geometrische Folge mit $q = 1 - \frac{p}{100}$.

22.6 Endliche geometrische Reihe

22.6.1 Spezielle endliche geometrische Reihe

Gesucht ist eine Formel für die endliche Summe

$$x = 1 + q + q^2 + q^3 + \ldots + q^n = \sum_{k=0}^{n} q^k \quad (n+1 \text{ Summanden}).$$

Zur Berechnung von x wird die Summe für $q \cdot x$ versetzt geschrieben und davon die ursprüngliche Summe x subtrahiert. Dabei heben sich die jeweils untereinanderstehenden Summanden gegenseitig weg.

$$q \cdot x \quad = \quad q + q^2 + q^3 + \ldots\ldots + q^{n-1} + q^n + q^{n+1}$$
$$x \quad = 1 + q + q^2 + q^3 + \ldots\ldots + q^{n-1} + q^n \qquad] -$$

$$q \cdot x - x = (q-1) \cdot x = q^{n+1} - 1.$$

Für $q \neq 1$ folgt hieraus $x = \dfrac{q^{n+1} - 1}{q-1}$.

Für $q = 1$ sind alle $n+1$ Summanden gleich 1 mit $x = n+1$. Damit gilt

$$\boxed{\;1 + q + q^2 + q^3 + \ldots.. + q^n = \sum_{k=0}^{n} q^k = \frac{q^{n+1} - 1}{q-1} \text{ für } q \neq 1.}$$
$$(n+1 \text{ Summanden})$$

Hinweise:

1. Falls nur bis q^{n-1} summiert werden soll (n Summanden) muß in der obigen Formel n durch $n-1$ ersetzt werden mit

$$1 + q + q^2 + q^3 + \ldots + q^{n-1} = \sum_{k=0}^{n-1} q^k = \frac{q^n - 1}{q-1} \text{ für } q \neq 1.$$

Im Zähler der Summenformel steht also das Glied der geometrischen Folge, welches auf den letzten Summanden folgen würde.

2. Die Summe muß mit 1 beginnen. Falls der Summand 1 fehlt, die Reihe also mit q beginnt, muß der Faktor q ausgeklammert werden mit

$$q + q^2 + q^3 + \ldots.. + q^n = q \cdot (1 + q + q^2 + \ldots. + q^{n-1}) = q \cdot \frac{q^n - 1}{q-1}.$$

Beispiel 9:

a) $1 + 3 + 3^2 + 3^3 + 3^4 + \ldots. + 3^{10} = \dfrac{3^{11} - 1}{3-1} = \dfrac{1}{2} \cdot (3^{11} - 1).$

b) $1 + 2 + 2^2 + 2^3 + \ldots. + 2^n = \dfrac{2^{n+1} - 1}{2-1} = 2^{n+1} - 1.$

c) $\dfrac{1}{2} + \dfrac{1}{4} + \dfrac{1}{8} + \ldots + \dfrac{1}{128} = \dfrac{1}{2} \cdot \left[1 + \dfrac{1}{2} + \ldots + \left(\dfrac{1}{2}\right)^6 \right] = \dfrac{1}{2} \cdot \dfrac{\frac{1}{2^7} - 1}{\frac{1}{2} - 1} = 1 - \dfrac{1}{2^7}.$

22.6.2 Allgemeine endliche geometrische Reihe

Die Summe der ersten n Glieder einer geometrischen Folge heißt endliche geometrische Reihe. Mit $a_i = aq^{i-1}$ für $i = 1, 2, \ldots, n$ erhält man mit der Formel aus 22.6.1 für $n-1$

$$s_n = a_1 + a_2 + \ldots + a_n = a + aq + aq^2 + aq^3 + \ldots. + aq^{n-1}$$
$$= a \cdot (1 + q + q^2 + q^3 + \ldots + q^{n-1}) = a \cdot \frac{q^n - 1}{q-1}.$$

Damit gilt

Endliche geometrische Reihe. Die Summe der ersten n Glieder einer geometrischen Folge $a_k = aq^{k-1}, k = 1, 2, ..., n$ lautet für $q \neq 1$

$$s_n = a_1 + a_2 + ... + a_n = a + aq + aq^2 + aq^3 + ... + aq^{n-1} = a \cdot \frac{q^n - 1}{q - 1}.$$

(n Summanden)

Anwendung (jährliche konstante Einzahlung bei Zinseszins):

Jährlich werde der gleiche Betrag E auf ein Konto eingezahlt, wobei das gesamte Konto jeweils zum Jahresende mit Zinseszins mit einem Zinssatz von p % verzinst wird. Gesucht ist der Kontostand K_n nach n Jahren.

a) **Vorschüssige Einzahlung** jeweils zum Jahresbeginn:
Die erste Einzahlung wird n Mal, die zweite (n−1) Mal, die dritte (n−2) Mal, ..., schließlich die letzte einmal verzinst.

Daraus folgt mit $q = 1 + \dfrac{p}{100}$

$$K_n = Eq^n + Eq^{n-1} + ... + Eq = Eq \cdot (1 + q + q^2 + ... + q^{n-1}) = Eq \cdot \frac{q^n - 1}{q - 1}.$$

b) **Nachschüssige Einzahlung** jeweils zum Jahresende:
Die erste Einzahlung wird (n−1) Mal, die zweite (n−2) Mal, ..., die zweitletzte einmal und die letzte nicht verzinst. Damit gilt

$$\hat{K}_n = Eq^{n-1} + Eq^{n-2} + ... + Eq + E = E \cdot (1 + q + q^2 + ... q^{n-1}) = E \cdot \frac{q^n - 1}{q - 1}.$$

22.7 Konvergente und divergente Folgen

Eine Folge (a_n), n = 1, 2, ... **konvergiert gegen den Grenzwert** a, wenn die Beträge der Differenzen $|a_n - a|$ beliebig klein werden, falls der Index n nur groß genug gewählt wird. Mathematisch bedeutet dies:

Zu jeder beliebigen (noch so kleinen) Zahl $\varepsilon > 0$ gibt es einen (im allg. von ε abhängenden) Index $n_0 = n_0(\varepsilon)$, so daß für alle Indizes $n \geq n_0$ gilt $|a_n - a| < \varepsilon$, d.h. $a - \varepsilon < a_n < a + \varepsilon$. Vom Index n_0 an liegen sämtliche Folgenglieder a_n im offenen Intervall $(a - \varepsilon; a + \varepsilon)$. Dafür schreibt man $\lim\limits_{n \to \infty} a_n = a$.

Eine gegen den Grenzwert 0 konvergierende Folge heißt **Nullfolge**.

Beispiel 10:

a) Die Folge $a_n = (-1)^n \cdot \dfrac{1}{n}$ konvergiert gegen 0. Zu beliebigem $\varepsilon > 0$ gilt

$|a_n - 0| = \dfrac{1}{n} < \varepsilon$ für alle $n > \dfrac{1}{\varepsilon}$. Wählt man als n_0 die kleinste natürliche Zahl $> \dfrac{1}{\varepsilon}$,

so ist die obige Konvergenzbedingung erfüllt.

b) Die konstante Folge $a_n = 5$ für alle n konvergiert gegen 5 wegen $|a_n - 5| = 0$.

c) Die Folge $a_n = \dfrac{n}{n+1}$ konvergiert gegen 1 wegen

$$|a_n - 1| = \left| \frac{n}{n+1} - 1 \right| = \left| \frac{n-(n+1)}{n+1} \right| = \frac{1}{n+1} < \varepsilon \quad \text{für } n+1 > \frac{1}{\varepsilon}, \text{ also } n > \frac{1}{\varepsilon} - 1.$$

d) Die alternierende Folge $a_n = (-1)^n$ ist nicht konvergent, da jedes zweite Glied gleich $+1$ bzw. -1 ist.

e) Die Folge $a_n = \dfrac{1}{\sqrt{n}}$ konvergiert gegen 0 wegen

$$|a_n - 0| = \frac{1}{\sqrt{n}} < \varepsilon \quad \text{für } n > \frac{1}{\varepsilon^2}.$$

f) Für jede reelle Zahl $\alpha > 0$ konvergiert die Folge $\dfrac{1}{n^\alpha}$ gegen Null.

Wegen $\alpha > 0$ wird n^α beliebig groß, wenn nur n groß genug gewählt wird. Daraus folgt

$$\frac{1}{n^\alpha} < \varepsilon \quad \text{für} \quad n > \frac{1}{\varepsilon^{\frac{1}{\alpha}}}.$$

Eigenschaften konvergenter Folgen:

1) Bei einer gegen a konvergenten Folge konvergieren sämtliche Teilfolgen gegen den gleichen Grenzwert a.

   Anwendung: Falls eine Folge zwei Teilfolgen besitzt, die gegen zwei verschiedene Grenzwerte konvergieren, kann die gesamte Folge nicht konvergent sein. In Beispiel 10 d) konvergiert die Teilfolge mit ungeraden Indizes gegen -1 und die Teilfolge mit geraden Indizes gegen $+1$.

2) Jede konvergente Folge ist beschränkt.

   Aus der Konvergenz folgt also die Beschränktheit. Die Umkehrung dieser Aussage gilt im allg. nicht. Aus der Beschränktheit folgt noch nicht die Konvergenz. Gegenbeispiel: die Folge $a_n = (-1)^n$ ist beschränkt, aber nicht konvergent.

   Anwendung: Eine nichtbeschränkte Folge kann nicht konvergieren.

3) Jede monotone und beschränkte Folge ist konvergent.

4) Für jede reelle Zahl q mit $|q| < 1$ gilt $\lim\limits_{n \to \infty} q^n = 0$.

Eine nicht konvergente Folge heißt **divergent**. Sie heißt **bestimmt divergent** gegen $+\infty$ (bzw. $-\infty$), falls die Folgenglieder beliebig groß (bzw. klein) werden, wenn der Index nur groß genug gewählt wird. Dafür schreibt man

$$\lim_{n \to \infty} a_n = +\infty \quad \text{bzw.} \quad \lim_{n \to \infty} a_n = -\infty. \text{ Mathematisch bedeutet dies:}$$

Zu jeder beliebig großen Zahl K gibt es einen Index $n_0(K)$, so daß für alle $n \geq n_0$ gilt $a_n > K$ (bestimmt divergent gegen $+\infty$) bzw. $a_n < -K$ (bestimmt divergent gegen $-\infty$).

Eine divergente Folge, die nicht bestimmt divergent ist, heißt **unbestimmt divergent**.

Das praktische Rechnen mit Grenzwerten:

Zum praktischen Berechnen von Grenzwerten kann man folgende Eigenschaften konvergenter Folgen benutzen:

Die Folge (a_n) konvergiere gegen a und (b_n) gegen b, d.h.

$\lim\limits_{n\to\infty} a_n = a$ und $\lim\limits_{n\to\infty} b_n = b$. Dann gilt

Die Folge $(c \cdot a_n)$ konvergiert gegen $c \cdot a$, d.h. $\lim\limits_{n\to\infty} (c \cdot a_n) = c \cdot \lim\limits_{n\to\infty} a_n$

für jede Konstante c.

Die Folge $(a_n \pm b_n)$ konvergiert gegen $a \pm b$, d.h. $\lim\limits_{n\to\infty} (a_n \pm b_n) = \lim\limits_{n\to\infty} a_n \pm \lim\limits_{n\to\infty} b_n$.

Die Folge $(a_n \cdot b_n)$, konvergiert gegen $a \cdot b$, d.h. $\lim\limits_{n\to\infty} (a_n \cdot b_n) = \lim\limits_{n\to\infty} a_n \cdot \lim\limits_{n\to\infty} b_n$.

Die Folge $\dfrac{a_n}{b_n}$ konvergiert gegen $\dfrac{a}{b}$, d.h. $\lim\limits_{n\to\infty} \left(\dfrac{a_n}{b_n}\right) = \dfrac{\lim\limits_{n\to\infty} a_n}{\lim\limits_{n\to\infty} b_n}$, falls $b \neq 0$.

Anwendung: Mit $\dfrac{1}{n}$ konvergiert auch $\dfrac{1}{n^2} = \dfrac{1}{n} \cdot \dfrac{1}{n}$ gegen Null. Dann konvergiert auch $\dfrac{1}{n^3} = \dfrac{1}{n^2} \cdot \dfrac{1}{n}$ gegen Null. So fortfahrend läßt sich mit Hilfe des Prinzips der vollständigen Induktion zeigen, daß für jede natürliche Zahl k die Folge $\dfrac{1}{n^k}$ gegen Null konvergiert.

Beispiel 11:

a) $a_n = \dfrac{5n^3 + 4n^2 - 8n + 15}{8n^3 - 2n^2 + 4n - 9}$; Division von Zähler und Nenner durch n^3 ergibt

$$a_n = \frac{5 + \dfrac{4}{n} - \dfrac{8}{n^2} + \dfrac{15}{n^3}}{8 - \dfrac{2}{n} + \dfrac{4}{n^2} - \dfrac{9}{n^3}}.$$

Da für jede natürliche Zahl k und jede Konstante c die Folgen $\dfrac{c}{n^k}$ gegen Null konvergieren, konvergiert der Zähler gegen 5 und der Nenner gegen 8. Folglich konvergiert a_n gegen $\dfrac{5}{8}$, d.h. $\lim\limits_{n\to\infty} a_n = \dfrac{5}{8}$.

b) $a_n = \dfrac{n^2 + 2n + 6}{n + 7}$; Division von Zähler und Nenner durch n ergibt

$a_n = \dfrac{n + 2 + \dfrac{6}{n}}{1 + \dfrac{7}{n}}$. Der Nenner konvergiert gegen 1. Der Zähler wird beliebig

groß, wenn n nur groß genug gewählt wird.

a_n wird größer als jede noch so groß vorgegebene Zahl K. Die Folge (a_n) ist also bestimmt divergent mit $\lim\limits_{n \to \infty} a_n = + \infty$.

22.8 Die unendliche geometrische Reihe

Nach Abschnitt 22.6.2 lautet die endliche geometrische Reihe

$s_n = a + aq + aq^2 + aq^3 + \ldots + aq^{n-1} = a \cdot \dfrac{1 - q^n}{1 - q}$ für $q \neq 1$.

$s_n = a \cdot \dfrac{1 - q^n}{1 - q}$, $n = 1, 2, \ldots$ stellt eine Zahlenfolge dar, die genau dann konvergiert, wenn q^n konvergiert. Nach Eigenschaft 4) aus 22.7 konvergiert q^n gegen 0, falls $|q| < 1$ ist. Dann gilt $\lim\limits_{n \to \infty} s_n = a \cdot \dfrac{1}{1 - q}$.

Falls dieser Grenzwert existiert, bezeichnet man ihn mit

$$\lim_{n \to \infty} s_n = \lim_{n \to \infty} \sum_{k=1}^{n} a \cdot q^{k-1} = \lim_{n \to \infty} \sum_{i=0}^{n-1} a \cdot q^i = \sum_{i=0}^{\infty} a \cdot q^i = a \cdot \dfrac{1}{1 - q}.$$

Für $|q| < 1$ heißt der existierende Grenzwert $\sum\limits_{n=0}^{\infty} a \cdot q^n = a \cdot \dfrac{1}{1 - q}$

konvergente unendliche geometrische Reihe.

Beispiel 12:

$a = 1$ und $q = \dfrac{1}{2}$ ergibt $\sum\limits_{n=0}^{\infty} \left(\dfrac{1}{2}\right)^n = 1 + \dfrac{1}{2} + \dfrac{1}{4} + \dfrac{1}{8} + \dfrac{1}{16} + \ldots$

$$= \dfrac{1}{1 - \dfrac{1}{2}} = 2.$$

Interpretation: Man kommt an die Summe 2 beliebig nahe heran, wenn nur genügend viele Summanden hinzugenommen werden.

Anwendung: Umwandlung eines periodischen Dezimalbruchs in einen gemeinen Bruch. Dazu das

Beispiel 13:

Der periodische Dezimalbruch $0,12\overline{34}$ steht als Abkürzung für
$x = 0,123434343434343434\ldots\ldots$ (beliebig viele Blöcke 34). Dieser Bruch kann mit Hilfe einer geometrischen Reihe dargestellt in der Form

$$x = 0,12 + 0,0034 + 0,0034 \cdot \frac{1}{100} + 0,0034 \cdot (\frac{1}{100})^2 + 0,0034 \cdot (\frac{1}{100})^3 + \ldots.$$

Mit $a = 0,0034$ und $q = \dfrac{1}{100}$ erhält man

$$x = 0,12 + 0,0034 \cdot \frac{1}{1 - \dfrac{1}{100}} = 0,12 + 0,0034 \cdot \frac{100}{99} = 0,12 + \frac{0,34}{99} =$$

$$= \frac{12}{100} + \frac{34}{9900} = \frac{12 \cdot 99 + 34}{9900} = \frac{1222}{9900} = \frac{611}{4950}.$$

22.9 Aufgaben

A 22.1 Bei einer arithmetischen Folge sei das dritte Glied gleich 10 und das achte Glied gleich 25. Wie lautet die Formel für das n-te Glied? Berechnen Sie das Folgenglied mit dem Index 100.

A 22.2 In einem Amphitheater umfaßt die unterste Reihe 90 Sitzplätze. In jeder nachfolgenden Reihe befindet sich 9 Sitzplätze mehr. Insgesamt gibt es 20 Reihen.

a) Wieviele Sitzplätze hat die oberste Reihe?

b) Bestimmen Sie die Anzahl aller Sitzplätze.

A 22.3 Bestimmen Sie die Summe aller vierstelligen natürlichen Zahlen, die durch 17 teilbar sind.

A 22.4 100 000 DM werden jährlich mit Zinseszins zu 7% verzinst. Berechnen Sie den Kontostand nach 5 Jahren.

A 22.5 Auf ein Konto werden jährlich 3 000 DM eingezahlt. Die Verzinsung erfolge jährlich zu 6% mit Zinseszins. Berechnen Sie den Kontostand nach 10 Jahren

a) bei vorschüssiger Einzahlung,

b) bei nachschüssiger Einzahlung.

A 22.6 Ein Gut soll in 10 Jahren geometrisch degressiv auf 1% seines Anschaffungswertes abgeschrieben werden. Wieviel % darf dann jedes Jahr abgeschrieben werden?

A 22.7 Untersuchen Sie die nachfolgenden Folgen auf Monotonie und Konvergenz:

a) $a_n = 5 + \dfrac{2}{\sqrt[3]{n}}$;

b) $a_n = 0{,}9^n$;

c) $a_n = (-0{,}7)^n$;

d) $a_n = 5^n$;

e) $a_n = (-1{,}1)^n$.

A 22.8 Bestimmen Sie im Falle der Existenz die Grenzwerte der Folgen

a) $a_n = \dfrac{2n^2 - 4n + 8}{n^2 + 5n + 10}$;

b) $a_n = \dfrac{\sqrt{3n} + 9}{\sqrt{10n} - 4}$;

c) $a_n = \dfrac{n^3 + 4n + 20}{2n^2 - 5n + 10}$;

d) $a_n = \dfrac{4n - 6}{2n^2 + 8n + 8}$.

A 22.9 Berechnen Sie im Falle der Existenz

a) $\displaystyle\sum_{k=0}^{\infty} \left(\frac{2}{3}\right)^k$;

b) $\displaystyle\sum_{k=0}^{\infty} \left(-\frac{1}{2}\right)^k$;

c) $\displaystyle\sum_{k=0}^{\infty} \left(\frac{3}{2}\right)^k$;

d) $\displaystyle\sum_{k=0}^{\infty} (-2)^k$.

A 22.10 Wandeln Sie die nachfolgenden periodischen Dezimalbrüche in gemeine Brüche um.

a) $1{,}4\overline{56}$;

b) $12{,}45\overline{678}$.

Kapitel 23:
Differentialrechnung bei Funktionen einer Variablen

23.1 Definition einer Funktion

Jeder reellen Zahl x aus dem **Definitionsbereich** $D \subseteq \mathbb{R}$ werde durch eine eindeutige Abbildungsvorschrift f eine reelle Zahl $y = f(x)$ zugeordnet. Dann heißt f eine (reelle) **Funktion**. x heißt die **unabhängige Variable (Abszisse)** und y die **abhängige Variable (Ordinate)**. Die Menge der Funktionswerte stellt den **Wertebereich** oder Wertevorrat dar.

Graphische Darstellung:

Für jedes Element x aus dem Definitionsbereich erhält man mit dem zugehörigen Funktionswert f(x) ein Wertepaar $(x; y = f(x))$. In einem kartesischen Koordinatensystem kann der entsprechende Punkt mit diesen beiden Koordinaten eingezeichnet werden. Dadurch entsteht eine graphische Darstellung oder der sog. **Graph** der Funktion. Dieser Graph wird im allg. mit der Funktion identifiziert. Er wird oft auch einfach Kurve genannt. Wegen der Eindeutigkeit der Abbildungsvorschrift liegt senkrecht über oder unter jedem x-Wert genau ein Punkt der Kurve.

Beispiel 1 (Gerade):

$y = f(x) = 0,5x + 1$ stellt eine Gerade dar mit der Steigung $m = 0,5$. Der Definitionsbereich ist ganz $\mathbb{R}$, ebenfalls der Wertebereich.

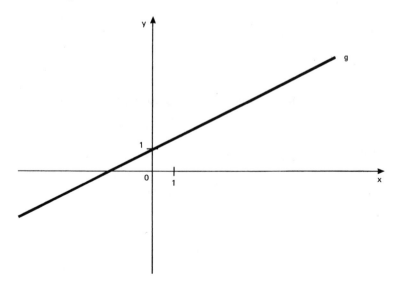

Beispiel 2 (Betragsfunktion):

$$f(x) = |x| = \begin{cases} x & \text{für } x \geq 0 \\ -x & \text{für } x < 0 \end{cases}$$

besitzt den Definitionsbereich $D = \mathbb{R}$ und den Wertevorrat $W = \mathbb{R}_+ = \{y \,|\, y \geq 0\}$. Die Kurve besteht aus zwei Geradenstücken, die sich in der Knickstelle (Koordinatenursprung) schneiden.

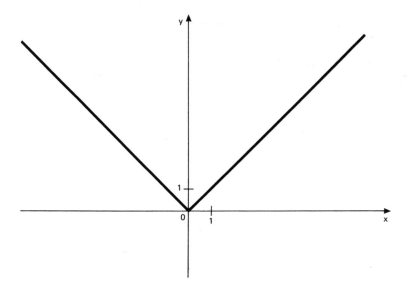

Beispiel 3 (Treppenfunktion):

$$f(x) = \begin{cases} 1 & \text{für } x \geq 0 \\ 0 & \text{für } x < 0 \end{cases}$$

stellt eine Treppenfunktion dar mit der einzigen Sprungstelle $x = 0$. Der Definitionsbereich ist ganz $\mathbb{R}$, der Wertebereich besteht nur aus den beiden Zahlen 0 und 1, also $W = \{0; 1\}$.

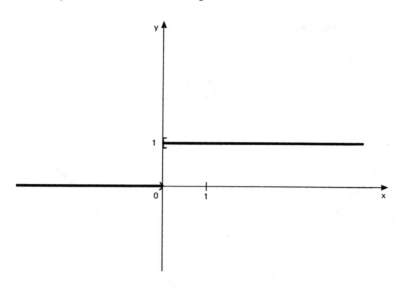

Beispiel 4 (Treppenfunktion mit isoliertem Punkt):

$$f(x) = \begin{cases} -1 & \text{für } x < 0 \\ 0 & \text{für } x = 0 \\ +1 & \text{für } x > 0 \end{cases}$$

stellt eine Treppenfunktion mit dem Koordinatenursprung 0 als isoliertem Punkt dar. Der Wertebereich lautet $W = \{-1; 0; +1\}$.

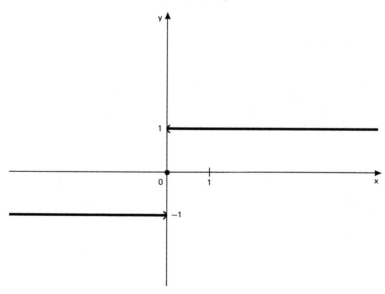

Beispiel 5 (Halbkreise):

$y = f_1(x) = + \sqrt{4 - x^2}$ (positive Quadratwurzel) stellt den oberen Halbkreis mit dem Radius $r = 2$ um den Koordinatenursprung 0 dar.

$y = f_2(x) = - \sqrt{4 - x^2}$ (negative Quadratwurzel) ist die Gleichung des unteren Halbkreises.

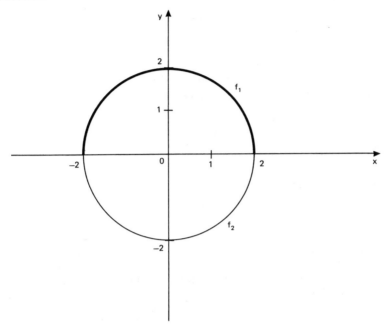

Für sich allein betrachtet stellt f_1 und f_2 jeweils eine Funktion mit dem gleichen Definitionsbereich $D = \{x | -2 \leq x \leq 2\} = [-2; +2]$ (abgeschlossenes Intervall) dar. f_1 besitzt den Wertevorrat $W_{f_1} = \{y | 0 \leq y \leq 2\} = [0; 2]$, f_2 den Wertevorrat $W_{f_2} = \{y | -2 \leq y \leq 0\} = [-2; 0]$.

Beide Funktionen zusammen stellen den gesamten Kreis dar. Die Gleichung des Kreises $x^2 + y^2 = 4$ erhält man durch Quadrieren der Funktionen. Der gesamte Kreis stellt jedoch keine Funktion dar, weil die Eindeutigkeit verletzt wäre. Der Abszisse $x = 0$ müßten z.B. die beiden verschiedenen Werte $+2$ und -2 zugeordnet werden, was bei einer Funktion nicht möglich ist.

23.2 Grenzwerte einer Funktion

Ist x_n, $n = 1, 2, 3, \ldots$ eine Punktfolge aus dem Definitionsbereich der Funktion f, so bilden die zugehörigen Funktionswerte $f(x_n) = a_n$, $n = 1, 2, 3, \ldots$ eine Zahlenfolge. Aus der Konvergenz der Folge x_n, $n = 1, 2, \ldots$ folgt im allg. noch nicht die Konvergenz der Folge der Funktionswerte $f(x_n)$, $n = 1, 2, 3, \ldots$.

Grenzwert einer Funktion:

Die Funktion f sei in einer Umgebung der festen Stelle x_0 definiert, wobei die Stelle x_0 nicht unbedingt zum Definitionsbereich von f gehören muß. An der Stelle x_0 kann also eine Definitionslücke vorhanden sein.

Dann besitzt f an der Stelle x_0 den **Grenzwert** b, falls folgende Bedingung erfüllt ist:

Für jede gegen x_0 konvergente Punktfolge x_n aus dem Definitionsbereich konvergiert die Folge der Funktionswerte $f(x_n)$ gegen den gleichen Wert b. Aus $\lim\limits_{n \to \infty} x_n = x_0$ folgt also $\lim\limits_{n \to \infty} f(x_n) = b$.

Für diesen Sachverhalt schreibt man

$$\lim_{x \to x_0} f(x) = b \quad \text{oder} \quad \lim_{h \to 0} f(x_0 + h) = b.$$

Bemerkung: In der angegebenen Bedingung ist darauf zu achten, daß die Folge $f(x_n)$ der Funktionswerte für jede beliebige gegen x_0 konvergente Folge x_n aus dem Definitionsbereich gegen denselben Grenzwert b konvergiert. Es genügt nicht, daß dieser Grenzwert nur für eine spezielle Punktfolge x_n existiert oder daß verschiedene Punktfolgen verschiedene Grenzwerte ergeben.

Beispiel 6:

Die Funktion $f(x) = \begin{cases} 1 & \text{für } x \geq 0 \\ -1 & \text{für } x < 0 \end{cases}$

besitzt an der Stelle $x_0 = 0$ keinen Grenzwert. Für die gegen 0 konvergente Folge $x_n = (-1)^n \cdot \dfrac{1}{n}$ gilt $f(x_n) = (-1)^n$. Diese Folge konvergiert nicht. Damit besitzt f an der Stelle 0 keinen Grenzwert, obwohl diese Stelle zu ihrem Definitionsbereich gehört.

Beispiel 7:

Die Funktion $f(x) = \dfrac{5x^2 + 4x}{x}$ ist an der Stelle $x = 0$ nicht definiert. Für $x_n \neq 0$ mit

$\lim\limits_{n \to \infty} x_n = 0$ erhält man nach Kürzen durch $x_n \neq 0$ $\quad f(x_n) = \dfrac{5x_n^2 + 4x_n}{x_n} = 5x_n + 4$.

Daraus folgt aus $\lim\limits_{n \to \infty} x_n = 0 \quad \lim\limits_{n \to \infty} f(x_n) = \lim\limits_{n \to \infty} (5x_n + 4) = 5 \cdot \lim\limits_{n \to \infty} x_n + 4 = 4$.

Die Funktion besitzt an der Stelle $x_0 = 0$ den Grenzwert 4. Diesen Grenzwert erhält man auch dadurch, daß zunächst in f Zähler und Nenner durch x gekürzt wird und danach $x = 0$ eingesetzt wird. Doch für $x = 0$ wurde formal durch 0 gekürzt, was gar nicht zulässig ist.

Beispiel 8:

Die Funktion $f(x) = \dfrac{1}{x}$ besitzt an der Stelle $x_0 = 0$ keinen Grenzwert, da für $x_n \neq 0$ mit $\lim\limits_{n \to \infty} x_n = 0$ der Grenzwert $\lim\limits_{n \to \infty} \dfrac{1}{x_n}$ nicht existiert.

Einseitige Grenzwerte:

Falls die Punktfolge x_n von rechts (links) gegen x_0 konvergiert und die zugehörige Funktionenfolge $f(x_n)$ immer gegen denselben Grenzwert konvergiert, heißt dieser Grenzwert rechts- bzw. linksseitig.

---

b_r heißt **rechtsseitiger Grenzwert** der Funktion f an der Stelle x_0, wenn für jede von rechts gegen x_0 konvergente Punktfolge $x_n > x_0$ gilt $\lim\limits_{n \to \infty} f(x_n) = b_r$.

Man schreibt dafür $\lim\limits_{\substack{x \to x_0 \\ x > x_0}} f(x) = \lim\limits_{\substack{h \to 0 \\ h > 0}} f(x_0 + h) = b_r$.

b_l heißt **linksseitiger Grenzwert** von f an der Stelle x_0, wenn für jede von links gegen x_0 konvergente Folge $x_n < x_0$ gilt $\lim\limits_{n \to \infty} f(x_n) = b_l$.

Man schreibt dafür $\lim\limits_{\substack{x \to x_0 \\ x < x_0}} f(x) = \lim\limits_{\substack{h \to 0 \\ h < 0}} f(x_0 - h) = b_l$.

An der Stelle x_0 existiert ein Grenzwert genau dann, wenn an dieser Stelle sowohl der rechts- als auch der linksseitige Grenzwert existieren und beide übereinstimmen. Sie stellen dann den Grenzwert dar mit $b_r = b_l = b$.

Beispiel 9:

a) In Beispiel 3 gilt $f(x_n) = 0$ für $x_n < 0$ und $f(x_n) = 1$ für $x_n > 0$. Damit ist der linksseitige Grenzwert an der Stelle $x_0 = 0$ gleich 0 und der rechtsseitige gleich 1. Da beide Grenzwerte voneinander verschieden sind, existiert an der Stelle $x_0 = 0$ kein Grenzwert.

b) In Beispiel 4 ist der linksseitige Grenzwert an der Stelle $x_0 = 0$ gleich -1 und der rechtsseitige Grenzwert gleich $+1$. Auch für diese Funktion existiert an der Stelle $x_0 = 0$ kein Grenzwert.

23.3 Stetige Funktionen

Die Stetigkeit einer Funktion f an einer Stelle x_0 läßt sich am bequemsten mit Hilfe des Grenzwertes der Funktion definieren (s. Abschnitt 23.2), weil damit zur Untersuchung auf Stetigkeit sämtliche Eigenschaften konvergenter Zahlenfolgen benutzt werden können. Verzichtet man bei der Definition der Stetigkeit auf konvergente Zahlenfolgen, so muß die Definition der Konvergenz einer Zahlenfolge in den Begriff der Stetigkeit mit eingearbeitet werden. Dies geschieht im Stetigkeitskriterium.

Die Funktion f ist an der Stelle $x_0 \in D$ **stetig**, wenn an der Stelle x_0 der Grenzwert $\lim\limits_{x \to x_0} f(x)$ existiert und mit dem Funktionswert an der Stelle x_0 übereinstimmt, wenn also gilt

$$\lim_{x \to x_0} f(x) = \lim_{h \to 0} f(x_0 + h) = f(x_0) = f(\lim_{x \to x_0} x).$$

An einer Stetigkeitsstelle x_0 sind die Grenzwertbildung und Funktionswertberechnung vertauschbar.

f ist an der Stelle x_0 **rechtsseitig stetig**, wenn an der Stelle x_0 der rechtsseitige Grenzwert existiert und mit $f(x_0)$ übereinstimmt, wenn also

$$\lim_{\substack{x \to x_0 \\ x > x_0}} f(x) = \lim_{\substack{h \to 0 \\ h > 0}} f(x_0 + h) = f(x_0) \text{ gilt.}$$

f ist an der Stelle x_0 **linksseitig stetig**, wenn an der Stelle x_0 der linksseitige Grenzwert existiert und mit $f(x_0)$ übereinstimmt, wenn also

$$\lim_{\substack{x \to x_0 \\ x < x_0}} f(x) = \lim_{\substack{h \to 0 \\ h > 0}} f(x_0 - h) = f(x_0) \text{ gilt.}$$

Eine Funktion ist genau dann an der Stelle x_0 stetig, wenn sie dort links- und rechtsseitig stetig ist.

Eine Funktion heißt **stetig**, wenn sie an jeder Stelle ihres Definitionsbereichs stetig ist.

Beispiel 10:

a) **(vgl. Beispiel 3):** Die Funktion $f(x) = \begin{cases} 1 & \text{für } x \geq 0 \\ 0 & \text{für } x < 0 \end{cases}$
   ist an der Stelle $x_0 = 0$ rechtsseitig, aber nicht linksseitig stetig.

b) **(vgl. Beispiel 4):** Die Funktion $f(x) = \begin{cases} +1 & \text{für } x > 0 \\ 0 & \text{für } x = 0 \\ -1 & \text{für } x < 0 \end{cases}$
   ist an der Stelle $x_0 = 0$ weder links- noch rechtsseitig stetig.

Beispiel 11 (vgl. Beispiel 2):

Die Funktion $f(x) = |x|$ ist auch an der Knickstelle $x_0 = 0$ stetig, da $\lim\limits_{n \to \infty} x_n = 0$ gleichwertig ist mit $\lim\limits_{n \to \infty} |x_n| = \lim\limits_{n \to \infty} f(x_n) = 0 = f(0)$.

Beispiel 12 (hebbare Unstetigkeitsstelle; vgl. Beispiel 7):

Die Funktion $f(x) = \dfrac{5x^2 + 4x}{x}$ ist an der Stelle $x_0 = 0$ nicht definiert. Nach Beispiel 7 besitzt sie dort jedoch den Grenzwert $\lim\limits_{x \to 0} f(x) = 4$.

Durch $f(0) = 4$ entsteht eine Funktion, die auch an der Stelle $x_0 = 0$ definiert und stetig ist und für $x \neq 0$ mit der Ausgangsfunktion übereinstimmt.

Beispiel 13:

Die Funktion $f(x) = \begin{cases} x^2 & \text{für } x \leq 1 \\ mx + b & \text{für } x > 1 \end{cases}$; m, b feste reelle Zahlen

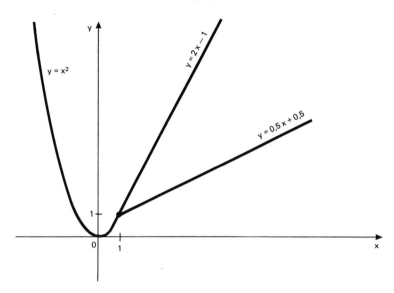

ist an jeder Stelle $x_0 < 1$ und $x_0 > 1$ stetig. An der Stelle $x_0 = 1$ ist sie für jedes m und b auch linksseitig stetig. Sie ist genau dann auch rechtsseitig stetig, also stetig, wenn gilt $\lim\limits_{\substack{x \to 1 \\ x > 1}} f(x) = \lim\limits_{\substack{x \to 1 \\ x > 1}} (mx+b) = m+b = f(1) = 1$.

Für beliebige Konstanten m und b mit m+b=1 ist die Funktion auch an der Stelle 1 stetig. Falls m ≠ 2 ist, entsteht im Falle m + b = 1 an der Stetigkeitsstelle $x_0 = 1$ ein Knick. Nur für m = 2 und b = − 1 gibt es keinen Knick an dieser Stetigkeitsstelle (vgl. Beispiel 17). Im Falle m + b ≠ 1 ist x_0 eine Sprungstelle.

Die Stetigkeit kann auch ohne konvergente Zahlenfolgen definiert werden. Bei dieser Definition muß die Konvergenz einer Zahlenfolge über das ε in die Definition der Stetigkeit eingearbeitet werden. Dadurch erhält man eine gleichwertige Definition. Anschaulich besagt sie, daß die Funktionswerte f (x) vom Funktionswert $f(x_0)$ beliebig wenig abweichen, wenn nur x nahe genug bei x_0 liegt (s. Bild 7). Dieser Sachverhalt wird mathematisch formuliert im

---

Stetigkeitskriterium:

Die Funktion f ist an der Stelle x_0 genau dann stetig, wenn folgende Bedingung erfüllt ist:

Zu jedem beliebigen ε > 0 gibt es eine im allg. von ε und x_0 abhängige Zahl δ > 0, so daß für alle x ∈ D mit $|x−x_0| < δ$ gilt $|f(x) − f(x_0)| < ε$.

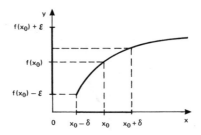

Beispiel 14 (Wurzelfunktion):

Die Wurzelfunktion $f(x) = \sqrt{x}$ mit dem Definitionsbereich $D = \{x | x \geq 0\}$ ist an jeder Stelle $x_0 > 0$ stetig wegen

$$|f(x) - f(x_0)| = |\sqrt{x} - \sqrt{x_0}| = \left| \frac{(\sqrt{x} - \sqrt{x_0}) \cdot (\sqrt{x} + \sqrt{x_0})}{\sqrt{x} + \sqrt{x_0}} \right|$$

$$= \frac{|x - x_0|}{\sqrt{x} + \sqrt{x_0}} < \frac{|x - x_0|}{\sqrt{x_0}} < \varepsilon \quad \text{für } |x - x_0| < \varepsilon \cdot \sqrt{x_0}.$$

Mit $\delta = \varepsilon \cdot \sqrt{x_0}$ ist das Stetigkeitskriterium erfüllt.

An der Stelle $x_0 = 0$ ist die Funktion rechtsseitig stetig.

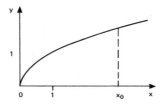

Beispiel 15:

a) Die Funktion $f(x) = \begin{cases} \sin \dfrac{1}{x} & \text{für } x \neq 0 \\ 0 \quad x & \text{für } x = 0 \end{cases}$

ist auf ganz $\mathbb{R}$ definiert. An jeder Stelle $x \neq 0$ ist die Funktion stetig. Wegen

$\sin n\pi = 0; \sin(2n\pi + \dfrac{\pi}{2}) = 1; \sin(2n\pi + \dfrac{3}{2}\pi) = -1$ gilt für jedes $n = 1, 2, 3, \ldots$

$$\sin \frac{1}{x} = \begin{cases} 0 & \text{für} \quad x = \dfrac{1}{n\pi} \\[2mm] 1 & \text{für} \quad x = \dfrac{1}{2n\pi + \dfrac{\pi}{2}} \\[2mm] -1 & \text{für} \quad x = \dfrac{1}{2n\pi + \dfrac{3}{2}\pi} \end{cases}$$

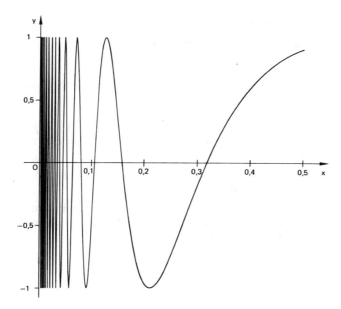

Wie klein auch $\delta > 0$ gewählt wird, für $|x| < \delta$ nimmt die Funktion f beliebig oft alle Werte zwischen -1 und $+1$ an. Damit existiert kein Grenzwert an der Stelle $x_0 = 0$. Die Funktion ist an der Stelle $x_0 = 0$ nicht stetig, obwohl diese Stelle keine Sprungstelle ist.

b) Die Funktion $f(x) = \begin{cases} x \cdot \sin \dfrac{1}{x} & \text{für } x \neq 0 \\ 0 & \text{für } x = 0 \end{cases}$

ist wegen $|f(x)| = |x| \cdot |\sin \dfrac{1}{x}| \leq |x| \cdot 1$ auch an der Stelle $x_0 = 0$ stetig.

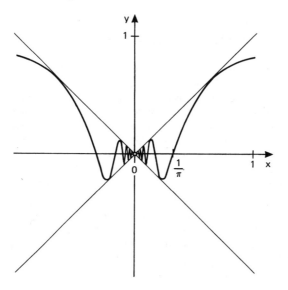

Eigenschaften stetiger Funktionen:

1) Die Funktionen f und g seien an der Stelle x_0 stetig. Dann sind dort auch folgende Funktionen stetig:

   $c \cdot f$ für jede Konstante c; $f \pm g$ (Summe u. Differenz); $f \cdot g$ (Produkt) und $\dfrac{f}{g}$

   (Quotient), falls $g(x_0) \neq 0$.

2) Ist die Funktion f an der Stelle x_0 stetig und ist die Funktion g an der Stelle $f(x_0)$ stetig, so ist die zusammengesetzte Funktion $h(x) = g(f(x))$ an der Stelle x_0 ebenfalls stetig.

3) Eine in einem abgeschlossenen Intervall stetige Funktion nimmt in diesem Intervall das Maximum und Minimum an.

4) Eine in einem abgeschlossenen Intervall stetige Funktion nimmt in diesem Intervall jeden Funktionswert zwischen dem Maximum und Minimum mindestens einmal an (Zwischenwertsatz).

5) Eine in einem abgeschlossenen Intervall stetige Funktion besitze an den Intervallgrenzen verschiedene Vorzeichen. Dann besitzt diese Funktion im Innern dieses Intervalls mindestens eine Nullstelle (Nullstellensatz).

Anwendungen:

Durch wiederholte Anwendung der Eigenschaften 1) erhält man unmittelbar folgende Aussagen:

a) Jedes **Polynom vom Grade n** $P_n(x) = a_0 + a_1 x + a_2 x^2 + \ldots + a_n x^n$ **(ganz rationale Funktion)** ist stetig.

b) Jeder Quotient zweier Polynome $Q(x) = \dfrac{a_0 + a_1 x + a_2 x^2 + \ldots + a_n x^n}{b_0 + b_1 x + b_2 x^2 + \ldots + b_m x^m}$

   (gebrochen rationale Funktion) ist an jeder Stelle stetig, an welcher der Nenner nicht verschwindet.

23.4 Die Ableitung einer Funktion

Falls die Ableitung einer Funktion f an einer festen Stelle x_0 existiert, stellt sie die Steigung der Tangente an die Kurve im Punkt $P(x_0, f(x_0))$ dar. Die Betragsfunktion $f(x) = |x|$ (s. Beispiel 2) hat im Koordinatenursprung 0 eine Knickstelle. Das Tangentenproblem ist an dieser Stelle nicht eindeutig lösbar, da es mehrere durch den Koordinatenursprung gehende Geraden gibt, welche die Kurve dort berühren. Es sind dies alle Geraden $y = mx$, deren Steigung m zwischen -1 und $+1$ liegt. An der Knickstelle gibt es jedoch eine rechtsseitige Halbtangente, nämlich die Gerade $y = x$ für $x \geq 0$ und eine linksseitige Halbtangente $y = -x$ für $x \leq 0$, welche die Kurve in die jeweilige Richtung berühren. Ihre Steigung stellt die recht- bzw. linksseitige Ableitung dar.

Durch die beiden benachbarten Kurvenpunkte $P_0(x_0, f(x_0))$ und $P_1(x_0 + h, f(x_0 + h))$, $h > 0$, wird von P_0 ausgehend nach rechts durch P_1 eine Halbgerade gelegt. Diese rechtsseitige Sekantenhalbgerade besitzt die Steigung

$\tan \alpha = \dfrac{f(x_0 + h) - f(x_0)}{h}$, $h > 0$. Falls dieser rechtsseitige Differenzenquotient für $h \to 0$ einen Grenzwert besitzt, stellt er die Steigung der rechtsseitigen Halbtangente dar. Bei dieser Grenzwertbildung geht die Halbsekante über in die Halbtangente. Im Falle der Existenz heißt dieser Grenzwert die **rechtsseitige Ableitung** von f an der Stelle x_0 mit

$$f'_r(x_0) = \lim_{\substack{h \to 0 \\ h > 0}} \frac{f(x_0 + h) - f(x_0)}{h}.$$

Wählt man h negativ, so liegt der Punkt $P_1(x_0 + h, f(x_0 + h))$ links von $P_0(x_0, f(x_0))$. Die linksseitige Sekantenhalbgerade besitzt die Steigung $\tan ß = \frac{f(x_0 + h) - f(x_0)}{h}$, $h < 0$. Falls der Grenzwert für $h \to 0$ existiert, stellt er die Steigung der linksseitigen Halbtangente dar und heißt die **linksseitige Ableitung** der Funktion f an der Stelle x_0 mit

$$f'_l(x_0) = \lim_{\substack{h \to 0 \\ h < 0}} \frac{f(x_0 + h) - f(x_0)}{h}.$$

Falls die linksseitige Ableitung mit der rechtsseitigen übereinstimmt, bilden die beiden Halbtangenten die Tangente. In diesem Fall sind beide Grenzwerte für $h > 0$ und $h < 0$ gleich. Dies ist genau dann der Fall, wenn der Grenzwert für beliebige h existiert. Dieser Grenzwert heißt dann die **Ableitung** der Funktion f an der Stelle x_0 mit

$$f'(x_0) = \lim_{h \to 0} \frac{f(x_0 + h) - f(x_0)}{h} \quad \text{(h beliebig)}.$$

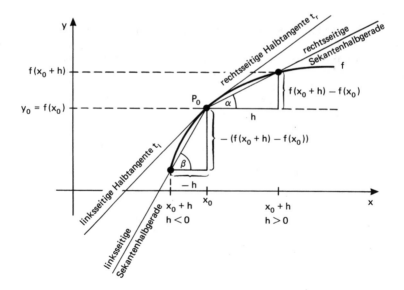

Im Falle der Existenz heißt

$$f'_r(x_0) = \lim_{\substack{h \to 0 \\ h > 0}} \frac{f(x_0 + h) - f(x_0)}{h} \text{ die \textbf{rechtsseitige Ableitung}},$$

$$f'_l(x_0) = \lim_{\substack{h \to 0 \\ h < 0}} \frac{f(x_0 + h) - f(x_0)}{h} \text{ die \textbf{linksseitige Ableitung} und}$$

$$f'(x_0) = \left. \frac{df(x)}{dx} \right|_{x = x_0} = \lim_{h \to 0} \frac{f(x_0 + h) - f(x_0)}{h} \text{ (h beliebig) die \textbf{Ableitung}}$$

(sprich: df (x) nach dx an der Stelle x_0)

der Funktion f an der Stelle x_0.

Falls die Ableitung existiert, heißt die Funktion f **an der Stelle x_0 differenzierbar**. Eine Funktion heißt **differenzierbar**, wenn sie an jeder Stelle ihres Definitionsbereichs differenzierbar ist. Dann heißt

$$f'(x) = \lim_{h \to 0} \frac{f(x + h) - f(x)}{h} \text{ die \textbf{Ableitungsfunktion}}.$$

Bemerkungen:

1. Die Funktion f ist an der Stelle x_0 genau dann differenzierbar, wenn an dieser Stelle sowohl die rechts- als auch die linksseitige Ableitung existieren und beide übereinstimmen. Ihr gemeinsamer Wert stellt dann die Ableitung der Funktion dar.

2. Da bei der Grenzwertbildung der Nenner h gegen Null konvergiert, muß auch der Zähler (f (x_0 + h) − f (x_0) gegen Null konvergieren, was gerade die Stetigkeit der Funktion an der Stelle x_0 bedeutet. Notwendig für die Existenz der Ableitung ist also die Stetigkeit. Eine Funktion, die an einer Stelle nicht stetig ist, kann dort auch nicht differenzierbar sein. Aus der Stetigkeit folgt jedoch noch keinesfalls die Differenzierbarkeit, wie das nachfolgende Beispiel 16 d) mit der Knickstelle im Koordinatenursprung zeigt.

Beispiel 16:

a) $f(x) = mx + b$ (Gerade); $f'(x) = \lim_{h \to 0} \frac{m(x+h) + b - mx - b}{h} =$

$= \lim_{h \to 0} m = m$ (Steigung).

b) $f(x) = x^2$; $f'(x) = \lim_{h \to 0} \frac{(x+h)^2 - x^2}{h} = \lim_{h \to 0} \frac{x^2 + 2hx + h^2 - x^2}{h} = \lim_{h \to 0} (2x + h)$

$= 2x$.

c) $f(x) = \sqrt{x}$; $\dfrac{f(x+h) - f(x)}{h} = \dfrac{\sqrt{x+h} - \sqrt{x}}{h} = \dfrac{(\sqrt{x+h} - \sqrt{x}) \cdot (\sqrt{x+h} + \sqrt{x})}{h \cdot (\sqrt{x+h} + \sqrt{x})}$

$= \dfrac{x + h - x}{h \cdot (\sqrt{x+h} + \sqrt{x})} = \dfrac{1}{\sqrt{x+h} + \sqrt{x}}$.

Aus der Stetigkeit der Wurzelfunktion (s. Beispiel 14) folgt hieraus

$$f'(x) = \lim_{h \to 0} \frac{1}{\sqrt{x+h} + \sqrt{x}} = \frac{1}{2\sqrt{x}}.$$

d) **(Betragsfunktion, vgl. Beispiele 2 und 11):** $x_0 = 0$:

rechtsseitige Ableitung: $f'_r(0) = \lim\limits_{\substack{h \to 0 \\ h > 0}} \dfrac{|0+h|-0}{h} = \lim\limits_{\substack{h \to 0 \\ h > 0}} \dfrac{h}{h} = \lim\limits_{h \to 0} 1 = 1.$

linksseitige Ableitung: $f'_l(0) = \lim\limits_{\substack{h \to 0 \\ h < 0}} \dfrac{|0+h|-0}{h} = \lim\limits_{\substack{h \to 0 \\ h < 0}} \dfrac{-h}{h} = \lim\limits_{h \to 0} (-1) = -1.$

Im Koordinatenursprung 0 existieren die beiden einseitigen Ableitungen. Da sie voneinander verschieden sind, ist die Funktion an der Stelle $x_0 = 0$ nicht differenzierbar.

Beispiel 17 (vgl. Beispiel 13):

Die Funktion $f(x) = \begin{cases} x^2 & \text{für } x \leq 1 \\ mx + b & \text{für } x > 1 \end{cases}$

ist an der Stelle $x_0 = 1$ stetig, falls $m + b = 1$, also für $f(x) = mx + 1 - m$ für $x > 1$. Die Stetigkeit ist notwendig für die Differenzierbarkeit. An der Stelle $x_0 = 1$ lautet die linksseitige Ableitung wegen $f(1+h) = (1+h)^2$ für $h < 0$ und $f(1) = 1$

$$f'_l(1) = \lim\limits_{\substack{h \to 0 \\ h < 0}} \frac{f(1+h) - f(1)}{h} = \lim\limits_{\substack{h \to 0 \\ h < 0}} \frac{(1+h)^2 - 1}{h} = \lim\limits_{\substack{h \to 0 \\ h < 0}} \frac{1 + 2h + h^2 - 1}{h} =$$

$$\lim\limits_{\substack{h \to 0 \\ h < 0}} (2+h) = 2.$$

Wegen $f(1+h) = m(1+h) + 1 - m$ für $h > 0$ und $f(1) = 1$ lautet die rechtsseitige Ableitung

$$f'_r(1) = \lim\limits_{\substack{h \to 0 \\ h > 0}} \frac{f(1+h) - f(1)}{h} = \lim\limits_{\substack{h \to 0 \\ h > 0}} \frac{[m(1+h) + 1 - m] - 1}{h} = \lim\limits_{\substack{h \to 0 \\ h > 0}} m = m.$$

Die Funktion ist an der Stelle $x_0 = 1$ genau dann differenzierbar mit der Ableitung $f'(1) = 2$, wenn $m = 2$ ist, also für $f(x) = 2x - 1$ für $x > 1$. Dann stellt das Geradenstück die rechte Halbtangente dar.

Für $m + b = 1$, aber $m \neq 2$ hat die Funktion f an der Stelle $x_0 = 1$ einen Knick. Für $m + b \neq 1$ ist $x_0 = 1$ eine Sprungstelle.

Ableitungsregeln:

Die Funktionen u (x) und v (x) seien an der Stelle x differenzierbar. Dann gelten folgende Ableitungsgesetze

$(c \cdot u(x))' = c \cdot u'(x)$ für jede Konstante c;

$(u(x) \pm v(x))' = u'(x) \pm v'(x)$ **(Ableitung einer Summe u. Differenz)**;

$(u(x) \cdot v(x))' = u'(x) \cdot v(x) + u(x) \cdot v'(x)$ **(Produktregel)**;

$\left(\dfrac{u(x)}{v(x)}\right)' = \dfrac{v(x) \cdot u'(x) - u(x) \cdot v'(x)}{v^2(x)}$, falls $v(x) \neq 0$ **(Quotientenregel)**;

$\left(\dfrac{1}{v(x)}\right)' = -\dfrac{v'(x)}{v^2(x)}$, falls $v(x) \neq 0$ **(spezielle Quotientenregel)**.

Anwendungen:

Wiederholte Anwendungen dieser Regeln ergibt folgende Aussagen:

a) Jedes **Polynom** n-ten Grades $P_n(x) = a_0 + a_1 x + a_2 x^2 + \ldots + a_n x^n$ ist differenzierbar mit $P'_n(x) = a_1 + 2a_2 x + 3a_3 x^2 + \ldots + na_n x^{n-1}$.

b) Jede **gebrochen rationale Funktion (Quotient zweier Polynome)** ist an denjenigen Stellen differenzierbar, an denen der Nenner nicht verschwindet. Zur Differentiation wird die Quotientenregel benutzt.

Beispiel 18:

a) $f(x) = \sqrt{x} \cdot \sin x; f'(x) = \dfrac{1}{2\sqrt{x}} \cdot \sin x + \sqrt{x} \cdot \cos x;$

b) $f(x) = \dfrac{x^2 + 3x + 6}{2x^2 + 5}; f'(x) = \dfrac{(2x^2 + 5) \cdot (2x + 3) - (x^2 + 3x + 6) \cdot 4x}{(2x^2 + 5)^2}$

$= \dfrac{4x^3 + 6x^2 + 10x + 15 - 4x^3 - 12x^2 - 24x}{(2x^2 + 5)^2} = \dfrac{-6x^2 - 14x + 15}{(2x^2 + 5)^2}.$

Die Kettenregel:

Bei zusammengesetzten Funktionen dient als Ableitungsregel die Kettenregel. Dazu das einführende

Beispiel 19:

In $f(x) = \sqrt{2x^3 + 4x^2 - 2x + 10}$ ist die Wurzel die **äußere Funktion** mit der Ableitung $\dfrac{1}{2\sqrt{}}$ und $u(x) = 2x^3 + 4x^2 - 2x + 10$ die **innere Funktion** mit der Ableitung $u'(x) = 6x^2 + 8x - 2$. Damit läßt sich die zusammengesetzte Funktion darstellen in der Form $f(x) = \sqrt{u(x)}$. Mit Hilfe der Kettenregel erhält man die Ableitung der gesamten Funktion als

$$f'(x) = \underbrace{\dfrac{1}{2\sqrt{2x^3 + 4x^2 - 2x + 10}}}_{\text{äußere Ableitung}} \cdot \underbrace{(6x^2 + 8x - 2)}_{\text{innere Ableitung}}.$$

Kettenregel:

Die zusammengesetzte Funktion $f(x) = g(u(x))$ besitzt die Ableitung

$$f'(x) = \underbrace{g'(u(x))}_{\textbf{äußere}} \cdot \underbrace{u'(x)}_{\textbf{innere}} \text{ Ableitung}$$

Beispiel 20:

a) In $f(x) = (3x^2 + 5x + 7)^{200}$ ist $u(x) = 3x^2 + 5x + 7$ die innere und $g(u) = u^{200}$ die äußere Funktion.

Damit erhält man $f'(x) = 200 \cdot (3x^2 + 5x + 7)^{199} \cdot (6x + 5)$.

b) In $f(x) = \cos(5x)$ ist $u(x) = 5x$ die innere und $g(u) = \cos u$ die äußere Funktion.

Damit gilt $f'(x) = [-\sin(5x)] \cdot 5 = -5\sin(5x)$.

Höhere Ableitungen:

Falls die Ableitungsfunktion $f'(x)$ nochmals differenzierbar ist, erhält man die zweite Ableitung $f''(x) = (f'(x))'$. So fortfahrend erhält man rekursiv die k-te Ableitung $f^{(k)}(x) = (f^{(k-1)}(x))'$ für $k = 1, 2, \ldots$ Dabei ist die Nullte Ableitung die Ausgangsfunktion, also $f^{(0)}(x) = f(x)$.

Ableitungen elementarer Funktionen:

$(c)'$	$= 0$ für jede Konstante c
$(x)'$	$= 1$
$(x^n)'$	$= n \cdot x^{n-1}$ für jede natürliche Zahl n
$\left(\dfrac{1}{x^n}\right)'$	$= -\dfrac{n}{x^{n+1}}$ für jede natürliche Zahl n
$(x^\alpha)'$	$= \alpha \cdot x^{\alpha-1}$ für jede reelle Zahl α
$(e^x)'$	$= e^x$
$(a^x)'$	$= a^x \cdot \ln a$
$(\ln x)'$	$= \dfrac{1}{x}$
$(\log_a x)'$	$= \dfrac{1}{\ln a} \cdot \dfrac{1}{x}$
$(\sin x)'$	$= \cos x$
$(\cos x)'$	$= -\sin x$
$(\tan x)'$	$= \dfrac{1}{\cos^2 x} = 1 + \tan^2 x$
$(\cot x)'$	$= -\dfrac{1}{\sin^2 x} = -(1 + \cot^2 x)$

23.5 Kurvendiskussion

Zur graphischen Darstellung einer Funktion f ist es nicht sinnvoll, in Form einer Wertetabelle an möglichst vielen Stellen Funktionswerte zu berechnen. Besser ist es, typische Eigenschaften der Funktion zur Zeichnung zu benutzen und Punkte zu zeichnen, die über der Kurvenverlauf viel Information liefern.

1. Symmetrieeigenschaften:

a) Symmetrie zur y-Achse, falls $f(-x) = f(x)$ für alle $x \in D$ (gerade Funktion);

b) Symmetrie zum Koordinatenursprung, falls $f(-x) = -f(x)$ für alle $x \in D$ (ungerade Funktion).

2. Nullstelle:

x_N ist Nullstelle, falls $f(x_N) = 0$ (Schnittpunkt mit der x-Achse).

3. Monotonie:

f ist an der Stelle x streng monoton wachsend, falls $f'(x) > 0$;

f ist an der Stelle x streng monoton fallend, falls $f'(x) < 0$.

4. (Relative) Extremwerte:

Notwendige Bedingung für ein Extremwert an der Stelle x_E : $f'(x_E) = 0$, falls die Ableitung existiert und stetig ist.

Hinreichende Bedingung für ein Extremum:

$f'(x_E) = 0$ und $f''(x_E) < 0 \rightarrow$ (relatives) Maximum an der Stelle x_E;

$f'(x_E) = 0$ und $f''(x_E) > 0 \rightarrow$ (relatives) Minimum an der Stelle x_E.

5. Krümmungsverhalten:

$f''(x_0) < 0 \Rightarrow$ f ist in der Umgebung von x_0 von oben **konvex** oder rechtsgekrümmt.

$f''(x_0) > 0 \Rightarrow$ f ist in der Umgebung von x_0 von oben **konkav** oder linksgekrümmt.

konvex (Rechtskrümmung)   konkav (Linkskrümmung)

6. Wendepunkte:

In einem Wendepunkt findet ein Übergang von einem konvexen zu einem konkaven Bereich oder umgekehrt statt.

Notwendige Bedingung für einen Wendepunkt an der Stelle x_w: $f''(x_w) = 0$, falls die zweite Ableitung existiert und stetig ist.

Hinreichende Bedingung für einen Wendepunkt: $f''(x_w) = 0$ und $f'''(x_w) \neq 0$.

Beispiel 21:

$f(x) = \dfrac{x^3}{3} - x^2 - 3x.$

Ableitungen: $f'(x) = x^2 - 2x - 3$
$f''(x) = 2x - 2$
$f'''(x) = 2$

Nullstellen: $f(x) = \dfrac{x}{3} \cdot (x^2 - 3x - 9) = 0.$

$x_1 = 0; x^2 - 3x - 9 = 0$ ergibt $x_{2,3} = \dfrac{3}{2} \pm \dfrac{\sqrt{45}}{2}.$

Extremwerte: $f'(x) = x^2 - 2x - 3 = 0$ ergibt $x_4 = -1; x_5 = 3.$

$f''(-1) = -4 < 0;$ Maximum an der Stelle $x_4 = -1$ mit $f(-1) = \dfrac{5}{3};$

$f''(3) = 4 > 0;$ Minimum an der Stelle $x_5 = 3$ mit $f(3) = -9.$

Wendepunkte $f''(x) = 2x - 2 = 0.$ $x_6 = 1; f'''(1) \neq 0;$ Wendepunkt an der Stelle $x_6 = 1$ mit $f(1) = -\dfrac{11}{3}.$

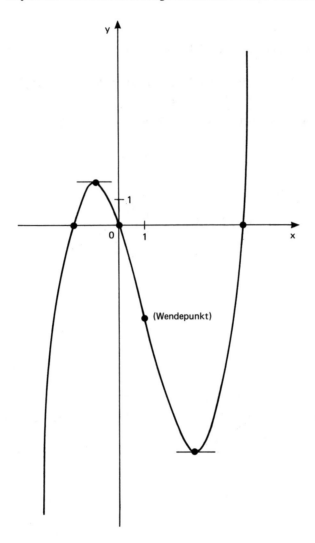

(Wendepunkt)

23.6 Aufgaben

A 23.1 Gegeben ist die Funktion $f(x) = \begin{cases} x^3 + 2x & \text{für } x < 3 \\ 5x + 8 & \text{für } x > 3. \end{cases}$

Wie muß der Funktionswert an der Stelle $x_0 = 3$ festgesetzt werden, damit die Funktion f dort

a) rechtsseitig,   b) linksseitig   stetig ist?

A 23.2 Gegeben ist die Funktion $f(x) = \begin{cases} x^2 - 1 & \text{für } x \leq 1 \\ -x^2 + 4x - 3 & \text{für } x > 1. \end{cases}$

Ist die Funktion f an der Stelle $x_0 = 1$ stetig bzw. differenzierbar?

A 23.3 Berechnen Sie den Grenzwert $\lim\limits_{x \to 1} \dfrac{x^2 - 1}{x - 1}$.

A 23.4

a) Bestimmen Sie den Definitionsbereich der Funktion $f(x) = \dfrac{x^2 - 4x + 3}{x^2 - 3x + 2}$.

b) Zeigen Sie, daß die Funktion f an der Stelle $x_0 = 1$ einen Grenzwert besitzt und bestimmen Sie diesen Grenzwert.

A 23.5 Gegeben ist die Funktion $f(x) = \begin{cases} -x^2 + 5x + 4 & \text{für } x \leq 0 \\ mx + b & \text{für } x > 0. \end{cases}$

a) Welche Bedingung müssen die Konstanten m und b erfüllen, damit die Funktion f stetig ist?

b) Für welche Konstanten m und b ist die Funktion überall differenzierbar?

A 23.6 Bilden Sie die erste Ableitung für folgende Funktionen:

a) $f(x) = 5x^3 + 2x + \sqrt{x}$;

b) $f(x) = \dfrac{1}{x}$;

c) $f(x) = \sqrt[3]{x^2}$;

d) $f(x) = \dfrac{x^2 + 2x}{2x + 5}$;

e) $f(x) = x \cdot \cos \dfrac{1}{x}$;

f) $f(x) = \sqrt{5x^3 + 6x}$;

g) $f(x) = \sin(6x^2 + 5x + 10)$.

A 23.7 Führen Sie für die Funktion $f(x) = x^3 - 3x + 2$ eine Kurvendiskussion durch. $x = 1$ ist dabei eine Nullstelle. Skizzieren Sie f.

A 23.8 Bestimmen Sie für die Funktion $f(x) = \dfrac{x + 2}{\sqrt{x + 1}} - 2$ den maximal möglichen Definitionsbereich, die Nullstellen, Extremwerte und Wendepunkte. Skizzieren Sie f.

Kapitel 24:
Integralrechnung

Das Integral kann anschaulich über den Flächeninhalt eingeführt werden, den eine Funktion f über einem bestimmten Intervall mit der x-Achse einschließt. Dabei erhält man für nichtnegative Funktionen (bei Kurven oberhalb der x-Achse) den positiven Flächeninhalt und für negative Funktionen (Kurven unterhalb der x-Achse) den negativen Flächeninhalt. Zur Berechnung des Flächeninhalts (bestimmtes Integral) wird die Fläche beliebig genau durch Rechtecke approximiert. Der Grenzprozeß liefert schließlich den exakten Wert (s. Abschnitt 24.1). Zur praktischen Berechnung eines Flächeninhalts eignet sich jedoch der Grenzprozeß kaum, da dieser im allg. nicht einfach zu berechnen ist. Die Berechnung erfolgt mit Hilfe einer beliebigen Stammfunktion (s. Abschnitt 24.4).

Die Integration ist in gewisser Weise die „Umkehrung der Differentiation".

24.1 Das bestimmte Integral

Wir gehen von einer nichtnegativen stetigen Funktion $f(x) \geq 0$ für $a \leq x \leq b$ aus. Gesucht ist der Inhalt F der Fläche, den die Kurve über dem Intervall $[a, b]$ mit der x-Achse einschließt. Zur Berechnung wird das Intervall durch die Zwischenpunkte $a = x_0 < x_1 < x_2 < ... < x_{i-1} < x_i < ... < x_{n-1} < x_n = b$ in n Teilintervalle $I_i = [x_{i-1}, x_i]$ für $i = 1, 2, ..., n$ zerlegt. In jedes dieser Teilintervalle wird das größte Rechteck unterhalb der Kurve und das kleinste Rechteck oberhalb der Kurve eingezeichnet. Diese Rechtecke besitzen die Breiten $\Delta x_i = x_i - x_{i-1}$. Die Höhen m_i bzw. M_i sind die minimalen bzw. maximalen Funktionswerte aus den entsprechenden Intervallen mit

$$m_i = \min_{x \in I_i} f(x); \quad M_i = \max_{x \in I_i} f(x) \text{ für } i = 1, 2, ..., n.$$

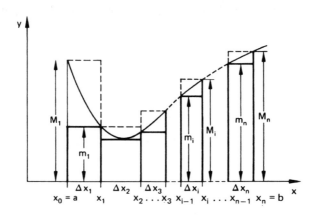

Der Inhalt $m_i \cdot (x_i - x_{i-1})$ des unteren Rechtecks ist höchstens kleiner als der gesuchte Flächeninhalt über dem Intervall $[x_{i-1}, x_i]$ und der Inhalt $M_i \cdot (x_i - x_{i-1})$ des oberen Rechtecks höchstens größer.

Die Summe der Flächeninhalte der unteren Rechtecke heißt

Untersumme $U_n = \sum\limits_{i=1}^{n} m_i \cdot (x_i - x_{i-1}) = \sum\limits_{i=1}^{n} m_i \cdot \Delta x_i;$

entsprechend ist die Summe der Flächeinhalte der oberen Rechtecke die

Obersumme $O_n = \sum\limits_{i=1}^{n} M_i \cdot (x_i - x_{i-1}) = \sum\limits_{i=1}^{n} M_i \cdot \Delta x_i.$

Für jede beliebige Zerlegung liegt der gesuchte Flächeninhalt F zwischen der Unter- und der Obersumme, d.h. es gilt

$U_n \leq F \leq O_n$

für jedes n. Die Differenz der beiden Summen beträgt

$O_n - U_n = \sum\limits_{i=1}^{n} (M_i - m_i) \cdot (x_i - x_{i-1}).$

Bei stetigen Funktionen unterscheidet sich das Minimum m_i vom Maximum M_i um beliebig wenig, wenn die beiden Grenzen x_{i-1} und x_i nur nahe genug beieinander liegen. Falls die Intervalleinteilung so verfeinert wird, daß die Längen sämtlicher Teilintervalle gegen Null konvergieren, so konvergiert die Differenz $U_n - O_n$ gegen Null, d.h. $\lim\limits_{n \to \infty} (O_n - U_n) = 0.$

Aus $U_n \leq F \leq O_n$ folgt dann, daß sowohl die Untersummen als auch die Obersummen bei einer solchen Intervallverfeinerung gegen den Flächeninhalt F konvergieren, d.h.

$\lim\limits_{n \to \infty} U_n = \lim\limits_{n \to \infty} O_n = F.$

Wählt man aus dem Intervall I_i eine beliebige Zwischenstelle ξ_i mit $x_{i-1} \leq \xi_i \leq x_i$, so gilt $m_i \leq \xi_i \leq M_i$ für jedes i.

Das Rechteck mit der Höhe $f(\xi_i)$ besitzt den Flächeninhalt $f(\xi_i) \cdot (x_i - x_{i-1})$. Dieser Inhalt liegt zwischen dem Inhalt des unteren und oberen Rechtecks.

Damit gilt für die **Zwischensumme** $\sum\limits_{i=1}^{n} f(\xi_i) \cdot (x_i - x_{i-1})$

$U_n \leq \sum\limits_{i=1}^{n} f(\xi_i) \cdot (x_i - x_{i-1}) \leq O_n$ für jedes n.

Mit U_n und O_n konvergiert dann auch die Zwischensumme gegen den Flächeninhalt. Mit $\Delta x_i = x_i - x_{i-1}$ besitzt die Zwischensumme den Grenzwert

$\lim\limits_{n \to \infty} \sum\limits_{i=1}^{n} f(\xi_i) \cdot \Delta x_i = \int\limits_{a}^{b} f(x)\, dx$ (sprich: Integral von a bis b über f (x) dx).

Dieser Grenzwert heißt das **bestimmte Integral** der Funktion f über das Intervall [a, b]. Die Funktion f heißt dann im Intervall [a, b] **integrierbar**. Neben den stetigen Funktionen können auch andere Funktionen integrierbar sein z.B. jede im Intervall [a, b] beschränkte Funktion, welche dort nur endlich viele Sprungstellen besitzt und außerhalb der Sprungstellen stetig ist.

Definition des bestimmten Integrals:

Die Funktion $f(x)$ sei im Intervall $[a, b]$ definiert.

$a = x_0 < x_1 < x_2 < \dots < x_n = b$; $n = 1, 2, \dots$ sei eine Zerlegungsfolge des Intervalls $[a, b]$ mit $\max\limits_{i=1, 2, \dots, n} (x_i - x_{i-1}) \to 0$ für $n \to \infty$. ξ_i sei eine beliebige Stelle mit $x_{i-1} \leq \xi_i \leq x_i$ für $i = 1, 2, \dots, n$. Im Falle der Existenz heißt der Grenzwert

$$\lim_{n \to \infty} \sum_{i=1}^{n} f(\xi_i) \cdot (x_i - x_{i-1}) = \int_a^b f(x)\, dx$$

das **bestimmte Integral** über $f(x)$ von a bis b. Die Funktion f heißt dann im Intervall a, b **integrierbar**.

Eigenschaften des bestimmten Integrals:

1) $\int\limits_b^a f(x)\, dx = - \int\limits_a^b f(x)\, dx$ (Vertauschen der Integrationsgrenzen).

2) $\int\limits_a^b f(x)\, dx + \int\limits_b^c f(x)\, dx = \int\limits_a^c f(x)\, dx$ (Zusammenfassen von Integrationsintervallen).

3) $\int\limits_a^a f(x)\, dx = 0$.

4) $\int\limits_a^b [c_1 \cdot f(x) + c_2 \cdot g(x)]\, dx = c_1 \cdot \int\limits_a^b f(x)\, dx + c_2 \cdot \int\limits_a^b g(x)\, dx$

für beliebige Konstanten c_1 und c_2 (Linearität).

Mittelwertsatz der Integralrechnung:

Die Funktion $f(x)$ sei im Intervall $[a, b]$ stetig. Dann gibt es mindestens eine Zwischenstelle ξ mit $a < \xi < b$ mit

$$\int\limits_a^b f(x)\, dx = f(\xi) \cdot (b-a).$$

Hinweise: Eine wesentliche Voraussetzung bei diesem Zwischenwertsatz ist die Stetigkeit der Funktion f im abgeschlossenen Intervall $[a, b]$.

Flächenberechnung mit Hilfe des bestimmten Integrals:

Falls die Funktion f im Intervall $[a, b]$ nicht negativ ist, stellt das bestimmte Integral $\int\limits_a^b f(x)\, dx$ den Inhalt der von der Kurve und der x-Achse zwischen $x = a$ und $x = b$ berandeten Fläche dar. Ist f im gesamten Intervall **negativ**, so ist $\int\limits_a^b f(x)\, dx$ der negative Flächeninhalt.

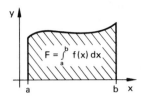 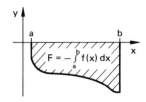

Falls die Funktion zwischen a und b Nullstellen besitzt, ist $\int\limits_a^b f(x)\,dx$ die Differenz der Inhalte der Flächen oberhalb und unterhalb der x-Achse.

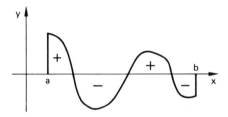

Wenn der gesamte Flächeninhalt gesucht ist, den die Funktion im Intervall [a, b] mit der x-Achse einschließt, darf nur von einer Nullstelle bis zur nächsten integriert werden. Ist die Funktion in dem Bereich positiv, so liefert das Integral unmittelbar den zugehörigen Flächeninhalt. Bei negativen Funktionen muß das Integral mit -1 multipliziert werden. Den gesamten Flächeninhalt erhält man durch Integration der Betragsfunktion |f(x)| als

$$F = \int\limits_a^b |f(x)|\,dx.$$

24.2 Die Integralfunktion

Wird im bestimmten Integral bei festgehaltener unterer Grenze a die obere Grenze als Variable x aufgefaßt, so entsteht die sog. **Integralfunktion**

$$I(x) = \int\limits_a^x f(u)\,du.$$

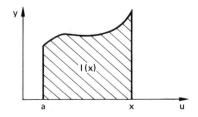

Da die obere variable Grenze mit x bezeichnet wird, müssen wir für die Integrationsvariable u einen anderen Buchstaben verwenden, um Verwechslungen auszuschließen.

Falls der Integrand f (x) an der Stelle x stetig ist, ist die Integralfunktion I (x) differenzierbar und besitzt als Ableitung den Integranden an der oberen Grenze, es gilt also

$$I'(x) = \frac{d}{dx} \int_a^x f(u)\,du = f(x),\text{ falls f an der Stelle x stetig ist.}$$

Beweis: Aus den Eigenschaften 1) und 2) des bestimmten Integrals und dem Mittelwertsatz der Integralrechnung folgt

$$\frac{I(x+h) - I(x)}{h} = \frac{1}{h} \cdot [\int_a^{x+h} f(u)\,du - \int_a^x f(u)\,du] = \frac{1}{h} \cdot \int_x^{x+h} f(u)\,du$$

$$= \frac{1}{h} \cdot f(\xi) \cdot (x + h - x) = f(\xi),$$

wobei die Zwischenstelle $\xi = \xi$ (h) zwischen x und x + h liegt. Da nach Voraussetzung die Funktion f an der Stelle x stetig ist, konvergiert für h $\neq$ 0 mit ξ (h) $\to$ x auch der Funktionswert an der Zwischenstelle ξ (h) gegen f (x). Damit gilt

$$I'(x) = \lim_{h \to 0} \frac{I(x + h) - I(x)}{h} = \lim_{h \to 0} f(\xi(h)) = f(x).$$

24.3 Stammfunktion und unbestimmtes Integral

Jede differenzierbare Funktion F (x) mit F' (x) = f (x) heißt **Stammfunktion** von f (x).

Wegen I' (x) = f (x), ist die Integralfunktion eine Stammfunktion.

Beispiel 1: Die Funktion f (x) = x^2 besitzt die Stammfunktion F (x) = $\frac{x^3}{3}$ wegen F' (x) = x^2. Da beim Differenzieren eine additive Konstante C wegfällt, ist auch $\frac{x^3}{3}$ + C Stammfunktion für jede Konstante C.

F_1 (x) und F_2 (x) seien zwei Stammfunktionen zur gleichen Funktion f (x) mit F_1' (x) = F_2' (x) = f (x). Dann besitzt die Funktion der Differenz D (x) = F_1 (x) − F_2 (x) die Ableitung D' (x) = F_1' (x) − F_2' (x) = f (x) − f (x) $\equiv$ 0.

Die einzige differenzierbare Funktion, deren Ableitung identisch verschwindet, ist aber die Konstante. Daraus folgt F_1 (x) = F_2 (x) + C mit einer Konstanten C. Damit gilt

Zwei Stammfunktionen zur gleichen Funktion f (x) unterscheiden sich höchstens um eine additive Konstante C. Jede Integralfunktion ist auch Stammfunktion.

Das **unbestimmte Integral** $\int f(x)\, dx$ einer stetigen Funktion $f(x)$ ist die Menge aller Stammfunktionen von $f(x)$. Ist $F(x)$ eine beliebige Stammfunktion von $f(x)$, so gilt

$$\int f(x)\, dx = F(x) + C \text{ mit einer beliebigen Konstanten } C.$$

Beispiel 2:

a) Die Funktion $f(x) = x^5 + 3x^2 + 5$ besitzt die Stammfunktion

$$F(x) = \frac{x^6}{6} + x^3 + 5x \text{ und damit das unbestimmte Integral}$$

$$\int (x^5 + 3x^2 + 5)\, dx = \frac{x^6}{6} + x^3 + 5x + C;$$

b) $\int \sin x\, dx = -\cos x + C;$

c) $\int x^n\, dx = \dfrac{x^{n+1}}{n+1} + C \quad \text{für } n \neq -1.$

Grundintegrale:

$$\int x^n\, dx = \frac{x^{n+1}}{n+1} + C; \, n \text{ ganz}; \, n \neq -1$$

$$\int x^\alpha\, dx = \frac{x^{\alpha+1}}{\alpha+1} + C; \, \alpha \text{ beliebig reell mit } \alpha \neq -1$$

$$\int \frac{1}{x}\, dx = \ln |x| + C$$

$$\int e^x\, dx = e^x + C$$

$$\int a^x\, dx = \frac{a^x}{\ln a} + C \quad \text{für } a > 0; \, a \neq 1$$

$$\int \sin x\, dx = -\cos x + C$$

$$\int \cos x\, dx = \sin x + C$$

$$\int \tan x\, dx = -\ln |\cos x| + C$$

$$\int \cot x\, dx = \ln |\sin x| + C$$

24.4 Berechnung bestimmter Integrale mit Hilfe einer beliebigen Stammfunktion

Die Berechnung bestimmter Integrale führt man am bequemsten mit Hilfe einer beliebigen Stammfunktion durch. Dabei wählt man selbstverständlich die einfachste Stammfunktion.

Gesucht ist das bestimmte Integral $\int\limits_{a}^{b} f(u)\, du$ (Integrationsvariable = u).

Mit der Integralfunktion $I(x) = \int\limits_a^x f(u)\,du$ ist das bestimmte Integral gleich der

Integralfunktion an der Stelle b, also $\int\limits_a^b f(u)\,du = I(b)$.

$F(u)$ sei eine beliebige Stammfunktion von $f(x)$. Da die Integralfunktion $I(x)$ ebenfalls Stammfunktion ist, unterscheiden sich beide um eine additive Konstante C. Es gilt also

$$I(x) = F(x) + C.$$

An der Stelle $x = a$ verschwindet die Integralfunktion

$$0 = I(a) = F(a) + C. \text{ Hieraus folgt } C = -F(a).$$

Damit gilt

$$I(x) = F(x) - F(a).$$

$x = b$ ergibt

$$\int\limits_a^b f(u)\,du = I(b) = F(b) - F(a) = F(x)\,\Big|\begin{matrix} x = b \\ x = a \end{matrix} \quad .$$

Somit gilt der

Hauptsatz der Differential- und Integralrechnung:

> Mit einer beliebigen Stammfunktion $F(x)$ zur Funktion $f(x)$ erhält man
>
> $$\int\limits_a^b f(x)\,dx = F(b) - F(a) = F(x)\,\Big|\begin{matrix} x = b \\ x = a \end{matrix} = F(x)\,\Big|_a^b$$
>
> (Funktionswert von F an der oberen Grenze minus Funktionswert an der unteren Grenze).

Beispiel 3:

a) $\int\limits_0^1 (x^3 + x^2 + x + 1)\,dx = \dfrac{x^4}{4} + \dfrac{x^3}{3} + \dfrac{x^2}{2} + x\,\Big|\begin{matrix} x = 1 \\ x = 0 \end{matrix} = \dfrac{1}{4} + \dfrac{1}{3} + \dfrac{1}{2} + 1 = \dfrac{25}{12}.$

b) $\int\limits_4^{64} \dfrac{1}{\sqrt{x}}\,dx = 2 \cdot \sqrt{x}\,\Big|\begin{matrix} x = 64 \\ x = 4 \end{matrix} = 2 \cdot (8-2) = 12.$

c) $\int\limits_0^\pi \sin x\,dx = -\cos x\,\Big|\begin{matrix} x = \pi \\ x = 0 \end{matrix} = -\cos \pi + \cos 0 = 2.$

c) $\int\limits_0^{2\pi} \sin x\,dx = -\cos x\,\Big|\begin{matrix} x = 2\pi \\ x = 0 \end{matrix} = -\cos 2\pi + \cos 0 = 0.$

Die beiden Flächen oberhalb und unterhalb der x-Achse haben den gleichen Inhalt.

Beispiel 4:

a) Für die Funktion $f(x) = x^3 - x^2 - 2x$ soll eine Kurvendiskussion durchgeführt werden.

Nullstellen:

$f(x) = x \cdot (x^2 - x - 2)$ bestitzt die Nullstellen $x_1 = -1$; $x_2 = 0$ und $x_3 = 2$.

Ableitungen:

$f'(x) = 3x^2 - 2x - 2$

$f''(x) = 6x - 2$

$f'''(x) = 6$.

Extremwerte: $f'(x) = 0$; $x_{4,5} = \dfrac{1}{3} \pm \dfrac{\sqrt{7}}{3}$

$f''(x_4) > 0$; Minimum an der Stelle $x_4 = \dfrac{1}{3} + \dfrac{\sqrt{7}}{3}$

$f''(x_5) < 0$; Maximum an der Stelle $x_5 = \dfrac{1}{3} - \dfrac{\sqrt{7}}{3}$.

Wendepunkt: $f''(x) = 6x - 2 = 0$; $x_w = \dfrac{1}{3}$; $f'''(x_w) = 6 \neq 0$; Wendepunkt.

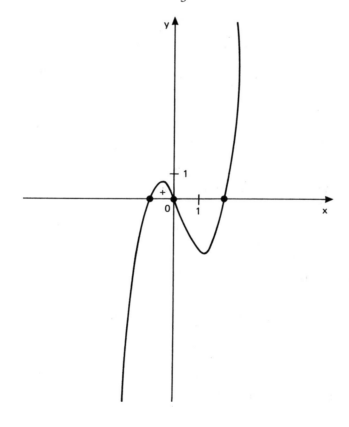

b) Gesucht ist der Inhalt der endlichen Fläche, welche die Funktion f mit der x-Achse einschließt.

Zwischen den ersten beiden Nullstellen ist die Funktion positiv, zwischen der zweiten und der dritten negativ. Damit lautet der Flächeninhalt

$$I = \int_{-1}^{0} f(x)\, dx - \int_{0}^{2} f(x)\, dx = F(x)\Big|_{x=-1}^{x=0} - F(x)\Big|_{x=0}^{x=2}$$

$$= F(0) - F(-1) - F(2) + F(0) = 2 \cdot F(0) - F(-1) - F(2).$$

Eine Stammfunktion lautet $F(x) = \dfrac{x^4}{4} - \dfrac{x^3}{3} - x^2$ mit $F(0) = 0$.

Damit erhält man $I = -[\dfrac{1}{4} + \dfrac{1}{3} - 1] - [\dfrac{16}{4} - \dfrac{8}{3} - 4]$

$$= -\frac{1}{4} - \frac{1}{3} + 1 + \frac{8}{3} = \frac{37}{12}.$$

24.5 Aufgaben

A 24.1 Berechnen sie folgende Integrale:

a) $\int x^4\, dx$; b) $\int \sqrt{x}\, dx$; c) $\int \dfrac{1}{\sqrt{x}}\, dx$; d) $\int (2x+5)^3\, dx$; e) $\int \sqrt[3]{x^5}\, dx$

A 24.2 Berechnen Sie

a) $\int_{-2}^{4} x^3\, dx$; b) $\int_{-a}^{a} x^7\, dx$; c) $\int_{1}^{2} (5x-4)^2\, dx$; d) $\int_{0}^{\pi/2} \sin 4x\, dx$;

e) $\int_{-1}^{2} |x|\, dx$; f) $\int_{-1}^{1} (x + |x|)\, dx$; g) $\int_{-1}^{100} (x - |x|)\, dx$.

A 24.3 Berechnen Sie den Inhalt der endlichen Fläche, welche die Funktion f aus Aufgabe 23.7 mit der x-Achse einschließt.

A 24.4 Gegeben ist die Funktion $f(x) = \begin{cases} 0 & \text{für } x < 0 \\ 1 & \text{für } x \geq 0. \end{cases}$

a) Berechnen Sie die Integralfunktion $I(x) = \int_{0}^{x} f(u)\, du$.

b) Ist $I(x)$ an der Stelle $x_0 = 0$ stetig und differenzierbar?

A 24.5

a) Berechnen Sie für die Funktion $f(x) = |x|$ die Integralfunktion

$$I(x) = \int_{0}^{x} f(u)\, du.$$

b) Ist $I(x)$ an der Stelle $x_0 = 0$ stetig bzw. differenzierbar?

Lösungen der Aufgaben

A1.1

A = gerade natürliche Zahlen;
B = Quadratzahlen.

A1.2

a) $A = \{1, 2, 3, 4, 5\}$;
b) $A = \{-4, -3, -2, -1\}$;
c) $A = \{-4, -3, -2, -1, 0, 1, 2, 3, 4, 5\}$.

A1.3

a) A = B ist richtig.

b) $\dfrac{9}{4} = \dfrac{3^2}{2^2} \in D; \dfrac{225}{256} = \dfrac{15^2}{16^2} \in D; \dfrac{50}{72} = \dfrac{25}{36} = \dfrac{5^2}{6^2} \in D;$
   $\Rightarrow C \subset D$ ist richtig.

c) $\dfrac{4}{3}$ läßt sich nicht mehr kürzen. Da $\sqrt{3}$ keine natürliche Zahl ist, gilt $\dfrac{4}{3} \notin D$.
Damit gilt $A \not\subset D$, d.h. $A \subset D$ gilt nicht.

A1.4

a) $A \cup B = \{1, 2, 3, 4, 5, 6, 7, 8, 9, 10\}; A \cap B = \varnothing; A \setminus B = A; A \setminus C = \{1, 3\};$
   $B \setminus C = \{2, 4\}; C \setminus A = \{6; 8; 10\}; C \setminus B = \{5, 7, 9\};$
   $C \setminus (A \cup B) = (C \setminus A) \cap (C \setminus B) = \varnothing; C \setminus (A \cap B) = C$ (wegen $A \cap B = \varnothing$);
   $C_{A \cup B}(C) = \{1, 2, 3, 4\};$

b) $G = A \cup B \cup C \cup \{11, 12\} = \{1, 2, 3, 4, 5, 6, 7, 8, 9, 10, 11, 12\};$

c) $\{5, 6, 7, 8, 9, 10\}$.

A1.5

a) Nullelementige Teilmenge: $\varnothing$ (leere Menge);
   einelementige: $\{a\}; \{b\}; \{c\}; \{d\}; \{e\};$
   zweielementige: $\{a, b\}; \{a, c\}; \{a, d\}; \{a, e\}; \{b, c\}; \{b, d\}; \{b, e\};$
   $\{c, d\}; \{c, e\}; \{d, e\};$
   dreielementige: $\{a, b, c\}; \{a, b, d\}; \{a, b, e\}; \{a, c, d\}; \{a, c, e\}; \{a, d, e\};$
   $\{b, c, d\}; \{b, c, e\}; \{b, d, e\}; \{c, d, e\};$
   vierelementige: $\{a, b, c, d\}; \{a, b, c, e\}; \{a, b, d, e\}; \{a, c, d, e\}; \{b, c, d, e\};$
   fünfelementige $\{a, b, c, d, e\} = A$.

b) $x = 1 + 5 + 10 + 10 + 5 + 1 = 32 = 2^5$.

A1.6

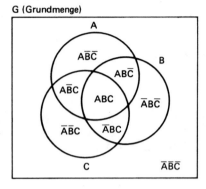

A2.1

$$\frac{81}{125} = \frac{81 \cdot 8}{1000} = \frac{648}{1000} = 0,648;$$

$$\frac{78}{8} = \frac{39}{4} = \frac{39 \cdot 25}{100} = \frac{975}{100} = 9,75;$$

$$\frac{7}{16} = \frac{7 \cdot 625}{10\,000} = \frac{4375}{10\,000}; \quad 5^7/_{16} = 5,4375;$$

$$19 : 6 = 3,1\overline{6};$$

$$11 : 13 = 0,\overline{846153};$$

$$481 : 330 = 1,4\overline{57}.$$

A2.2

a) $0,129 = \dfrac{129}{1000};$

b) $\left.\begin{array}{rl} x = & 0,126767\ldots\ldots \\ 100x = & 12,676767\ldots\ldots \end{array}\right\}-$ (Periodenlänge 2)

$99x = 12,55;$ $\qquad x = \dfrac{1255}{9900} = \dfrac{251}{1980};$

c) $\left.\begin{array}{rl} x = & 0,01457457\ldots\ldots \\ 1000x = & 14,57457457\ldots\ldots \end{array}\right\}-$ (Periodenlänge 3)

$999x = 14,56;$ $\qquad x = \dfrac{1456}{99900} = \dfrac{364}{24975};$

d) $\left.\begin{array}{rl} x = & 0,599\ldots\ldots \\ 10x = & 5,999\ldots\ldots \end{array}\right\}-$ (Periodenlänge 1)

$9x = 5,4;$ $\qquad x = \dfrac{6}{10} = 0,6.$

A2.3 Widerspruchsbeweis

Annahme $\sqrt{7} \in \mathbb{Q} \Rightarrow \sqrt{7} = \dfrac{p}{q}$, p, q $\in \mathbb{N}$; p, q teilerfremd (*)

$7 = \dfrac{p^2}{q^2} \Rightarrow p^2 = 7 \cdot q^2$

7 ist Teiler von $p^2 \Rightarrow$ 7 ist Teiler von p

$p = 7 \cdot r \Rightarrow p^2 = 49\,r^2 = 7q^2$; $q^2 = 7\,r^2 \Rightarrow$ 7 ist Teiler von q;

p und q haben den gemeinsamen Teiler 7. Widerspruch zu (*).

A3.1

a) $2,7x - 2,5y + 11z$;   b) $11x - 23y + 9z$;   c) $12u^2 - 13uv$.

A3.2

a) $2x - 6y$;   b) $8a - 6b$;   c) $-10xu + 15yu$;

d) $6ab - 9b^2 + 12bc$;   e) $-0,1xz + 0,16yz$.

A3.3

a) $2v\,(4u + w - 3v)$;

b) $2xy\,(y + 2z - 3xw)$;

c) $2a\,(4x + 5y) - 3b\,(4x + 5y) = (2a - 3b)\,(4x + 5y)$;

d) $3u\,(5x - 3y) + 7w\,(-5x + 3y) = (3u - 7w)\,(5x - 3y)$;

e) $(5u - 1)\,(2x - 3y)$;

f) $2x\,(a - 2b + 3c) + 3y\,(-a + 2b - 3c) = (2x - 3y)\,(a - 2b + 3c)$;

g) $2x\,(2x - 3v) + u\,(2x - 3v) = (2x + u)\,(2x - 3v)$;

h) $a\,(b + \dfrac{2}{3}\,c) + \dfrac{1}{9}\,(b + \dfrac{2}{3}\,c) = (a + \dfrac{1}{9}\,)\,(b + \dfrac{2}{3}\,c)$.

A3.4

a) $u - 5\,[x - 3v + 3x + 3u] = u - 20x + 15v - 15u = -14u + 15v - 20x$;

b) $2,5\,\{2a - 0,5\,[b - 3a + 6b - 8a + 16b] + b\}$

$= 2,5\,\{2a - 0,5\,[23b - 11a] + b\}$

$= 2,5\,\{2a - \dfrac{23}{2}\,b + \dfrac{11}{2}\,a + b\} = 2,5\,\{\dfrac{15}{2}\,a - \dfrac{21}{2}\,b\}$

$\dfrac{5}{2} \cdot \dfrac{3}{2}\,\{5a - 7b\} = \dfrac{15}{4}(5a - 7b)$;

c) $2 - 4(3 - 2(8 - 7 + 2) - 9) = 2 - 4(3 - 6 - 9) = 2 - 4 \cdot (-12) = 50$;

d) $5 (x + 2 (x - y - 3x + 3y) + 4x - 4y - 2x)$

$\quad = 5 (3x + 2 (-2x + 2y) - 4y)$

$\quad = 5 (3x - 4x + 4y - 4y)$

$\quad = -5x.$

A4.1

a) $\dfrac{105}{405} = \dfrac{21}{81} = \dfrac{7}{27};$ b) $\dfrac{144}{168} = \dfrac{18}{21} = \dfrac{6}{7};$

c) $\dfrac{21b}{11a};$ d) $\dfrac{2x (17a - 3b)}{3y (17a - 3b)} = \dfrac{2x}{3y};$ e) $-1;$

f) $\dfrac{x (3u - 4v) + 2y (3u - 4v)}{x (v - 3u) + 2y (v - 3u)} = \dfrac{(x + 2y) (3u - 4v)}{(x + 2y) (v - 3u)} = \dfrac{3u - 4v}{v - 3u};$

g) $\dfrac{2x (u - 2v) - 4y (u - 2v) + 6z (u - 2v)}{-2x (u - 2v) + 2y (u - 2v) - 6z (u - 2v)} = \dfrac{x - 2y + 3z}{-x + y - 3z}.$

A4.2

a) $\dfrac{11}{13};$ b) $1;$

c) $\dfrac{xy + yz - y + x - xy - x}{y} = \dfrac{y (z - 1)}{y} = z - 1;$

d) $\dfrac{x + b - y + a - b}{a - b} = \dfrac{x - y + a}{a - b}.$

A4.3

a) $\dfrac{45 + 48 - 50}{60} = \dfrac{43}{60};$ b) $\dfrac{105 + 56 - 48}{420} = \dfrac{113}{420};$

c) $\dfrac{63 + 28 + 14 - 72}{84} = \dfrac{33}{84} = \dfrac{11}{28};$ d) $\dfrac{x^2 - y^2}{yx};$

e) $\dfrac{a (b - c) - b (a - c)}{(a - c) (b - c)} = \dfrac{ab - ac - ab + bc}{(a - c) (b - c)} = \dfrac{c (b - a)}{(a - c) (b - c)};$

f) $\dfrac{6 \cdot 4a + 3 \cdot 3b - 2 \cdot 2 (a + 2b)}{(a + 2b) \cdot 2 \cdot 3} = \dfrac{24a + 9b - 4a - 8b}{6 (a + 2b)} = \dfrac{20a + b}{6 (a + 2b)};$

g) $\dfrac{(2x + 5) (5x - 7) - (5x - 3) (2x + 3)}{(2x + 3) (5x - 7)} = \dfrac{10x^2 - 14x + 25x - 35 - 10x^2 - 15x + 6x + 9}{(2x + 3) (5x - 7)}$

$\quad = \dfrac{2x - 26}{(2x + 3) (5x - 7)};$

h) $\dfrac{\dfrac{14+12}{21}}{\dfrac{5+8}{20}} = \dfrac{26 \cdot 20}{21 \cdot 13} = \dfrac{40}{21}.$

A4.4

a) $\dfrac{2}{5}$;

b) $+\dfrac{3 \cdot 22}{11 \cdot 15} = \dfrac{2}{5}$;

c) $\dfrac{7}{4} \cdot \dfrac{29}{28} = \dfrac{29}{16} = 1^{13/16}$;

d) $\dfrac{2}{3}$;

e) $\dfrac{2\,bx}{9y}.$

A4.5

a) $\dfrac{15 \cdot 18}{48 \cdot 25} = \dfrac{9}{40}$;

b) $\dfrac{7ab \cdot 5ac}{9cx \cdot 63bx} = \dfrac{5a^2}{81x^2}$;

c) $\dfrac{2x}{3y}.$

A4.6

a) $\dfrac{x}{\dfrac{1-1-x}{1-x}} = x - 1$;

b) $\dfrac{\dfrac{b+a}{b}}{\dfrac{a+b}{a}} = \dfrac{a}{b}$;

c) $\dfrac{\dfrac{b-a}{ab}}{\dfrac{b+a}{ab}} = \dfrac{b-a}{b+a}.$

A4.7

a) $\dfrac{3a-4b+8c}{12x} \cdot \dfrac{24x}{3a-4b+8c} = 2$;

b) $\dfrac{175a}{32b} + 14 \cdot \dfrac{b}{a}.$

A5.1

a) $\displaystyle\sum_{i=1}^{5} \dfrac{i-1}{i+2} = 0 + \dfrac{1}{4} + \dfrac{2}{5} + \dfrac{3}{6} + \dfrac{4}{7} = \dfrac{241}{140}$;

b) $\displaystyle\sum_{i=1}^{4} (2i-5)^2 = (-3)^2 + (-1)^2 + 1^2 + 3^2 = 20$;

c) $\sum\limits_{i=1}^{5} (2i + 3 - \dfrac{4}{i}) = 2 \cdot \sum\limits_{i=1}^{5} i + 5 \cdot 3 - 4 \cdot \sum\limits_{i=1}^{5} \dfrac{1}{i}$

$= 2 \cdot (1 + 2 + 3 + 4 + 5) + 15 - 4 (1 + \dfrac{1}{2} + \dfrac{1}{3} + \dfrac{1}{4} + \dfrac{1}{5})$

$= 2 \cdot 15 + 15 - 4 \cdot \dfrac{137}{60} = 45 - \dfrac{137}{15} = \dfrac{538}{15} = 35^{13}/_{15}.$

A5.2 Zusammenfassen liefert

a) $\sum\limits_{i=1}^{30} (8 - 6i + 2i - 3 - 4 + 4i) = \sum\limits_{i=1}^{30} 1 = 30;$

b) $\sum\limits_{i=1}^{10} (i^2 + 2i - 3 + 3i^2 + 5i + 8 - 4i^2 - 6i + 10) = \sum\limits_{i=1}^{10} (i + 15)$

$= \sum\limits_{i=1}^{10} i + \sum\limits_{i=1}^{10} 15 = \sum\limits_{i=1}^{10} i + 10 \cdot 15 = 55 + 150 = 205;$

c) Ausquadrieren und zusammenfassen ergibt

$\sum\limits_{i=1}^{10} (1 + 2i + i^2 - (1 - 2i + i^2)) = \sum\limits_{i=1}^{10} (1 + 2i + i^2 - 1 + 2i - i^2)$

$= \sum\limits_{i=1}^{10} 4i = 4 \cdot \sum\limits_{i=1}^{10} i = 4 \cdot 55 = 220.$

A5.3

a) $\sum\limits_{i=1}^{7} 2i = 2 \cdot \sum\limits_{i=1}^{7} i;$ b) $\sum\limits_{i=1}^{8} (2i + 1);$ c) $\sum\limits_{i=1}^{9} (5 + 7 \cdot (i - 1));$

d) $\sum\limits_{i=1}^{10} \dfrac{i + 1}{i};$ e) $\sum\limits_{i=1}^{11} (i^2 + 1).$

A5.4

a) $\prod\limits_{i=10}^{13} i = 10 \cdot 11 \cdot 12 \cdot 13 = 17160;$

b) $\prod\limits_{i=1}^{4} \dfrac{1}{i} = 1 \cdot \dfrac{1}{2} \cdot \dfrac{1}{3} \cdot \dfrac{1}{4} \cdot \dfrac{1}{5} \cdot \dfrac{1}{6} = \dfrac{1}{720};$

c) Mit dem ersten Faktor verschwindet auch das Produkt.

d) $(i + 1) \cdot (i - 1) = i^2 - 1 \Rightarrow \dfrac{(i + 1)(i - 1)}{i^2 - 1} = 1$ für alle $i > 1$.

$\Rightarrow$ Produkt ist gleich Eins.

e) $\dfrac{1}{3} \cdot \dfrac{2}{4} \cdot \dfrac{3}{5} \cdot \dfrac{4}{6} \cdot \ldots \cdot \dfrac{18}{20} \cdot \dfrac{19}{21} \cdot \dfrac{20}{22} = \dfrac{2}{21 \cdot 22} = \dfrac{1}{231}.$

A6.1

a) $\sum\limits_{i=1}^{100} i = \dfrac{100 \cdot 101}{2} = 5050;$

b) $\sum\limits_{i=30}^{50} i = \sum\limits_{i=1}^{50} i - \sum\limits_{i=1}^{29} i = \dfrac{50 \cdot 51}{2} - \dfrac{29 \cdot 30}{2} = 840;$

c) $\sum\limits_{i=1}^{10} i^2 = \dfrac{10 \cdot 11 \cdot 21}{6} = 385.$

A6.2

a) $q = 2; n = 10;$ Summe $= \dfrac{2^{11} - 1}{2 - 1} = 2^{11} - 1 = 2047;$

b) Gesuchte Summe $= x$. Zur Anwendung der Formel fehlt der 1. Summand 1

$x + 1 = 1 + 3 + 3^2 + \ldots + 3^8 = \dfrac{3^9 - 1}{3 - 1} = 9841.$

$x = 9840.$

c) $q = 1/2; n = 10.$

$x = \dfrac{(\frac{1}{2})^{11} - 1}{\frac{1}{2} - 1} = 2 \cdot (1 - \dfrac{1}{2^{11}}) = 2 - \dfrac{1}{2^{10}} = 2 - \dfrac{1}{1024}.$

A6.3

a) $1 + 3 + 5 + \ldots + (2n - 1) = n^2,$

1) $n = 1; 1 = 1$ (Beh. ist für $n = 1$ richtig).

2) Voraussetzung: $1 + 3 + 5 + \ldots + (2n_0 - 1) = n_0^2$

3) $\Rightarrow 1 + 3 + 5 + \ldots + (2n_0 - 1) + (2(n_0 + 1) - 1) = n_0^2 + 2(n_0 + 1) - 1$
$= n_0^2 + 2n_0 + 1 = (n_0 + 1)^2.$
Die Behauptung gilt dann auch für $n = n_0 + 1$.

b) $\dfrac{1}{1 \cdot 2} + \dfrac{1}{2 \cdot 3} + \ldots + \dfrac{1}{n \cdot (n + 1)} = \dfrac{n}{n + 1}.$

1) $n = 1: \dfrac{1}{1 \cdot 2} = \dfrac{1}{2};$

2) Annahme $\dfrac{1}{1 \cdot 2} + \dfrac{1}{2 \cdot 3} + \ldots + \dfrac{1}{n_0 (n_0 + 1)} = \dfrac{n_0}{n_0 + 1}$

3) $\Rightarrow \dfrac{1}{1 \cdot 2} + \dfrac{1}{2 \cdot 3} + \dots + \dfrac{1}{n_0\,(n_0 + 1)} + \dfrac{1}{(n_0 + 1)\,(n_0 + 2)}$

$\qquad = \dfrac{n_0}{n_0 + 1} + \dfrac{1}{(n_0 + 1)\,(n_0 + 2)} = \dfrac{n_0\,(n_0 + 2) + 1}{(n_0 + 1)\,(n_0 + 2)}$

$\qquad = \dfrac{n_0^2 + 2n_0 + 1}{(n_0 + 1)\,(n_0 + 2)} = \dfrac{(n_0 + 1)^2}{(n_0 + 1)\,(n_0 + 2)} = \dfrac{n_0 + 1}{n_0 + 2}.$

Die Behauptung gilt dann auch für $n = n_0 + 2$.

c) $\quad \dfrac{1}{2} + \dfrac{2}{2^2} + \dfrac{3}{2^3} + \dots + \dfrac{n}{2^n} = 2 - \dfrac{n + 2}{2^n}.$

1) $n = 1$: $\dfrac{1}{2} = 2 - \dfrac{3}{2}$.

2) Induktionsvoraussetzung:

$\qquad \dfrac{1}{2} + \dfrac{2}{2^2} + \dfrac{3}{2^3} + \dots + \dfrac{n_0}{2^{n_0}} = 2 - \dfrac{n_0 + 2}{2^{n_0}}$

3) $\Rightarrow \dfrac{1}{2} + \dfrac{2}{2^2} + \dots + \dfrac{n_0}{2^{n_0}} + \dfrac{(n_0 + 1)}{2^{n_0+1}} = 2 - \dfrac{n_0 + 2}{2^{n_0}} + \dfrac{n_0 + 1}{2^{n_0+1}}$

$\qquad = 2 - \dfrac{2\,(n_0 + 2) - (n_0 + 1)}{2^{n_0+1}} = 2 - \dfrac{n_0 + 3}{2^{n_0+1}}.$

Die Behauptung gilt dann auch für $n = n_0 + 1$.

A6.4

Behauptung: $n^2 + n + 1$ ist ungerade.
1. Beweis durch vollständige Induktion.

1) $n = 1$: $1 + 1 + 1 = 3$ ist ungerade

2) Induktionsannahme $n_0^2 + n_0 + 1$ sei ungerade

3) $\Rightarrow (n_0 + 1)^2 + (n_0 + 1) + 1 = n_0^2 + 2n_0 + 1 + n_0 + 1 + 1$

$\qquad = n_0^2 + 3n_0 + 3 = \underbrace{n_0^2 + n_0 + 1}_{\text{ungerade}} + \underbrace{2\,(n_0 + 1)}_{\text{gerade}}$

Da die Summe einer ungeraden und einer geraden Zahl ungerade ist, gilt die Behauptung dann auch für $n = n_0 + 1$.

2. Beweis (direkt)

1. Fall: $n = $ gerade $\Rightarrow n^2$ ist gerade $\Rightarrow n^2 + n$ ist gerade $\Rightarrow n^2 + n + 1$ ist ungerade.

2. Fall: n ist ungerade $\Rightarrow n^2$ ist ungerade $\Rightarrow n^2 + n$ ist gerade $\Rightarrow n^2 + n + 1$ ist ungerade.

A7.1

a) $2a^2 + 2b^2$;   b) $4ab$;   c) $4x^2 - 12ax + 9a^2$;

d) $4a^2x^2 - 49b^2y^2$.

A7.2

a) $20x^2 + 70x - 45$;   b) $[(x-1) \cdot (x+1)]^2 = [x^2 - 1]^2 = x^4 - 2x^2 + 1$;

c) $5y^2 - 5x^2$.

A7.3

a) $31^2 = (30+1)^2 = 900 + 60 + 1 = 961$;

b) $57^2 = (60-3)^2 = 3600 - 360 + 9 = 3249$;

c) $78 \cdot 82 = (80-2) \cdot (80+2) = 6400 - 4 = 6396$;

d) $101^2 = (100+1)^2 = 10\,000 + 200 + 1 = 10\,201$;

e) $999^2 = (1000-1)^2 = 1\,000\,000 - 2000 + 1 = 998\,001$.

A7.4

a) $(4x - 3)^2$;   b) $(7u - 3v)^2$;

c) $(12ax + 9by)(12ax - 9by)$;   d) $(2w^2y + 4ux^2) \cdot (2w^2y - 4ux^2)$

A8.1

$$\binom{50}{3} = \frac{50 \cdot 49 \cdot 48}{1 \cdot 2 \cdot 3} = 19600;$$

$$\binom{200}{4} = \frac{200 \cdot 199 \cdot 198 \cdot 197}{1 \cdot 2 \cdot 3 \cdot 4} = 64\,684\,950;$$

$$\binom{11}{10} = \binom{11}{1} = 11;$$

$$\binom{1000}{998} = \binom{1000}{2} = \frac{1000 \cdot 999}{1 \cdot 2} = 499\,500.$$

A8.2

$(a + b)^{10} = a^{10} + 10a^9b + 45a^8b^2 + 120a^7b^3 + 210a^6b^4 + 252a^5b^5$
$\qquad\qquad + 210a^4b^6 + 120a^3b^7 + 45a^2b^8 + 10ab^9 + b^{10}$.

A8.3

a) $(a - b)^3 = a^3 - 3a^2b + 3ab^2 - b^3$;

b) $(a - b)^4 = a^4 - 4a^3b + 6a^2b^2 - 4ab^3 + b^4$.

A9.1

a) $3 \cdot 4 \cdot 5 = 60$;

b) $3a \cdot \sqrt{c}$;

c) $\dfrac{25}{8}$;

d) 40;

e) $\dfrac{\sqrt{16(1+4)}}{\sqrt{5}} = 4 \cdot \dfrac{\sqrt{5}}{\sqrt{5}} = 4$;

f) $\sqrt{2}$.

A9.2

a) $x + 2\sqrt{2xy} + 2y$;

b) $5^2 - (3 \cdot \sqrt{7})^2 = 25 - 9 \cdot 7 = -38$;

c) $(-1)^2 \cdot (\sqrt{36} + \sqrt{6}) = 6 + \sqrt{6}$;

d) $[(2\sqrt{2} + \sqrt{7}) \cdot (2\sqrt{2} - \sqrt{7})]^2 = (4 \cdot 2 - 7)^2 = 1$;

e) $\sqrt{2} \cdot \sqrt{a+2b} \cdot \sqrt{18} \cdot \sqrt{a+2b} - 3(a+2b) = 3(a+2b) = 3a + 6b$.

A9.3

a) $\dfrac{x - 4y}{5x - 20y} = \dfrac{1}{5}$;

b) $\dfrac{(\sqrt{a} - \sqrt{b})(\sqrt{a} + \sqrt{b})}{\sqrt{a} + \sqrt{b}} = \sqrt{a} - \sqrt{b}$;

c) $\dfrac{4 \cdot 3 + 12\sqrt{15} + 9 \cdot 5}{114 + 24 \cdot \sqrt{15}} = \dfrac{57 + 12\sqrt{15}}{2 \cdot (57 + 12\sqrt{15})} = \dfrac{1}{2}$;

d) $\dfrac{(\sqrt{x} - 2\sqrt{y})(\sqrt{x} + 2\sqrt{y})}{\sqrt{x} - 2\sqrt{y}} = \sqrt{x} + 2\sqrt{y}$.

A9.4

a) $a + b$;

b) $\sqrt{16(a+b)^2} = 4(a+b)$;

c) $(a-2)^2$;

d) $5 - a$.

A9.5

a) $\dfrac{\sqrt{2}}{\sqrt{2} \cdot \sqrt{2}} + \dfrac{\sqrt{2} \cdot (1 + \sqrt{2})}{(1 - \sqrt{2}) \cdot (1 + \sqrt{2})} - \dfrac{(3 - \sqrt{2}) \cdot (2 - \sqrt{2})}{(2 + \sqrt{2}) \cdot (2 - \sqrt{2})}$

$= \dfrac{\sqrt{2}}{2} + \dfrac{\sqrt{2} + 2}{1 - 2} - \dfrac{6 - 3\sqrt{2} - 2\sqrt{2} + 2}{4 - 2}$

$= \dfrac{\sqrt{2}}{2} - \sqrt{2} - 2 - 4 + \dfrac{5}{2}\sqrt{2} = 2\sqrt{2} - 6$;

b) $\dfrac{3 \cdot (4 - \sqrt{7})}{(4 + \sqrt{7})(4 - \sqrt{7})} + \dfrac{4 \cdot (1 - \sqrt{7})}{(1 + \sqrt{7}) \cdot (1 - \sqrt{7})} + \dfrac{2 + \sqrt{7}}{(2 - \sqrt{7})(2 + \sqrt{7})}$

$= \dfrac{12 - 3\sqrt{7}}{16 - 7} + \dfrac{4 - 4\sqrt{7}}{1 - 7} + \dfrac{2 + \sqrt{7}}{4 - 7}$

$= \dfrac{4}{3} - \dfrac{\sqrt{7}}{3} - \dfrac{2}{3} + \dfrac{2}{3}\sqrt{7} - \dfrac{2}{3} - \dfrac{\sqrt{7}}{3} = 0.$

A10.1

a) $-x^6$;

b) $x^{-6} = \dfrac{1}{x^6}$;

c) $-\dfrac{1}{2}$;

d) $4^x \cdot \left(\dfrac{7}{2}\right)^x = \left(\dfrac{4 \cdot 7}{2}\right)^x = 14^x$;

e) $\dfrac{4 \cdot x^3 \cdot y^2}{z^2} \cdot \dfrac{5x^2}{2y^2 z^3} = \dfrac{10x^5}{z^5}$;

f) $\dfrac{x^4 \cdot z^{-4} w^{-6}}{x^{-3} z^{-6} w^{-9}} = x^7 z^2 w^3$;

g) $\dfrac{7}{3} x^2 - 2 \cdot x^{-4} + \dfrac{16}{15} x^{-m+3}$.

A10.2

a) -7;

b) $\dfrac{2}{3}$;

c) 20;

d) $3^{\frac{20}{10}} = 3^2 = 9$;

e) $2^{\frac{30}{20}} = 2^{\frac{3}{2}} = 2 \cdot 2^{\frac{1}{2}} = 2 \cdot \sqrt{2}$;

f) 10;

g) $\dfrac{\sqrt[3]{125}}{\sqrt[3]{1000}} = \dfrac{5}{10} = \dfrac{1}{2}$.

A10.3

a) $4^{\frac{1}{3}} \cdot 2^{\frac{1}{3}} = 8^{\frac{1}{3}} = 2$;

b) $\dfrac{\sqrt[4]{625}}{\sqrt[4]{16}} = \dfrac{5}{2}$;

c) $\left(2^{\frac{1}{2}} \cdot 2^{\frac{2}{3}}\right)^6 = 2^3 \cdot 2^4 = 2^7 = 128$;

d) $\left(2^{\frac{2}{3}} \cdot 2^{-\frac{3}{4}}\right)^{12} = 2^8 \cdot 2^{-9} = \dfrac{1}{2}$;

e) $\dfrac{2x^4}{5y^8}$.

A10.4

a) $(x^{\frac{1}{4}})^{\frac{1}{5}} = x^{\frac{1}{20}} = \sqrt[20]{x}$;

b) $(a \cdot (a \cdot a^{2})^{\frac{1}{2}})^{\frac{1}{2}})^{\frac{1}{2}} = (a \cdot a^{\frac{1}{2}} a^{\frac{1}{4}})^{\frac{1}{2}} = a^{\frac{7}{4} \cdot \frac{1}{2}} = a^{\frac{7}{8}} = \sqrt[8]{a^{7}}$;

c) $9^{\frac{1}{4}} \cdot (3^{\frac{1}{4}})^{2} = 3^{\frac{1}{2}} \cdot 3^{\frac{1}{2}} = 3$;

d) $(x \cdot x^{\frac{3}{8}})^{\frac{1}{2}} \cdot x^{\frac{5}{16}} = x^{\frac{11}{16}} \cdot x^{\frac{5}{16}} = x$.

A10.5

a) $x = 2$;

b) $x = -\sqrt[3]{64} = -4$;

c) $x = -\sqrt[5]{2}$;

d) $x = -\sqrt[3]{\dfrac{5}{2}}$;

e) $x_{1} = +\sqrt{49} = 7$; $x_{2} = -\sqrt{49} = -7$;

f) keine (reelle) Lösung;

g) $x_{1,2} = \pm\sqrt[4]{\dfrac{1875}{3}} = \pm 5$;

h) $x = 0$.

A10.6

a) $\sqrt[3]{a^{2}} - 2 \cdot \sqrt[3]{a} \cdot \sqrt[4]{b} + \sqrt{b}$;

b) $(2\sqrt{a})^{2} - (3 \cdot \sqrt[3]{b})^{2} = 4a - 9\sqrt[3]{b^{2}}$;

c) $a^{2/3} + 2 \cdot (ab)^{1/3} + b^{2/3} = \sqrt[3]{a^{2}} + 2 \cdot \sqrt[3]{ab} + \sqrt[3]{b^{2}}$.

A10.7

a) $\dfrac{(u - 2v)(\sqrt{2u} + \sqrt{4v})}{2u - 4v} = \dfrac{\sqrt{2u} + \sqrt{4v}}{2}$;

b) $\dfrac{(\sqrt[3]{a^{2}x^{2}} - \sqrt{by}) \cdot (\sqrt[3]{ax} - \sqrt[4]{by})}{(\sqrt[3]{ax} + \sqrt[4]{by}) \cdot (\sqrt[3]{ax} - \sqrt[4]{by})} = \dfrac{(\sqrt[3]{a^{2}x^{2}} - \sqrt{by})(\sqrt[3]{ax} - \sqrt[4]{by})}{\sqrt[3]{a^{2}x^{2}} - \sqrt{by}}$

$= \sqrt[3]{ax} - \sqrt[4]{by}$.

A10.8

a) $x_{1,2} = \pm 1$;

b) $x = 4$;

c) $x = -\sqrt[5]{\dfrac{243}{32}} = -\dfrac{3}{2}$;

d) $x = 5^{\frac{1}{1,4}} = 3{,}156925$;

e) $x = \dfrac{1}{10^{\frac{1}{2,3}}} = 0{,}367466$.

A11.1

a) 2;

b) −3;

c) $\dfrac{1}{2}$;

d) $\dfrac{4}{3}$;

e) $-\dfrac{4}{5}$;

f) $\sqrt{2}$;

g) 0;

h) 12;

i) 1;

j) $\dfrac{14}{15}$.

A11.2

a) $\dfrac{1}{2}\lg a + 2\lg b - \dfrac{1}{4}\lg c$;

b) $5\lg x + 2\lg y - \dfrac{10}{3}$;

c) $10 \cdot \lg(\sqrt[3]{a} + \sqrt[4]{b}) - \lg c$;

d) $\dfrac{2}{5}\lg x + \dfrac{1}{3}\lg y - \dfrac{1}{2}\lg u - \dfrac{1}{4}\lg v$.

A11.3

a) $\lg(u^2 \cdot v^3)$;

b) $\lg \dfrac{x^2 \cdot \sqrt[3]{y}}{\sqrt[5]{z^2}}$;

c) $\lg \dfrac{(u+v)^3}{\sqrt{u} \cdot \sqrt[3]{v}}$;

d) $\lg x^{\frac{1}{3}} + \lg 10^{\frac{2}{3}} = \lg(\sqrt[3]{x} \cdot \sqrt[3]{10^2}) = \lg \sqrt[3]{100x}$.

A11.4

a) $x = 10^{\lg x} = 10^2 = 100; x = 100$;

b) $x = 10^{\lg x} = 10^{\frac{1}{2}} = \sqrt{10}$;

c) $x = 2^{\log_2 x} = 2^{3/2} = 2 \cdot \sqrt{2}$;

d) $\lg x = \lg \dfrac{5}{6} \Rightarrow x = \dfrac{5}{6}$;

e) $\lg x = \lg \sqrt{49} - \lg \sqrt[3]{125} = \lg 7 - \lg 5 = \lg \dfrac{7}{5} \Rightarrow x = \dfrac{7}{5}$;

f) $\lg x - \lg \sqrt{x} = \lg \dfrac{x}{\sqrt{x}} = \lg \sqrt{x} = \lg 4 \Rightarrow x = 16$.

A11.5

a) $y = x \cdot \lg 5$;

b) $y = 9 \cdot \ln x$;

c) $y = \dfrac{1}{7} \cdot \lg x$;

d) $y = -2 \cdot \ln x$.

A11.6

a) $x = \dfrac{\lg 10}{\lg 5} = \dfrac{1}{\lg 5} = 1,430677$;

b) $x = \dfrac{\lg 138}{\lg 4} = 3,554262$;

c) $x = \dfrac{\lg \dfrac{1}{17}}{\lg 2} = -\dfrac{\lg 17}{\lg 2} = -4,087463$;

d) $x = -\dfrac{\lg 7}{\lg 12} = -0,783092$.

A12.1

a) $x = 1$; b) $x = -3$;

c) $x = \dfrac{2}{3}$; d) $x = \dfrac{1}{6}$;

e) $x = 2$.

A12.2

a) $x = -12$; b) $x = \dfrac{17}{4}$;

c) $x = \dfrac{1}{3}$; d) $x = -\dfrac{23}{19}$;

e) $x = -\dfrac{17}{32}$.

A12.3

a) Hauptnenner $x^2 - 9 = (x - 3)(x + 3)$

$\quad x + 3 + 4(x - 3) = 16 \Rightarrow x = 5$;

b) Multiplikation mit $(2x + 5) \cdot (4x + 5)$ ergibt

$\quad 3 \cdot (4x + 5) - 7 \cdot (2x + 5) = 0 \Rightarrow x = -10$;

c) Multiplikation mit dem Hauptnenner 42x ergibt

$$14 + 12 - 3x = 10 - 28 + 9x$$

$$12x = 44; \qquad \text{Lösung } x = \frac{11}{3};$$

d) Multiplikation mit dem Hauptnenner 60x ergibt

$$300 + 18 + 4(4x - 2) = 12(x + 1) + 15x$$

$$11x = 298; \qquad \text{Lösung } x = \frac{298}{11}.$$

A12.4

a) $10x - 20 + 2x + 8 = 12x - 12 + 4$

$$12x - 12 \qquad = 12x - 8 \qquad |-12x$$

$$-12 \qquad = -8 \Rightarrow \text{keine Lösung.}$$

b) $8x + 6 - 12 + 3x = x - 15 + 10x + 9$

$$11x - 6 \qquad = 11x - 6$$

Diese Gleichung ist für alle x erfüllt. Jedes $x \in \mathbb{R}$ ist Lösung.

A13.1

a) $\dfrac{y-2}{x-1} = \dfrac{3-2}{-2-1} = -\dfrac{1}{3}; \qquad y = -\dfrac{1}{3}x + \dfrac{7}{3};$

b) $\dfrac{y+2}{x} = \dfrac{-6+2}{1} = -4; \qquad y = -4x - 2;$

c) $\dfrac{y - 3/2}{x - 4/5} = \dfrac{-2 - 3/2}{4/3 - 4/5} = -\dfrac{105}{16}; \qquad y = -\dfrac{105}{16}x + \dfrac{27}{4};$

d) $y \equiv \dfrac{2}{5}$ (Parallele zur x-Achse).

A13.2

a) $y - 4 = -(x - 2); \quad y = -x + 6;$

b) $y - \dfrac{7}{11} = \dfrac{1}{3}(x + \dfrac{2}{3}); \quad y = \dfrac{1}{3}x + \dfrac{85}{99};$

c) $y - \sqrt{2} = \sqrt{2} \cdot (x - 3\sqrt{2}); \quad y = \sqrt{2}x + \sqrt{2} - 6.$

A13.3

a) $x + y = 1; \quad y = -x + 1;$

b) $-\dfrac{x}{3} + 2y = 1; \quad y = \dfrac{x}{6} + \dfrac{1}{2}.$

c) $\dfrac{5}{2}x - \dfrac{4}{3}y = 1; \quad y = \dfrac{15}{8}x - \dfrac{3}{4}.$

A13.4

a) $-2x + 4 = 3x - 7$; $5x = 11$; $x = \dfrac{11}{5}$; $y = -\dfrac{2}{5}$; $P\left(\dfrac{11}{5}; -\dfrac{2}{5}\right)$;

b) $-\dfrac{2}{3}x + \dfrac{4}{5} = \dfrac{2}{5}x + \dfrac{1}{3}$;

$\dfrac{7}{15} = \dfrac{16}{15}x$; $x = \dfrac{7}{16}$; $y = \dfrac{14}{80} + \dfrac{1}{3} = \dfrac{122}{240} = \dfrac{61}{120}$; $P\left(\dfrac{7}{16}; \dfrac{61}{120}\right)$;

c) Die Geraden sind parallel und verschieden $\Rightarrow$ kein Schnittpunkt.

d) Die Geraden sind identisch $\Rightarrow$ jeder Punkt auf der Geraden ist Schnittpunkt.

A13.5

a) Steigung $m = -\dfrac{1}{0{,}625} = -1{,}6$

$y + 7 = -1{,}6 \cdot (x + 3)$; $\quad y = -1{,}6x - 11{,}8$;

b) $0{,}625x + 3 = -1{,}6x - 11{,}8 \Rightarrow 2{,}225x = -14{,}8$;

$x = -\dfrac{14800}{2225} = -\dfrac{592}{89}$; $y = -\dfrac{5}{8} \cdot \dfrac{592}{89} + 3 = \dfrac{-370 + 267}{89} = -\dfrac{103}{89}$

Schnittpunkt $P\left(-\dfrac{592}{89}; -\dfrac{103}{89}\right)$.

A14.1

a) $x_1 = \dfrac{9}{4}$; $\quad x_2 = -\dfrac{9}{4}$;

b) $x_1 = \sqrt{3{,}4}$; $\quad x_2 = -\sqrt{3{,}4}$;

c) $x = 0$;

d) keine reelle Lösung;

e) $x \cdot (x + 5) = 0$; $\quad x_1 = 0$; $\quad x_2 = -5$;

f) $x \cdot \left(\dfrac{2}{3}x + \dfrac{4}{5}\right) = 0$; $\quad x_1 = 0$; $\quad x_2 = -\dfrac{6}{5}$.

A14.2

a) $x_1 = 3$; $\quad x_2 = -2$;

b) $x = -\dfrac{3}{2}$;

c) $x_1 = 2 + \sqrt{3}$; $\quad x_2 = 2 - \sqrt{3}$;

d) keine reelle Lösung;

e) $x_1 = 1{,}2$; $\quad x_2 = -1{,}1$;

f) $x_1 = 2,1;\quad x_2 = -1,7;$

g) keine reelle Lösung;

h) $x_1 = \dfrac{5}{4} + \sqrt{5};\quad x_2 = \dfrac{5}{4} - \sqrt{5};$

i) $x_1 = -\dfrac{3}{2} + \dfrac{\sqrt{2}}{2};\quad x_2 = -\dfrac{3}{2} - \dfrac{\sqrt{2}}{2};$

j) $x_1 = 3 + \dfrac{\sqrt{3}}{3};\quad x_2 = 3 - \dfrac{\sqrt{3}}{3}.$

A14.3

$(x - x_1) \cdot (x - x_2) = x^2 - (x_1 + x_2) \cdot x + x_1 \cdot x_2 = 0$ (Vieta);

a) $(x - 3)(x - 5) = x^2 - 8x + 15 = 0;$

b) $(x + 2)(x - 7) = x^2 - 5x - 14 = 0;$

c) $x \cdot (x - \dfrac{3}{2}) = x^2 - \dfrac{3}{2}x = 0;\quad 2x^2 - 3x = 0;$

d) $x_1 + x_2 = 4;\quad x_1 \cdot x_2 = 2;\quad x^2 - 4x + 2 = 0;$

e) $x^2 - 5 = 0;$

f) $x_1 + x_2 = -3;\quad x_1 \cdot x_2 = \dfrac{9}{4} - \dfrac{5}{16} = \dfrac{31}{16};$

$x^2 + 3x + \dfrac{31}{16} = 0;\quad 16x^2 + 48x + 31 = 0.$

A14.4

$x^2 + px + q = (x - x_1) \cdot (x - x_2);$

a) $x_1 = 2;\quad x_2 = 3;\qquad\qquad (x - 2) \cdot (x - 3);$

b) $x_1 = 5;\quad x_2 = -4;\qquad\quad (x - 5) \cdot (x + 4);$

c) $x_1 = 3 + \sqrt{2};\quad x_2 = 3 - \sqrt{2};\quad (x - 3 - \sqrt{2}) \cdot (x - 3 + \sqrt{2});$

d) $x_1 = 1 + \sqrt{7};\quad x_2 = 1 - \sqrt{7};\quad (x - 1 - \sqrt{7}) \cdot (x - 1 + \sqrt{7});$

e) keine Produktdarstellung möglich, da die quadratische Gleichung keine reellen Lösungen besitzt;

f) $x_1 = x_2 = \dfrac{3}{2};\qquad (x - \dfrac{3}{2})^2.$

A14.5

a) $6 = x_1 + x_2 \quad \Rightarrow x_2 = 5$ (Satz von Vieta);

b) $-7 = x_1 + x_2 \Rightarrow x_2 = -5;$

c) Normalform $x^2 + \dfrac{7}{2}x + 3 = 0$

$\quad -\dfrac{7}{2} = x_1 + x_2 \Rightarrow x_2 = -2;$

d) $x_2 = \dfrac{2}{5}$.

A14.6

a) $\sqrt{8x - 7} = 2x - 3$

$\quad 8x - 7 = (2x - 3)^2 = 4x^2 - 12x + 9$

$\quad\quad 0 = 4x^2 - 20x + 16$

$\quad\quad\quad x^2 - 5x + 4 = 0$

$\quad x_{1,2} = \dfrac{5}{2} \pm \sqrt{\dfrac{25}{4} - 4} = \dfrac{5}{2} \pm \sqrt{\dfrac{9}{4}} = \dfrac{5}{2} \pm \dfrac{3}{2}$.

$\quad x_1 = 4; \quad x_2 = 1; \quad x_1 = 4$ ist Lösung; $\quad x_2 = 1$ ist keine Lösung. $L = \{4\}$.

b) $4 - 2x = \sqrt{4 - 2x}$

$\quad 16 - 16x + 4x^2 = 4 - 2x$

$\quad\quad 4x^2 - 14x + 12 = 0$

$\quad\quad\quad x_{1,2} = \dfrac{14}{8} \pm \dfrac{\sqrt{14^2 - 16 \cdot 12}}{8} = \dfrac{14}{8} \pm \dfrac{2}{8}$

$\quad\quad\quad x_1 = 2$ ist Lösung; $\quad x_2 = 1,5$ ist Lösung; $L = \{1,5;\ 2\}$.

c) $x - 3 = \sqrt{6 - 2x}$

$\quad x^2 - 6x + 9 = 6 - 2x$

$\quad x^2 - 4x + 3 = 0; \quad x_{1,2} = 2 \pm 1; \quad x_1 = 3$ ist Lösung; $\quad x_2 = 1$ ist keine Lösung;

$\quad L = \{3\}$.

d) $\sqrt{5x - 1} = 7 - 2x$

$\quad 5x - 1 = (7 - 2x)^2 = 49 - 28x + 4x^2$

$\quad\quad 4x^2 - 33x + 50 = 0$

$\quad\quad\quad x_{1,2} = \dfrac{33 \pm \sqrt{33^2 - 16 \cdot 50}}{8} = \dfrac{33 \pm 17}{8}$

$\quad x_1 = \dfrac{25}{4}$ ist keine Lösung der Ausgangsgleichung;

$\quad x_2 = 2$ ist Lösung der Ausgangsgleichung;

$\quad L = \{2\}$.

e) $x + 7 - \sqrt{8(x-3)} = 8$ (quadrierte Gleichung)

$\quad x - 1 \qquad\qquad = \sqrt{8(x-3)}$

$\quad x^2 - 2x + 1 \qquad = 8x - 24$

$\quad x^2 - 10x + 25 \qquad = (x-5)^2 = 0; \quad x = 5 \text{ ist Lösung}$

$\quad L = \{5\}.$

f) $x + 2 - 2 \cdot \sqrt{x+2} \cdot \sqrt{x-6} + x - 6 = 4$ (quadriert)

$\qquad - 2 \cdot \sqrt{x+2} \cdot \sqrt{x-6} \qquad = -2x + 8 \quad |:(-2)$

$\qquad\quad \sqrt{x+2} \cdot \sqrt{x-6} \qquad = (x-4)$

$\qquad\quad (x+2) \cdot (x-6) \qquad = (x-4)^2$

$\qquad\quad x^2 - 4x - 12 \qquad = x^2 - 8x + 16$

$\qquad\qquad\qquad 4x \qquad = 28; \quad x = 7 \text{ ist Lösung}; L = \{7\}.$

g) $2x + 3 + 2\sqrt{2x+3} \cdot \sqrt{x+1} + x + 1 = 1$ (quadriert)

$\qquad 2 \cdot \sqrt{2x+3} \cdot \sqrt{x+1} \qquad = -3x - 3$

$\qquad 4(2x+3) \cdot (x+1) \qquad = 9(x+1)^2$ (quadriert)

$\qquad 8x^2 + 20x + 12 \qquad = 9x^2 + 18x + 9$

$\qquad\qquad\qquad\quad 0 \qquad = x^2 - 2x - 3$

$\quad x_{1,2} = 1 \pm \sqrt{1+3}$

$\quad x_1 = 3 \text{ ist keine Lösung der Ausgangsgleichung}$

$\quad x_2 = -1 \text{ ist Lösung.}$

$\quad L = \{-1\}.$

A14.7

a) $\sqrt{x} = u; \quad u^2 - u - 6 = 0; \quad u_{1,2} = \dfrac{1}{2} \pm \sqrt{\dfrac{1}{4} + 6}; \quad u_1 = 3; \quad u_2 = -2$

$\quad x_1 = 3^2 = 9 \text{ ist Lösung der Ausgangsgleichung}, x_2 = 4 \text{ dagegen nicht. } L = \{9\}.$

b) $\sqrt{x} = u; \quad u^2 - 2u - 1 = 0; \quad u_1 = 1 + \sqrt{2}; \quad u_2 = 1 - \sqrt{2}$

$\quad x_1 = (1 + \sqrt{2})^2 = 1 + 2\sqrt{2} + 2 = 3 + 2\sqrt{2} \text{ erfüllt die Gleichung.}$

$\quad x_2 = (1 - \sqrt{2})^2 = 3 - 2 \cdot \sqrt{2} \text{ erfüllt die Gleichung nicht. } L = \{3 + 2 \cdot \sqrt{2}\}.$

c) $u = \sqrt[3]{x}; \quad 2u^2 + 3u - 2 = 0; \quad u_1 = \dfrac{1}{2}; \quad u_2 = -2;$

$\quad x_1 = u_1{}^3 = \dfrac{1}{8}; \quad x_2 = u_2{}^3 = -8; \quad \text{beide Werte erfüllen die Gleichung.}$

$\quad L = \{-8; \dfrac{1}{8}\}.$

d) $\dfrac{x+3}{2x-6} = u$; $u^2 - 2u - 3 = 0$; $u_1 = 3$; $u_2 = -1$.

$\quad$ $x + 3 = 2ux - 6u$; $\quad 3 + 6u = (2u - 1) \cdot x$

$\quad$ $x = \dfrac{3 + 6u}{2u - 1}$; $\quad x_1 = \dfrac{3 + 18}{5} = \dfrac{21}{5}$; $\quad x_2 = \dfrac{3 - 6}{-3} = 1$

$\quad$ $L = \{1; \dfrac{21}{5}\}$.

e) $x^2 = u$; $\quad 4u^2 + 5u - 6 = 0$; $\quad u_{1,2} = -\dfrac{5}{8} \pm \dfrac{\sqrt{25 + 96}}{8}$;

$\quad$ $u_1 = \dfrac{3}{4}$; $\quad u_2 = -2$;

$\quad$ $x^2 = u_1 = \dfrac{3}{4}$; $\quad x_1 = \dfrac{\sqrt{3}}{2}$; $\quad x_2 = -\dfrac{\sqrt{3}}{2}$; $\quad x^2 = u_2 = -2$ hat keine reelle Lösung.

$\quad$ $L = \{-\dfrac{\sqrt{3}}{2}; \dfrac{\sqrt{3}}{2}\}$.

f) $x^2 = u$; $\quad u^2 - 13u + 36 = 0$; $\quad u_1 = 4$; $\quad u_2 = 9$;

$\quad$ $x^2 = u_1 = 4$; $\quad x_1 = 2$; $\quad x_2 = -2$;

$\quad$ $x^2 = u_2 = 9$; $\quad x_3 = 3$; $\quad x_4 = -3$.

$\quad$ $L = \{-3; -2; 2; 3\}$.

g) $x^2 = u$; $\quad u^2 - 6u + 7 = 0$; $\quad u_{1,2} = 3 \pm \sqrt{9 - 7}$

$\quad$ $u_1 = 3 + \sqrt{2}$; $u_2 = 3 - \sqrt{2} > 0$

$\quad$ $x_1 = \sqrt{3 + \sqrt{2}}$; $\quad x_2 = -\sqrt{3 + \sqrt{2}}$; $\quad x_3 = \sqrt{3 - \sqrt{2}}$; $\quad x_4 = -\sqrt{3 - \sqrt{2}}$

$\quad$ $L = \{-\sqrt{3 + \sqrt{2}}; -\sqrt{3 - \sqrt{2}}; \sqrt{3 - \sqrt{2}}; \sqrt{3 + \sqrt{2}}\}$;

i) $x^2 = u$; $\quad u^2 + 5u + 6 = 0$; $\quad u_1 = -2$; $\quad u_2 = -3$; $\quad$ keine reelle Lösung. $L = \emptyset$.

j) $x^3 = u$; $\quad u^2 + 19u - 216 = 0$; $\quad u_1 = 8$; $\quad u_2 = -27$;

$\quad$ $x^3 = 8$; $\quad x_1 = 2$; $\quad x^3 = -27$; $\quad x_2 = -3$; $\quad L = \{-3; 2\}$.

k) $x^4 = u$; $\quad u^2 - 3u - 10 = 0$; $\quad u_1 = 5$; $\quad u_2 = -2$;

$\quad$ $x^4 = 5$; $\quad x_1 = \sqrt[4]{5}$; $\quad x_2 = -\sqrt[4]{5}$; $\quad x^4 = -2$ hat keine Lösung.

$\quad$ $L = \{-\sqrt[4]{5}; \sqrt[4]{5}\}$.

A14.8

a) $\dfrac{2x + 8}{2x - 4} = \dfrac{7x + 4}{4x - 2}$ $\qquad | \cdot (2x - 4) \cdot (4x - 2)$

$\quad$ $(2x + 8) \cdot (4x - 2) = (7x + 4) \cdot (2x - 4)$

$\quad$ $8x^2 - 4x + 32x - 16 = 14x^2 - 28x + 8x - 16$

$\qquad\qquad\qquad 0 = 6x^2 - 48x \quad | : 6$

$\qquad\qquad\qquad 0 = x^2 - 8x = x \cdot (x - 8)$

$\quad$ $x_1 = 0$; $\quad x_2 = 8$; $\quad L = \{0; 8\}$.

b) $\dfrac{4}{x-6} + \dfrac{16}{x+8} = 3 \quad | \cdot (x-6) \cdot (x+8)$

$\quad 4 \cdot (x+8) + 16 \cdot (x-6) = 3\,(x-6)\,(x+8)$

$\quad 4x + 32 + 16x - 96 \quad = 3x^2 + 6x - 144$

$\qquad\qquad\qquad\quad 0 \;\; = 3x^2 - 14x - 80$

$$x_{1,2} = \frac{14}{6} \pm \frac{\sqrt{14^2 + 12 \cdot 80}}{6} = \frac{14}{6} \pm \frac{34}{6}$$

$x_1 = 8; \quad x_2 = -\dfrac{10}{3}; \quad L = \{-\dfrac{10}{3}; 8\}.$

c) $\dfrac{x+1}{x-2} + \dfrac{x-1}{x+2} = \dfrac{3x^2 - 5x + 10}{x^2 - 4} \quad | \cdot (x+2)(x-2)$

$\quad (x+1)\,(x+2) + (x-1)\,(x-2) = 3x^2 - 5x + 10$

$\quad x^2 + 3x + 2 + x^2 - 3x + 2 \quad = 3x^2 - 5x + 10$

$\qquad\qquad\qquad\quad 0 \;\; = x^2 - 5x + 6$

$x_1 = 2$ ist keine Lösung, da der Nenner $x - 2$ verschwindet.
$x_2 = 3$ ist Lösung. $L = \{3\}.$

d) $\dfrac{x+1}{x-2} - \dfrac{2x+4}{x+3} = -2 + \dfrac{x^2 + 6x - 1}{(x-2) \cdot (x+3)} \quad | \cdot (x-2) \cdot (x+3)$

$\quad (x+1)\,(x+3) - (2x+4)\,(x-2) = -2\,(x-2) \cdot (x+3) + x^2 + 6x - 1$

$\quad x^2 + 4x + 3 - 2x^2 + 4x - 4x + 8 \;\; = -2x^2 - 2x + 12 + x^2 + 6x - 1$

$\quad -x^2 + 4x + 11 \qquad\qquad\qquad = -x^2 + 4x + 11$

Für jedes beleibige $x \in \mathbb{R}$ ist diese Gleichung erfüllt. Da die Nenner nicht verschwinden dürfen, muß x von 2 und -3 verschieden sein, also
$L = \{x \in \mathbb{R} \mid x \neq 2; x \neq -3\}.$

A15.1

a) $y = x^2 - x - \dfrac{7}{4} = (x - \dfrac{1}{2})^2 - 2; \quad$ Scheitel $S(\dfrac{1}{2}; -2);$

   Nullstellen: $x_1 = \dfrac{1}{2} + \sqrt{2}; x_2 = \dfrac{1}{2} - \sqrt{2}.$

b) $y = -(x^2 - 2x) - 3 = -(x-1)^2 - 2; \quad$ Scheitel $S(1; -2);$
   keine Nullstellen, da $(x-1)^2 = -2$ keine reelle Lösung besitzt.

c) $y = 3\,(x^2 - 4x) - 15 = 3\,((x-2)^2 - 4) - 15 = 3\,(x-2)^2 - 27;$
   Scheitel $S(2; -27);$
   Nullstellen $(x-2)^2 = 9; \quad x_1 = -1; \quad x_2 = 5.$

d) $y = -\dfrac{1}{2}\,(x^2 - 8x) + 10 = -\dfrac{1}{2}\,(x-4)^2 + 18;$
   Scheitel $S(4; 18);$
   Nullstellen: $(x-4)^2 = 36; \quad x_1 = -2; \quad x_2 = 10.$

A15.2

a) $2x^2 - 4x + 6 = 2x + 3; \quad 2x^2 - 6x + 3 = 0;$

$$x_{1,2} = \frac{6}{4} \pm \frac{\sqrt{36 - 24}}{4} = \frac{3}{2} \pm \frac{\sqrt{3}}{2};$$

$$y_1 = 6 + \sqrt{3}; \quad y_2 = 6 - \sqrt{3}; \quad P_1\left(\frac{3 + \sqrt{3}}{2}; 6 + \sqrt{3}\right); \quad P_2\left(\frac{3 - \sqrt{3}}{2}; 6 - \sqrt{3}\right).$$

b) $-3x^2 + 4x + 3 = -2x + 6; \quad 3x^2 - 6x + 3 = 0.$

$0 = x^2 - 2x + 1 = (x - 1)^2; \quad x = 1; y = 4;$

Nur ein Schnittpunkt P (1; 4) = Berührungspunkt. Die Gerade ist Tangente an die Parabel im Punkt P.

c) $-2x^2 - 8x - 7 = -1{,}5x + 5; \quad 2x^2 + 6{,}5x + 12 = 0;$

$$x^2 + 3{,}25x + 6 = 0; \quad x_{1,2} = -1{,}625 \pm \sqrt{\underbrace{\frac{3{,}25^2}{4} - 6}_{< 0}}; \quad \text{keine Lösung}$$

Die Gerade und die Parabel schneiden sich nicht.

A15.3

a) $4x^2 + 2x + 8 = 5x^2 + x + 2$

$$0 = x^2 - x - 6; \quad x_{1,2} = \frac{1}{2} \pm \sqrt{\frac{1}{4} + 6}; \quad x_1 = 3; \quad x_2 = -2;$$

$$y_1 = 50; \quad y_2 = 20; \quad P_1(3; 50); \quad P_2(-2; 20).$$

b) $\dfrac{3}{2} x^2 - x + 1 = -\dfrac{1}{2} x^2 + 3x + 3$

$2x^2 - 4x - 2 = 0 \quad |:2$

$x^2 - 2x - 1 = 0; \quad x_{1,2} = 1 \pm \sqrt{1 + 1}; \quad x_1 = 1 + \sqrt{2}; \quad x_2 = 1 - \sqrt{2};$

$$y_1 = \frac{3}{2}(1 + \sqrt{2})^2 - 1 - \sqrt{2} + 1 = \frac{3}{2}(1 + 2\sqrt{2} + 2) - \sqrt{2} = \frac{9}{2} + 2\sqrt{2};$$

$$y_2 = \frac{3}{2}(1 - \sqrt{2})^2 - 1 + \sqrt{2} + 1 = \frac{3}{2}(1 - 2\sqrt{2} + 2) + \sqrt{2} = \frac{9}{2} - 2\sqrt{2};$$

$$P_1\left(1 + \sqrt{2}; \frac{9}{2} + 2\sqrt{2}\right); \quad P_2\left(1 - \sqrt{2}; \frac{9}{2} - 2\sqrt{2}\right).$$

c) $x^2 + 2x - 10 = 2x^2 - 4x + 1$

$$0 = x^2 - 6x + 11$$

$$x_{1,2} = 3 \pm \sqrt{\underbrace{\frac{36}{4} - 11}_{< 0}} \quad \text{keine Lösung.}$$

Die beiden Parabeln schneiden sich nicht.

A16.1

a) $2x < 3$; $x < \dfrac{3}{2}$; $L = \{x | x < \dfrac{3}{2}\} = (-\infty; \dfrac{3}{2})$.

b) $-\dfrac{3}{2}x + \dfrac{15}{2} < 7$; $-\dfrac{3}{2}x < -\dfrac{1}{2}$; $x > \dfrac{1}{3}$; $L = \{x | x > \dfrac{1}{3}\} = (\dfrac{1}{3}; +\infty)$.

c) Linke Ungleichung: $-3 < 2x - 4$; $1 < 2x$; $x > \dfrac{1}{2}$;

rechte Ungleichung: $2x - 4 < 5$; $2x < 9$; $x < \dfrac{9}{2}$;

$L = \{x | \dfrac{1}{2} < x < \dfrac{9}{2}\} = (\dfrac{1}{2}; \dfrac{9}{2})$.

d) Linke Ungleichung: $2x - 4 < 10$; $x < 7$;
rechte Ungleichung: $x + 5 \geq 10$; $x \geq 5$;
$L = \{x | 5 \leq x < 7\} = [5, 7)$.

e) Linke Ungleichung: $6x + 6 < 15$; $x < 1{,}5$;
rechte Ungleichung: $5x + 4 > 15$; $x > 2{,}2$.
Beide Ungleichungen können nicht gleichzeitig erfüllt sein.
$L = \emptyset$ (leere Menge).

A16.2

a) $\dfrac{1}{x} \leq 3$; 1. Fall: $x > 0 \Rightarrow x \geq 1/3$; $L_1 = \{x | x \geq \dfrac{1}{3}\}$;

2. Fall: $x < 0 \Rightarrow x < 1/3$; $L_2 = \{x | x < 0\}$;

$L = \{x | x < 0 \text{ oder } x \geq 1/3\} = (-\infty; 0) \cup [\dfrac{1}{3}; \infty)$.

b) $\dfrac{2 - 3x}{4x + 5} > 0{,}5$;

1. Fall: $4x + 5 > 0$; $x > -1{,}25$; $2 - 3x > 2x + 2{,}5$; $-0{,}5 > 5x$; $x < -0{,}1$;
$L_1 = \{x | -1{,}25 < x < -0{,}1\}$;

2. Fall: $4x + 5 < 0$; $x < -1{,}25$; $2 - 3x < 2x + 2{,}5$; $-0{,}5 < 5x$; $x > -0{,}1$;
$L_2 = \emptyset$;

$L = \{x | -1{,}25 < x < -0{,}1\} = (-1{,}25; -0{,}1)$.

c) $\dfrac{5x + 2}{3x} < \dfrac{2 + 4x}{5x} + 1$. Multiplikation mit 15x.

1. Fall: $x > 0$
$25x + 10 < 6 + 12x + 15x$
$4 < 2x$; $2 < x$; $L_1 = \{x | x > 2\}$.

2. Fall: $x < 0$
$25x + 10 > 6 + 12x + 15x$
$4 > 2x$; $2 > x$; $L_2 = \{x | x < 0\}$.
$L = \{x | x < 0 \text{ oder } x > 2\} = (-\infty; 0) \cup (2; +\infty)$.

d) $\dfrac{5x+2}{3x-7} \geq 2$

    1. Fall: $3x-7>0$; $x>\dfrac{7}{3}$

             $5x+2 \geq 6x-14$; $16 \geq x$; $L_1 = \{x| \dfrac{7}{3} < x \leq 16\}$;

    2. Fall: $3x-7<0$; $x<\dfrac{7}{3}$

             $5x+2 \leq 6x-14$; $x \geq 16$; $L_2 = \emptyset$.

$L = \{x| \dfrac{7}{3} < x \leq 16\} = (\dfrac{7}{3}; 16]$.

e) $\dfrac{2x-4}{x+5} < 1$

    1. Fall: $x+5>0$; $x>-5$;

             $2x-4<x+5$; $x<9$; $L_1 = \{x|-5<x<9\}$;

    2. Fall: $x+5<0$; $x<-5$

             $2x-4>x+5$; $x>9$; $L_2 = \emptyset$;

$L = \{x|-5<x<9\} = (-5; 9)$.

A16.3

a) $L = \{x|3 \leq x \leq 7\} = [3; 7]$;

b) $L = \{x|x<-300 \text{ oder } x>100\} = (-\infty; -300) \cup (100; +\infty)$;

c) $|x + \dfrac{3}{2}| < \dfrac{5}{2}$; $L = \{x|-4<x<1\} = (-4; 1)$;

d) $|2x-10| \leq x$

    1. Fall: $2x-10 \geq 0$; $x \geq 5$;

             $2x-10 \leq x$; $x \leq 10$; $L_1 = \{x|5 \leq x \leq 10\}$;

    2. Fall: $2x-10 < 0$; $x<5$;

             $-2x+10 \leq x$; $10 \leq 3x$; $x \geq \dfrac{10}{3}$; $L_2 = \{x| \dfrac{10}{3} \leq x < 5\}$;

$L = L_1 \cup L_2 = \{x| \dfrac{10}{3} \leq x \leq 10\} = [\dfrac{10}{3}; 10]$;

e) $|4-3x| > 2x+10$

    1. Fall: $4-3x \geq 0$; $x \leq \dfrac{4}{3}$;

             $4-3x>2x+10$; $-6>5x$; $-1,2>x$; $L_1 = \{x|x<-1,2\}$;

    2. Fall: $4-3x<0$; $x>\dfrac{4}{3}$;

             $-4+3x>2x+10$; $x>14$; $L_2 = \{x|x>14\}$;

$L = \{x|x<-1,2 \text{ oder } x>14\} = (-\infty; -1,2) \cup (14; +\infty)$;

f) $\dfrac{2x+3}{|4x-6|} > 2;\quad x \neq 1,5 \Rightarrow |4x-6| > 0$

$2x + 3 > 2 \cdot |4x - 6|$

1. Fall: $4x - 6 > 0;\ x > 1,5;$

$2x + 3 > 2 \cdot (4x - 6) = 8x - 12$

$15 > 6x;\quad 2,5 > x;\quad L_1 = \{x | 1,5 < x < 2,5\};$

2. Fall: $4x - 6 < 0;\quad x < 1,5;$

$2x + 3 > 2 \cdot (-4x + 6) = -8x + 12;$

$10x > 9;\quad x > 0,9;\quad L_2 = \{x | 0,9 < x < 1,5\};$

$L = L_1 \cup L_2 = (0,9; 1,5) \cup (1,5; 2,5).$

A16.4

a) $x^2 \leq 100;\quad |x| \leq 10;\quad L = \{x | -10 \leq x \leq 10\} = (-10; 10);$

b) $2x^2 - 18 > 0;\quad x^2 > 9;\quad |x| > 3;$

$L = \{x | x < -3 \text{ oder } x > 3\} = (-\infty; -3) \cup (3; +\infty);$

c) $x^2 - 2 < 0;\quad x^2 < 2;\quad |x| < \sqrt{2};$

$L = \{x | -\sqrt{2} < x < \sqrt{2}\} = (-\sqrt{2}; \sqrt{2});$

d) $2x^2 + 3 < 0;\quad x^2 < -\dfrac{3}{2}$; keine Lösung; $L = \emptyset;$

e) $4x^2 + 1 \geq 0;\quad x^2 \geq -\dfrac{1}{4}$ ist für jedes $x \in \mathbb{R}$ erfüllt; $L = \mathbb{R};$

f) $2x^2 + 3x - 2 \geq 0\quad |{:}2 \Rightarrow x^2 + \dfrac{3}{2}x - 1 \geq 0;$

Nullstellen $x_{1,2} = -\dfrac{3}{4} \mp \sqrt{\dfrac{9}{16} + 1} = -\dfrac{3}{4} \mp \dfrac{5}{4}$; $x_1 = -2$; $x_2 = \dfrac{1}{2}$;

$x = 0 \notin L \Rightarrow L = \{x | x \leq -2 \text{ oder } x \geq \dfrac{1}{2}\} = (-\infty; -2] \cup [\dfrac{1}{2}; +\infty);$

g) $-0,5x^2 + x + 4 > 0\quad |\cdot(-2)$

$\qquad x^2 - 2x - 8 < 0$

Nullstellen $x_{1,2} = 1 \pm \sqrt{9};\quad x_1 = -2;\quad x_2 = 4;$

$x = 0 \in L \Rightarrow L = \{x | -2 < x < 4\} = (-2; 4);$

h) $x^2 - 2x + 3 \geq 0.$

Nullstellen $x_{1,2} = 1 \pm \underbrace{\sqrt{\dfrac{4}{4} - 3}}_{< 0}$, keine Nullstellen.

$x = 0$ erfüllt die Ungleichung $\Rightarrow L = \mathbb{R};$

i) $-\dfrac{x^2}{8}+\dfrac{3}{8}\,x-\dfrac{10}{32}>0\quad|\cdot(-8)$

$x^2-3x+2,5<0$

Nullstellen $x_{1,2}=\dfrac{3}{2}\pm\underbrace{\sqrt{\dfrac{9}{4}-2,5}}_{<0}$; keine Nullstellen.

$x=0$ erfüllt die Ungleichung nicht; kein $x\in\mathbb{R}$ erfüllt die Ungleichung $\Rightarrow$
$L=\varnothing$;

j) $4x^2-12x+9\le0\quad|:4$

$\quad x^2-3x+2,25\le0$

Nullstellen $x_{1,2}=\dfrac{3}{2}\pm\sqrt{\dfrac{9}{4}-2,25}=\dfrac{3}{2}$.

Nur $x=\dfrac{3}{2}$ erfüllt die Ungleichung; also $L=\{\,\dfrac{3}{2}\,\}$.

A16.5

a) $\dfrac{1}{x}<x$

1. Fall: $x>0\Rightarrow1<x^2\Rightarrow|x|>1\Rightarrow L_1=\{x|x>1\}$;
2. Fall: $x<0\Rightarrow1>x^2\Rightarrow|x|<1\Rightarrow L_2=\{x|-1<x<0\}$;
$L=\{x|-1<x<0\text{ oder }x>1\}=(-1;0)\cup(1;\infty)$;

b) $\dfrac{2x+3}{x-2}>x+1$.

1. Fall: $x-2>0;\ x>2$;
$\qquad2x+3>(x+1)(x-2)=x^2-x-2$;
$\qquad\quad0>x^2-3x-5$;
Lösungen von $x^2-3x-5=0$

$$x_{1,2}=\frac{3}{2}\mp\sqrt{\frac{9}{4}+5}=\frac{3}{2}\mp\frac{\sqrt{29}}{2}$$

$x^2-3x-5<0$ für $\quad\dfrac{3-\sqrt{29}}{2}<x<\dfrac{3+\sqrt{29}}{2}$

$L_1=\{x|2<x<\dfrac{3+\sqrt{29}}{2}\}=(2;\dfrac{3+\sqrt{29}}{2})$;

2. Fall: $x - 2 < 0$; $x < 2$;

$$2x + 3 < (x + 1)(x - 2) = x^2 - x - 2;$$

$$0 < x^2 - 3x - 5 \Rightarrow x < \frac{3 - \sqrt{29}}{2} \text{ oder } x > \frac{3 + \sqrt{29}}{2};$$

$$L_2 = \{x \mid x < \frac{3 - \sqrt{29}}{2}\} = (-\infty; \frac{3 - \sqrt{29}}{2});$$

$$L = (-\infty; \frac{3 - \sqrt{29}}{2}) \cup (2; \frac{3 + \sqrt{29}}{2}).$$

A17.1

a) $2x^3 - 5x^2 = x^2(2x - 5) = 0$; $x_1 = 0$; $x_2 = \frac{5}{2}$; $L = \{0; \frac{5}{2}\}$;

b) $x^3 \cdot (3x^2 - x - 2) = 0$; $x_1 = 0$

$$3x^2 - x - 2 = 0; x_{2,3} = \frac{1}{6} \pm \frac{\sqrt{1 + 24}}{6}; \quad x_2 = 1; \quad x_3 = -\frac{2}{3};$$

$$L = \{-\frac{2}{3}; 0; 1\}.$$

c) $x \cdot (x^2 - 2x - 1) = 0$; $x_1 = 0$;

$x^2 - 2x - 1 = 0$; $x_{2,3} = 1 \pm \sqrt{2}$; $L = \{0; 1 + \sqrt{2}; 1 - \sqrt{2}\}$;

d) $x^3 \cdot (16x^2 - 8x + 9) = 0$; $x_1 = 0$.

$16x^2 - 8x + 9 = 0$; $b^2 - 4ac = 64 - 4 \cdot 16 \cdot 9 < 0$; keine reelle Lösung;

$L = \{0\}$;

A17.2

a) $x^3 + 6x^2 + 11x + 6 : (x + 1) = x^2 + 5x + 6$

$$\begin{array}{r} \underline{x^3 + \ x^2} \\ - \quad 5x^2 + 11x \\ \underline{5x^2 + \ 5x} \\ - \quad\quad 6x + 6 \\ \underline{6x + 6} \\ - \quad - \end{array}$$

$x^2 + 5x + 6 = 0$; $x_{2,3} = -\frac{5}{2} \pm \sqrt{\frac{25}{4} - 6}$; $x_2 = -2$; $x_3 = -3$;

$L = \{-3; -2; -1\}$;

b) $x^3 - 3x^2 + 0 \cdot x + 2 : (x - 1) = x^2 - 2x - 2$

$$\underline{x^3 - \ x^2}$$
$$-2x^2$$
$$\underline{-2x^2 + 2x}$$
$$- \quad -2x + 2$$
$$\underline{-2x + 2}$$
$$- \quad -$$

$x^2 - 2x - 2 = 0; \quad x_{2,3} = 1 \pm \sqrt{3}; \quad L = \{1; \ 1 + \sqrt{3}; \ 1 - \sqrt{3}\}.$

c) $12x^3 + 16x^2 - 13x + 6 : (x + 2) = 12x^2 - 8x + 3$

$$\underline{12x^3 + 24x^2}$$
$$-8x^2 - 13x$$
$$\underline{-8x^2 - 16x}$$
$$- \qquad 3x + 6$$
$$\underline{3x + 6}$$
$$- \quad -$$

Die quadratische Gleichung $12x^2 - 8x + 3 = 0$ besitzt keine reelle Lösung;
$L = \{-2\}$.

A17.3

Division durch $(x - 2) \cdot (x + 5) = x^2 + 3x - 10$

$x^4 + 5x^3 - 19x^2 - 65x + 150 : (x^2 + 3x - 10) = x^2 + 2x - 15$

$$\underline{x^4 + 3x^3 - 10x^2}$$
$$2x^3 - 9x^2 - 65x$$
$$\underline{2x^3 + 6x^2 - 20x}$$
$$-15x^2 - 45x + 150$$
$$\underline{-15x^2 - 45x + 150}$$
$$- \qquad - \qquad -$$

$x^2 + 2x - 15 = 0; \quad x_{3,4} = -1 \pm \sqrt{16}; \quad x_3 = 3; \quad x_4 = -5 = x_2. \quad L = \{-5; 2; 3\}.$

A17.4

Division durch $(x - 1) \cdot (x + 1) = x^2 - 1$

$x^4 - x^3 - 7x^2 + x + 6 : (x^2 - 1) = x^2 - x - 6$

$$\underline{x^4 \qquad - \ x^2}$$
$$-x^3 - 6x^2 + x$$
$$\underline{-x^3 \qquad + x}$$
$$-6x^2 \quad + 6$$
$$\underline{-6x^2 \quad + 6}$$
$$- \qquad -$$

$x^2 - x - 6 = 0; \quad x_{3,4} = \dfrac{1}{2} \pm \sqrt{\dfrac{25}{4}}; \quad x_3 = 3; \quad x_4 = -2.$
$L = \{-2; -1; 1; 3\}$

A18.1

a) $2x + 3y = 3 \quad \Rightarrow x = 1,5 - 1,5y$
$3x - 4y = -4 \Rightarrow 3 \cdot (1,5 - 1,5y) - 4y = -4$
$ 4,5 - 4,5y - 4y = -4$
$ -8,5\,y = -8,5; \quad y = 1$
$x = 1,5 - 1,5y = 0 \qquad$ Lösung: $x = 0; y = 1.$

b) $4x - 5y = 8 \Rightarrow x = 2 + 1,25y$
$-5x + 6,25y = 4 \Rightarrow -5 \cdot (2 + 1,25y) + 6,25y = 4$
$ -10 - 6,25y + 6,25y = 4$
$ 0 = 14$

Widerspruch; keine Lösung.

c) $x - 2y = 8 \quad \Rightarrow x = 2y + 8$
$-2x + 4y = -16 \Rightarrow -2 \cdot (2y + 8) + 4y = -16$
$ -4y - 16 + 4y = -16 \Rightarrow y$ beliebig; $x = 2y + 8.$

d) $x + y = 3 \quad \Rightarrow y = 3 - x$
$2x - 2y = 14 \quad\quad 2x - 2 \cdot (3 - x) = 14$
$ 4x = 20; x = 5; y = -2.$

A18.2

a) $3x + 4y = 6; \quad x = -\dfrac{4}{3} y + 2;$

$2x - 3y = 38; \quad x = \dfrac{3}{2} y + 19;$

$-\dfrac{4}{3} y + 2 = \dfrac{3}{2} y + 19; \quad -17 = \dfrac{17}{6}y; \quad y = -6; \quad x = 10.$

b) $2x - 3y = -2 \qquad \Rightarrow x = \dfrac{3}{2} y - 1$

$x + 2y = 6 \qquad\qquad x = -2y + 6$

$\dfrac{3}{2} y - 1 = -2y + 6; \qquad \dfrac{7}{2} y = 7; \quad y = 2; \quad x = 2.$

c) $8x - 6y = 5 \qquad \Rightarrow x = 0,75y + 0,625 \ \Big\} \Rightarrow$ keine Lösung.
$10x - 7,5y = 8 \qquad \Rightarrow x = 0,75y + 0,8$

d) $4x + 6y = 8 \qquad \Rightarrow x = -1,5y + 2 \ \Big\}$ y beliebig; $x = -1,5y + 2.$
$5x + 7,5y = 10 \qquad \Rightarrow x = -1,5y + 2$

A18.3

a) $\left.\begin{array}{l} x-2y=7 \\ 2x+2y=2 \end{array}\right\} +$

$3x \quad = 9; \quad x=3; \quad 2y=x-7=-4; \quad y=-2.$

b) $\begin{array}{ll} 2x+3y=1 & |\cdot 3 \\ 3x+5y=3 & |\cdot(-2) \end{array} \Rightarrow \left.\begin{array}{r} 6x+9y=3 \\ -6x-10y=-6 \end{array}\right\} +$

$\qquad\qquad\qquad\qquad\qquad\qquad -y=-3; \quad y=3; \quad x=-4.$

A18.4

a) $\left.\begin{array}{l} 2x+5y=2 \\ 3x-5y=3 \end{array}\right\} +$

$5x \quad = 5; \quad x=1; \quad y=0.$

b) $\left.\begin{array}{l} x+2y=8 \\ x-3y=-7 \end{array}\right\} -$

$\qquad 5y=15; \quad y=3; \quad x=2.$

c) $\begin{array}{ll} 5x+10y=15 & \Rightarrow x=-2y+3 \\ 3x-6y=6 & \Rightarrow x=2y+2 \end{array}$

$-2y+3=2y+2; \quad 4y=1; \quad y=\dfrac{1}{4} \; ; x=\dfrac{5}{2}\,.$

A18.5

(1) $\qquad x+2y-2z = 5 \Rightarrow x=5-2y+2z$
(2) $\qquad 2x-4y-3z = 0$
(3) $\quad -3x+5y+5z = -2$

$(2) \Rightarrow 2\cdot(5-2y+2z)-4y-3z=0$
$(3) \Rightarrow -3(5-2y+2z)+5y+5z=-2$

(2') $\quad -8y+z = -10$
(3') $\left.\quad \dfrac{11y-z = 13}{}\right\} +$

$3y \qquad = 3; \quad y=1; \quad (3') \; z=11y-13=-2 \quad (1)\Rightarrow x=-1.$

Lösung: $x=-1; \quad y=1; \quad z=-2.$

b) (1) $x + 2y + 3z = 5 \Rightarrow x = 5 - 2y - 3z$
   (2) $2x + 3y - 5z = 4$
   (3) $4x + 7y + z = 11$

   (2) $\Rightarrow 2(5 - 2y - 3z) + 3y - 5z = 4$
   (3) $\Rightarrow 4(5 - 2y - 3z) + 7y + z = 11$

   (2') $-y - 11z = -6$⎫
   (3') $-y - 11z = -9$⎭ −
   _____
            $0 = 3$ (Widerspruch)   keine Lösung.

c) (1) $2x + 3y - z = 4 \Rightarrow 2x + 3y - 4$
   (2) $-3x + 2y + 4z = 3$
   (3) $7x + 4y - 6z = 5$

   (2) $\Rightarrow -3x + 2y + 4(2x + 3y - 4) = 3$
   (3) $\Rightarrow 7x + 4y - 6(2x + 3y - 4) = 5$

   (2') $5x + 14y = 19$
   (3') $-5x - 14y = -19$

   $(3') = -(2')$

   y beliebig; $\underline{y = \lambda \in \mathbb{R}}$; $(2') \Rightarrow x = \dfrac{19}{5} - \dfrac{14}{5}\lambda$
   _____

   $(1) \Rightarrow z = \dfrac{38}{5} - \dfrac{28}{5}\lambda + 3\lambda - 4 = \dfrac{18}{5} - \dfrac{13}{5}\lambda$

A19.1

a) $c^2 = 5^2 + 8^2 = 89$; $c = \sqrt{89}$ cm; $F = \dfrac{a \cdot b}{2} = 20\,\text{cm}^2$;

b) $c^2 = 25$; $c = 5$ cm; $F = 6\,\text{cm}^2$

A19.2

$a^2 = h^2 + (\dfrac{a}{2})^2 = h^2 + \dfrac{a^2}{4}$;

$h^2 = \dfrac{3}{4}\,a^2$;

Höhe $h = \dfrac{\sqrt{3}}{2}\,a$;

$F = \dfrac{a \cdot h}{2} = \dfrac{\sqrt{3}}{4}\,a^2$.

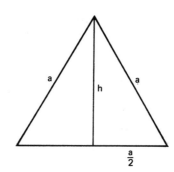

A19.3

$d^2 = a^2 + a^2 = 2a^2;$ $d = \sqrt{2} \cdot a.$

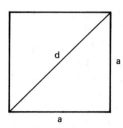

A19.4

$h^2 + 9 = 25;$ $h = 4\,cm$

$F = \dfrac{1}{2}\,(10 + 4) \cdot 4 = 28\,cm^2.$

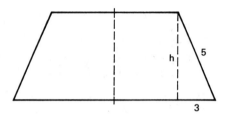

A19.5

a) $U = 40\pi\,cm;$ $F = 400\pi\,cm^2.$

b) $\dfrac{F_\varphi}{F} = \dfrac{45}{360} = \dfrac{1}{8};$ $F_\varphi = 50\pi\,cm^2$

    $\dfrac{b_\varphi}{U} = \dfrac{1}{8};$ $b_\varphi = 5\pi\,cm.$

A19.6

R = Radius der Erdkugel;   Erdumfang $U = 2\pi R$

Länge des Kabels

$L = 2\pi\,(R + h) = 2\pi R + 2\pi h$

$L - U = 2\pi h = 5\,m$

         $h = \dfrac{5}{2\pi} = 0{,}7958\,m.$

Dieser Wert ist vom Erdradius R unabhängig.

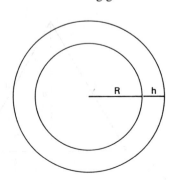

A21.1

$d^2 = a^2 + 2a^2 = 3a^2$

$d = \sqrt{3} \cdot a.$

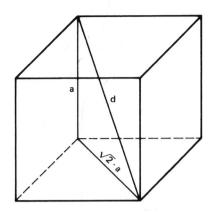

A21.2

$$V = \underbrace{\pi \cdot 9^2 \cdot 25}_{\text{(Zylinder)}} + \frac{1}{3} \underbrace{\pi \, 9^2 \cdot 10}_{\text{(Kegel)}} = 2295\pi \, \text{cm}^3.$$

$$O = \underset{\text{Grundkreis}}{\pi \cdot 9^2} + \underset{\text{Zylindermantel}}{18\pi \cdot 25} + \underset{\text{Kegelmantel}}{\pi \cdot 9 \cdot \sqrt{181}} \approx 2048{,}58 \, \text{cm}^2.$$

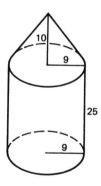

A21.3

a) $V = 10^3 + \dfrac{1}{3} \, 10^2 \cdot 15 = 1500 \, \text{cm}^3.$

b) Die Oberfläche besteht aus 5 Quadraten mit der Kantenlänge 10 cm und aus vier kongruenten Dreiecken mit der Grundseite 10 cm und der Höhe
$h' = \sqrt{15^2 + 5^2} = 5 \cdot \sqrt{10}.$

Fläche eines Dreiecks

$F_\Delta = \dfrac{1}{2} \cdot 10 \cdot 5 \cdot \sqrt{10} = 25 \cdot \sqrt{10} \, \text{cm}^2$

$O = 5 \cdot 10^2 + 4 \cdot 25 \cdot \sqrt{10} = 500 + 100 \cdot \sqrt{10} \approx 816{,}23 \, \text{cm}^2.$

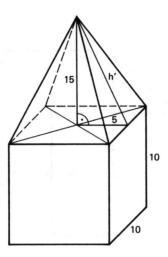

A21.4

Volumen des Ausgangskegels

$V_1 = \dfrac{1}{3} \pi R^2 h.$

Volumen des Restkegels

$V_2 = \dfrac{1}{3} \pi r^2 \cdot (h - h').$

Strahlensatz $\dfrac{h - h'}{h} = \dfrac{r}{R}.$

$\Rightarrow h - h' = \dfrac{r}{R} \cdot h$

$\Rightarrow V_2 = \dfrac{1}{3} \pi r^2 \cdot \dfrac{r}{R} \cdot h = \dfrac{\pi r^3 h}{3R}\,;$

$V_2 = \dfrac{1}{2} V_1 = \dfrac{\pi r^3 h}{3R} = \dfrac{\pi R^2 h}{6} \Rightarrow r^3 = \dfrac{R^3}{2}$

$\qquad \Rightarrow r = \dfrac{R}{\sqrt[3]{2}}.$

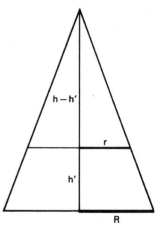

$\dfrac{h - h'}{h} = \dfrac{r}{R} = \dfrac{1}{\sqrt[3]{2}}\,; \quad h - h' = \dfrac{h}{\sqrt[3]{2}}\,; \quad h' = h\left(1 - \dfrac{1}{\sqrt[3]{2}}\right).$

Probe: $V_1 = \dfrac{1}{3} \pi R^2 h$

$\qquad V_2 = \dfrac{1}{3} \pi r^2 (h - h') = \dfrac{1}{3} \pi r^2 \cdot \dfrac{h}{\sqrt[3]{2}} = \dfrac{1}{3} \pi \dfrac{R^2}{\sqrt[3]{2^2}} \cdot \dfrac{h}{\sqrt[3]{2}}$

$\qquad\qquad = \dfrac{1}{6} \pi R^2 h = \dfrac{V_1}{2}.$

A 22.1 $a_n = 4 + (n-1) \cdot 3, n = 1, 2, \ldots; a_{100} = 4 + 99 \cdot 3 = 301.$

A 22.2
a) $a_{20} = 90 + 19 \cdot 9 = 261;$
b) $s_{20} = 10 \cdot (90 + 261) = 3510.$

A 22.3 kleinste Zahl $= 1003$; größte Zahl $= 9996$; n $=$ Anzahl $= 530.$
Summe $= 265 \cdot (1003 + 9996) = 2\,914\,735.$

A 22.4 $K_5 = 100\,000 \cdot 1{,}07^5 = 140\,255{,}17\,\text{DM}$

A 22.5

a) vorschüssig: $K_{10} = 3000 \cdot 1{,}06 \cdot \dfrac{1{,}06^{10} - 1}{0{,}06} = 41\,914{,}93\,\text{DM};$

b) nachschüssig: $\tilde{K}_{10} = \dfrac{K_{10}}{1{,}06} = 39\,542{,}38\,\text{DM}.$

A 22.6 A $=$ Anschaffungswert; Restwert nach 10 Jahren $R_{10} = 0{,}01 \cdot A.$
$R_{10} = A \cdot (1 - \dfrac{P}{100})^{10} = 0{,}01 \cdot A;\ p = 100 \cdot (1 - \sqrt[10]{0{,}01}) = 36{,}9042656\,\%.$

A 22.7
a) Streng monoton fallend mit $\lim\limits_{n \to \infty} a_n = 5;$

b) streng monoton fallend mit $\lim\limits_{n \to \infty} a_n = 0;$

c) nicht monoton; $\lim\limits_{n \to \infty} a_n = 0;$

d) streng monoton wachsend; bestimmt divergent mit $\lim\limits_{n \to \infty} a_n = +\infty;$

e) nicht monton; unbestimmt divergent.

A 22.8
a) $\lim\limits_{n \to \infty} a_n = 2;$

b) $\lim\limits_{n \to \infty} a_n = \sqrt{0{,}3};$

c) $\lim\limits_{n \to \infty} a_n = +\infty$ (bestimmt divergent);

d) $\lim\limits_{n \to \infty} a_n = 0.$

A 22.9

a) $s = \dfrac{1}{1 - 2/3} = 3;$

b) $s = \dfrac{1}{1 + 1/2} = \dfrac{2}{3};$

c) $s = + \infty$ (bestimmt divergent);

d) unbestimmt divergent.

A 22.10

a) $x = 1{,}4 + 0{,}056 \cdot [1 + \dfrac{1}{100} + (\dfrac{1}{100})^2 + (\dfrac{1}{100})^3 + \ldots]$

$$= \frac{14}{10} + 0{,}056 \cdot \frac{1}{1 - \dfrac{1}{100}} = \frac{14}{10} + \frac{56}{990} = \frac{721}{495} \, ;$$

b) $x = 12{,}45 + 0{,}00678 \cdot [1 + \dfrac{1}{1000} + (\dfrac{1}{1000})^2 + (\dfrac{1}{1000})^3 + \ldots]$

$$= \frac{1245}{100} + 0{,}00678 \cdot \frac{1}{1 - \dfrac{1}{1000}} = \frac{1245}{100} + \frac{678}{99900} = \frac{414\,811}{33\,300} .$$

A 23.1

a) $f(3) = 23$; b) $f(3) = 33$.

A 23.2

a) f ist an der Stelle $x_0 = 1$ stetig mit $f(1) = 0$;

b) f ist an der Stelle $x_0 = 1$ differenzierbar mit $f'(1) = 2$.

A 23.3

$$\lim_{x \to 1} \frac{x^2 - 1}{x - 1} = 2.$$

A 23.4

a) $D = \{x \mid x \neq 1 ; x \neq 2\}$;

b) $\displaystyle \lim_{x \to 1} \frac{x^2 - 4x + 3}{x^2 - 3x + 2} = 2.$

A 23.5

a) $b = 4$; m beliebig;

b) $m = 5$; $b = 4$.

A 23.6

a) $f'(x) = 15x^2 + 2 + \dfrac{1}{2 \cdot \sqrt{x}}$;

b) $f'(x) = - \dfrac{1}{x^2}$;

c) $f'(x) = \dfrac{2}{3} \cdot \dfrac{1}{\sqrt[3]{x}}$;

d) $f'(x) = \dfrac{2x^2 + 10x + 10}{(2x + 5)^2}$;

e) $f'(x) = \cos\dfrac{1}{x} + \dfrac{1}{x} \cdot \sin\dfrac{1}{x}$;

f) $f'(x) = \dfrac{7,5x^2 + 3}{\sqrt{5x^3 + 6x}}$;

g) $f'(x) = (12x + 5) \cdot \cos(6x^2 + 5x + 10)$.

A 23.7 $f(x) = (x-1)^2 \cdot (x+2)$

Nullstellen: $x_1 = x_2 = 1$ (doppelt); $x_3 = -2$;

Extremwerte: $x_4 = 1$ Minimum; $x_5 = -1$ Maximum;

Wendepunkt $x_w = 0$.

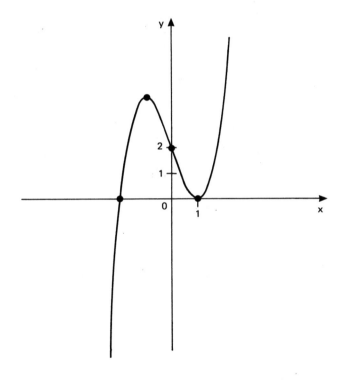

A 23.8

Definitionsbereich $D = \{x \mid x > -1\} = (-1; \infty)$;

Nullstelle: $x_N = 0$ (doppelt);

Minimum: $x_{min.} = 0$;

Wendepunkt: $x_W = 2$.

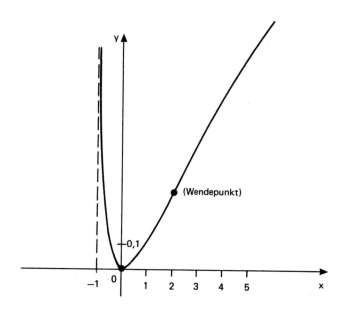

A 24.1

a) $\dfrac{x^5}{5} + C$; b) $\dfrac{2}{3} x^{3/2} + C$; c) $2 \cdot \sqrt{x} + C$;

d) $\dfrac{1}{8} (2x + 5)^4 + C$; e) $\dfrac{3}{8} x^{8/3} + C$.

A 24.2

a) 60; b) 0; c) $\dfrac{43}{3}$; d) 0. e) $\dfrac{5}{2}$; f) 1; g) -1.

A 24.3

$$F = \int_{-2}^{1} (x^3 - 3x + 2)\, dx = \frac{27}{4}.$$

A 24.4

a) $x < 0: I(x) = 0; \quad x \geq 0: I(x) = \int\limits_0^x 1 \, du = x.$

b) I ist an der Stelle $x_o = 0$ stetig mit $I(0) = 0$.

   linksseitige Ableitung $I'_l(0) = 0$;

   rechtsseitige Ableitung $I'_r(0) = 1$;

da beide verschieden sind, existiert die Ableitung nicht.

A 24.5

a) $x \geq 0: I(x) = \int\limits_0^x u \, du = \dfrac{x^2}{2}; x < 0: I(x) = \int\limits_0^x (-u) \, du = - \dfrac{x^2}{2}.$

b) $I(x)$ ist an der Stelle $x_0 = 0$ stetig und differenzierbar mit $I(0) = 0$ und $I'(0) = 0$ (der Knick wird durch das Integrieren beseitigt).

Sachwortverzeichnis

Oldenbourg · Wirtschafts- und Sozialwissenschaften · Steuer · Recht

**Weitere sehr erfolgreiche Werke von
Professor Dr. K. Bosch im Oldenbourg Verlag:**

Bosch
Brückenkurs Mathematik

Bosch
Mathematik für Wirtschaftswissenschaftler
Eine Einführung

Bosch
Übungs- und Arbeitsbuch Mathematik

Bosch/Jensen
Klausurtraining Mathematik

Bosch
Mathematik-Taschenbuch

Bosch
Finanzmathematik

Bosch
Statistik für Nichtstatistiker

Bosch
Statistik-Taschenbuch

Bosch
Formelsammlung Statistik

Bosch
Klausurtraining Statistik

 Oldenbourg · Wirtschafts- und Sozialwissenschaften · Steuer · Recht